青海省气候资源分析评价与气象灾害风险区划

周秉荣　等◎编著

内容简介

本书对青海省光、温、水气候资源及主要气象灾害的时空分布特征进行了分析、评价及区划；应用GIS技术，修订区划指标，实施了青海省农牧业气候资源综合区划，将青海省农业气候类型细分为39类，评价分析了主要气候区气候特征；对青海省主要粮食、经济及特色作物种植气象条件进行了分析与种植气候适宜度区划；以早熟禾为例，对青海省乡土草种提出了适宜区种植区划。

图书在版编目(CIP)数据

青海省气候资源分析评价与气象灾害风险区划/周秉荣等编著. —北京：气象出版社，2016.3

ISBN 978-7-5029-6199-2

Ⅰ.①青… Ⅱ.①周… Ⅲ.①农业气象-气候资源-研究-青海省②农业气象灾害-风险评价-区划-研究-青海省 Ⅳ.①S162.224.4②S42

中国版本图书馆CIP数据核字(2016)第039626号

出版发行：气象出版社

地　　址：北京市海淀区中关村南大街46号　　**邮政编码：**100081

总 编 室：010-68407112　　**发 行 部：**010-68409198

网　　址：http://www.qxcbs.com　　**E-mail：**qxcbs@cma.gov.cn

责任编辑：吕青璞　邵俊年　　**终　　审：**袁信轩

责任校对：王丽梅　　**责任技编：**赵相宁

封面设计：易普锐创意

印　　刷：北京中新伟业印刷有限公司

开　　本：787 mm×1092 mm　1/16　　**印　　张：**11

字　　数：280千字　　**彩　　插：**6

版　　次：2016年3月第1版　　**印　　次：**2016年3月第1次印刷

定　　价：45.00元

前　言

青海省地处青藏高原东北部，总面积72万km^2，全省平均海拔在3000 m以上，境内地形复杂，气候类型多样。其气候类型属于高原大陆性气候，具有气温低、昼夜温差大、降雨少而集中、日照长、太阳辐射强等特点。冬季严寒而漫长，夏季凉爽而短促。青海省作为青藏高原的主体部分，是我国生物物种形成、演化的中心之一，气候条件对物种的演化起着至关重要的作用。

20世纪80年代，青海省气象部门开展了第二次农牧业气候资源区划。其成果对制定全省农牧业发展规划、指导农牧业生产、充分利用气候资源发挥了积极作用。随着全省社会经济、农业生产技术的发展，对充分利用气候资源以及农业生产的趋利避害等工作提出了更高的要求。同时，作为全球气候变化的敏感区，青海高原的气候也发生了很大变化，农牧业气候资源在时空上也发生了较大变化，极端气候事件增多，高原气象灾害的发生也呈现出新的变化特征。青海省生态立省战略的提出，也迫切地要求对省内光、温、水等气候资源本底情况、气候资源类型、干旱、雪灾等气象灾害发生规律进行研究，旨在为生态保护工作提供科技支撑。同时，气象监测及地理信息技术的发展，也为获取高时空分辨率气象资料及利用新技术进行气候资源区划提供了基础和可能。

在青海省第二次气候区划的基础上，集成多项科研成果，对青海省光、温、水气候资源的时空分布特征进行了重新分析和评价；进行了主要农牧业气象灾害风险区划、综合农业气候区划、主要及特色作物适宜种植气候区划等工作；建立了青海省农业气候资源空间数据库，形成了青海省气候资源评价及区划业务信息平台。

本书共分八章，第1章对青海省的自然地理、气候概况以及农牧业生产现状进行了介绍；第2章对青海省光、热、水资源的空间分布特征、气候变化背景下的时间变化特征等进行了分析评价；第3章对发生在青海省境内影响农牧业生产的主要气象灾害，包括干旱、雪灾、霜冻、连阴雨、冰雹等时空分布特征进行了分析及发生风险实施区划。第4章在结合青海省第二次气候资源区划指标，建立了≥0℃年积温、年降水、7月平均气温三级气候区划指标体系，将青海省划分为39类气候区，对其中12类气候区的降水、气温及气象灾害等气候特征进行了分析评价；第5、6章对青海省主要作物春小麦、冬小麦、青稞、马铃薯、玉米、油菜及主要特色作物蚕豆、花椒、线椒种植气象条件进行了分析与种植气候适宜度区划；第7章对青海省乡土草地早熟禾种植区提出了适宜区种植区划；第8章对青海省精细化农业气候资源业务平台进行了简要介绍。

本书各章节执笔如下：

第1章：周秉荣、颜亮东；

第2章：周秉荣、汪青春、张海静；

第3章：周秉荣、何永清、严应存、李甫、权晨；

第 4 章:周秉荣、张成祥、李海风;

第 5 章:李甫、周秉荣、胡爱军、陈国茜;

第 6 章:胡爱军、周秉荣、颜亮东;

第 7 章:周秉荣、李红梅;

第 8 章:肖建设、校瑞香;

统稿:周秉荣。

该研究工作得到了省气象局及相关处室多位领导及专家的关心与帮助,省气象局李凤霞副局长、省气象科研所李林所长、徐维新副所长对本项工作给予了大力指导和支持,青海省气象学会罗生洲秘书长在本书的修订、联系出版方面做了大量工作,在此特表感谢。

本书得到国家自然科学基金"三江源典型湿地水平衡及生态需水研究(41065007)"、三江源典型区高寒草甸 SPAC 系统水热平衡及数值模拟研究(40865006)、青海省科技厅项目"青海省农牧业气候资源精细化区划及开发利用对策研究(2015—ZJ—606)"、中国气象局关键技术集成项目"青海省气候资源评价与灾害风险区划技术集成(CMAGJ2013M56)"等项目的部分资助。

由于作者的能力和掌握的材料有限,本书难免有不妥之处,敬请专家和同行批评指正。

编　者

2015 年 8 月 14 日

目 录

第一章　青海省自然地理和气候概况

第一节　自然地理

一、地貌

青海省位于中国的西部，青藏高原东北部，与中国的四川、甘肃、新疆、西藏 4 省(自治区)相邻。地理坐标为东经 89°35′～103°04′，北纬 31°39′～39°19′。全省东西长约1400 km，南北宽约 800 km，总面积为 7.223×10^5 km^2。其中，可利用的草地面积为 3.16×10^5 km^2，耕地面积为 5.899×10^5 km^2，森林面积为 2.5×10^4 km^2，其余为高山、湖泊、江河、戈壁、冰川等。全省面积仅次于新疆、西藏、内蒙古自治区，居全国第 4 位。

青海省位于欧亚大陆腹地，是青藏高原的一部分，地势西高东低，约占高原总面积的 1/3。省域北部与蒙新高原相接，东部与黄土高原交汇。境内最低处民和回族土族自治县下川口村湟水出境处水面海拔高度为 1650 m，最高点昆仑山布喀达坂峰海拔高度为 6860 m，中部的柴达木—海南盆地海拔高度为 3000 m 左右，而其南北两侧的昆仑山和祁连山均在 4000～5000 m以上，全省海拔高度在 3000 m 以上的地区占土地总面积的 84.7%以上。境内地形复杂多样，既有巍峨高耸的大山，也有大小不一的盆地，既有起伏不平的高原丘陵，也有坦荡肥沃的草原。昆仑山、祁连山、阿尔金山、唐古拉山等山脉绵延境内，高山终年积雪，夏季冰雪融化，成为许多著名河流的河源。长江、黄河、澜沧江都发源于青海，故此地有“江河源”之称。境内有全国最大的内陆咸水湖——青海湖，青海省因此而得名。境内西北部的柴达木(蒙古语为盐泽之意)盆地是中国地势最高的内陆大盆地，这里自然资源十分丰富，人称“聚宝盆”。青海省远离海洋，深居内陆，加之地势高耸，是典型的高原大陆性气候，其气候特征是：日照时数长，辐射强；冬季漫长、夏季凉爽；气温日较差较大，年较差较小；降水地区分布差异大，东部地区雨水较多，西部地区干燥多风、缺氧、寒冷，形成了特殊的气候条件。境内的山脉，西部极为高峻，向东倾斜降低，主要有东西向和南北向两组，构成了青海地貌的骨架。地形可分为祁连山地、柴达木盆地和青南高原三区。

祁连山脉位于青海省东北部与甘肃省西部边境，北与东邻河西走廊，南靠柴达木盆地，其由一系列北西西—南东东平行走向的褶皱—断块山脉与谷地组成。东西长达 1200 km，南北宽为 250～400 km，面积为 1.1×10^5 km^2，西端及北缘伸入甘肃境内。祁连山一般海拔高度在 4000 m 以上，景观垂直分异显著，格状水系发达，5000 m 以上山峰很多，西面地势高，平行岭谷紧密相间，4500 m 以上的山峰和山谷常年覆盖着积雪和冰川，现代冰川广泛发育。祁连山脉从北向南有黑河等 6 个谷地，谷宽 20～30 km，除南部有沙漠、戈壁外，多为海拔高度 4200 m 以下的坡地，此地牧草生长良好，是重要的天然牧场。东段平行岭谷少，山势较低，海拔高度 4000 m左右，仅冷龙岭有冰川分布。祁连山区谷地海拔高度在 2500 m 上下，主要有青海湖盆地、共和盆地、西宁盆地和大通河谷地、湟水谷地、黄河谷地。谷地周围的山脉高度多在 4000 m左右，除少数山头常年积雪外，大都有牧草生长，其阴湿脑山是优良的牧场；河谷两岸均有较宽的阶地，气候湿暖，土壤肥沃，为青海省农垦较早地区。

柴达木盆地：位于青海省西北部，周围有阿尔金山、祁连山、昆仑山环绕，底部海拔高度在 2670～3200 m，四周高山海拔高度 4000～5000 m，是中国地势最高的内陆盆地，也是中国第三大内陆盆地，其东西长约 850 km，南北宽约 300 km，面积 2.572×10^5 km^2，是青藏高原陷落最深的地区，系典型的封闭高原盆地。自盆地边缘至中心依次为高山、戈壁、沙丘、平原、沼泽和盐湖等地貌类型，最高处位于察尔汉地区。盆地东南部地区是一片广阔的平原，其中香日德、察汉乌苏一带，给水条件好，种植业比较发达；盆地东北部为一连串的小型山间盆地，希里沟、塞什克、德令哈及马海等地水土条件好，有大片的种植业；西南山麓为一条东西漫长的戈壁带，在戈壁带东端向湖积细土平原过渡的格尔木市、诺木洪乡等地，有宜农地分布；盆地西部和西北部，呈盐质荒漠景观。

青南高原：是柴达木盆地、青海南山及贵德巴音山以南的广大地区，面积为 3.5×10^5 km^2，几乎占全省总面积的一半。主要由昆仑山脉及其支脉可可西里山、巴颜喀拉山、阿尼玛卿山等组成，海拔高度多在 5000 m 以上，山脉间的高原也多在 4000 m 以上，是青海省最高的地区。很多常年积雪的山峰，冰川极其发育。高原西部和南部同藏北高原、川西北高原连成一片，高原面积相当完整；高原中、西部是黄河、长江、澜沧江的源头地区，地面平整；东南部，长江、黄河及澜沧江等河流下切，形成高山深谷的险要地形。整个高原西高东低，西部地势较为平坦开阔，因结冰期长，水流不畅，每当冰雪消融，形成大面积沼泽和湖泊；东南部的玉树、囊谦等地，由于纬度较低，所以气候湿润；共和台地位于青南高原东北部。大部分地区海拔高度在 3000 m以上，山势较缓，黄河纵贯其中，形成许多台地和谷地。

二、冰川

青海省冰川主要集中在三江源区域，该区域内雪山、冰川覆盖面积约 2.4×10^3 km^2，冰川资源蕴藏量达 2.0×10^{11} km^3，现代冰川均属大陆性山地冰川。长江源区以当曲流域冰川覆盖面积最大，沱沱河流域次之，楚玛尔河流域最小，冰川总面积 1.247×10^3 km^2，年消融量约9.89×10^8 m^3。雪山冰川规模以唐古拉山脉的各拉丹冬、尕恰迪如岗及祖尔肯乌拉山中段的岗钦 3 座雪山群为大，尤以各拉丹冬雪山群最为宏伟。黄河流域在巴颜喀拉山中段多曲支流托洛曲源头的托洛岗（海拔高度 5041 m），有残存冰川面积约 4 km^2，冰川储量 8.0×10^7 m^3，域内的卡里恩卡着玛、玛尼特、日吉、勒那冬则等 14 座海拔高度 5000 m 以上终年积雪山峰的多年固态水储量，约有 1.4×10^8 m^3。澜沧江源头北部多雪峰，平均海拔高度为 5700 m，最高达 5876 m，终年积雪，雪峰之间是第四纪山岳冰川，东西长 34 km、南北宽 12 km 的地带，面积在 1 km^2 以上的冰川 20 多个。澜沧江源区雪线以下到多年冻土地带的下界，海拔高度 4500～5000 m 的位置呈冰缘地貌，下部因热量增加，冰丘热融滑塌、热融洼地等类型发育。山北坡较南坡冰舌长 1 倍以上，冰舌从海拔高度 5800 m 雪线沿山谷向下至海拔高度

5000 m 左右的末端，最长的冰舌长 4.3 km。源区最大的冰川是色的日冰川，面积为 17.05 km^2，是查日曲两条小支流穷日弄、查日弄的补给水源。

三、湿地

根据青海高原湿地的水文、生物、土壤等组成要素的基本特征，其湿地类型包括自然湿地和人工湿地两大类型。其中，自然湿地可以划分为湖泊型湿地、河流型湿地和沼泽型湿地 3 个基本类型。湖泊型湿地是以高原湖泊为主体形成的湿地类型。青海省是中国五大湖泊省区之一，其境内湖水面积在 0.5 km^2 以上的湖泊有 458 个，总面积约 1.286×10^4 km^2，主要湖泊有青海湖、扎陵湖、鄂陵湖、达布逊湖、哈拉湖、可鲁克湖等。根据湖泊比较集中的区域，可以划分为黄河源区湖群、长江源区和可可西里湖群、柴达木盆地湖群以及祁连山区湖群。河流型湿地是以河流为主体构成的湿地类型。青海省的河流可以划分为外流河和内陆河。青海省河流总长度约 2.741×10^4 km，其中长江流域为 9.168×10^3 km，黄河流域为 8.502×10^3 km，澜沧江流域为 2.055×10^3 km，其他内陆河流总长度为 7.686×10^3 km，估算全省河流水域面积 2.163×10^3 km^2。江河源区由相对高度变化不大的山原、丘陵及丘间盆地组成，坡度变化相对平缓，水系特征为河谷开阔、河槽宽浅、河网密集、河床平均比降低。由于具有河网密集、水系发育、支流众多的特点，形成高原的河流型湿地。沼泽型湿地是以沼泽为主体构成的湿地类型。青海高原在地形平缓开阔的地区，由于地表长期或暂时积水，致使土壤常呈水饱和状态，生长着沼生或湿生植物，从而形成沼泽型湿地。沼泽湿地在江河源区、柴达木盆地，以及青海湖盆地均有大面积分布。江河源区在低温条件以及冻融作用等冰缘环境下形成的沼泽湿地，往往具有泥炭层或潜育层。估测全省沼泽型湿地约 4.029×10^4 km^2（包括河源区大面积的沼泽草甸类型）。

青海省除了上述 3 类湿地类型之外，还有以人工水库和池塘为代表的人工湿地类型。调查资料表明，目前青海省有各类人工湿地 356.80 km^2，其中人工水库面积 331.63 km^2、池塘水面 25.17 km^2。综上所述，青海高原各类湿地总面积 5.566×10^4 km^2，占全省土地总面积的 7.7%。自然湿地和人工湿地分别占全省湿地的 99.4%和 0.6%（表 1.1）。

表 1.1　青海高原湿地概况

湿地类型		湿地面积/km^2		生物群落特征	分布地区
自然湿地	湖泊型湿地	55 305.9	12 855.8	鱼类、鸟类与水生植物群落	集中于江河地区、青海湖和柴达木
	河流型湿地		2 163.1	水生生物群落（鱼类与水生植物）	全省各地
	沼泽型湿地		40 287	鸟类与沼泽及沼泽草甸群落	江河源区、青海湖、柴达木和大通河
人工湿地	人工水库	356.80	331.63	鱼类与水生植物群落	集中于黄河干流与湟水地区
	池塘		25.17	鱼类与沼泽植物群落	青海东部地区的河湟谷地
合计		55 662.7			

四、土壤

青海省土壤类型共有 22 个，土壤面积为 6.547×10^7 km^2，占全省土地面积的 90.67%，其中高山草甸土、亚高山草甸土、山地草甸土共占 36.52%，高山草原土占 23.94%；耕种土壤以栗钙土为主，占全省土壤的49.8%。从利用方式来分，牧地土壤面积为6.373×10^7 km^2，可利用草地面积为3.16×10^7 km^2，占全省土壤面积的97.35%；耕种土壤面积为1.21×10^6 km^2（耕地仅有6.197×10^5 km^2）仅占1.67%；林地土壤面积为5.202×10^5 km^2，（含密林/疏林面积2.852×10^5 km^2）占0.79%。土壤养分按表层平均值来看，总体是“一高、一多、一少”，“一高”即有机质含量高，高于4%者占全省土壤总面积的37.56%，高于2%者达53.77%；“一多”即钾素多，含有的K_2O达2.23%；“一少”即磷素少，有效磷低于10 mg/kg的土壤，占全省土壤总面积的95.48%。土壤中微量元素呈现“一少、二缺、三富足”，“一少”即少硒，仅含3×10^{-4}～0.9×10^{-4} mg/kg；“二缺”即稍缺钼（1×10^{-2}～0.23×10^{-2} mg/kg）、锌（1.5×10^{-1}～0.24×10^{-1} mg/kg）。“三富足”即硼、锰、铜、铁富足。

第二节　气候概况

一、概况

青海省气候以高寒干旱为总特征，是典型的高原大陆性气候，其地势高，空气稀薄，日照时数多，总辐射量大，干燥少云，太阳辐射被大气层反射和吸收的较少，因此日射强烈，阳光灿烂，日照充足。青海省地面植被稀少，岩石裸露，增温散热都快，因此青海省成为全国日气温变化最大的地区之一。日温差大而年温差小，全年气温日较差为12～16℃，比东部沿海平原地区高出一倍以上。气温日较差1月份为14～22℃，7月份为10～16℃，冬季大于夏季，1955年3月16日海晏县三角城，气温日较差曾达36.6℃。青海省不少地方一日之内，要经历“早春、午夏、晚秋、夜冬”这四个季节跨度的气温变化。青海省气温年较差为20～30℃，大致与长江中下游和淮河流域相近，比同纬度的平原地区小4～6℃，其原因是夏季地面温度低，冬季又较少受寒潮的侵袭。青海省深居内陆，远离海洋，又受地形影响，大部分地区属非季风区，降水量较同纬度的东部地区稀少，降水时空分布差异显著，年降水量集中于5—9月份，从东南向西北递减，且降水多夜雨。此地气象灾害多，危害严重，同时，大风、沙暴、缺氧等现象明显。

1. 降水特征

青海省各地多年平均降水量为16.2～746.9 mm，年降水量的分布由东南向西北渐次减少。河南县—大武—清水河—杂多县一线以南绝大部在500 mm以上，久治县达746.9 mm，祁连山东段的门源县至互助县间，年降水量在500 mm左右；青海湖周围地区的年降水量一般在300～400 mm；青南高原西部、三江源头一带，年降水量大部在400 mm左右；祁连山西段和中段地区，大多在200 mm以下；柴达木盆地是年降水量最少的地区，其中柴达木盆地中、西部大部在50 mm以下，冷湖镇只有16.2 mm，柴达木盆地东部年降水量相对较多，德令哈市等地超过150 mm；东部黄河、湟水谷地的循化县和贵德县年均降水量仅为250 mm。

2. 气温特征

全省各地多年平均气温为－6～9℃，东部的黄河、湟水谷地与柴达木盆地为高温区，南部的青南高原和东北部的祁连山区为低温区。年平均气温最高中心在境内东部的循化县，达8.7℃，柴达木盆地中部为次高中心区，年平均气温5℃以上。青南高原黄河源头的玛多、清水河至唐古拉山五道梁及其以西是年平均气温最低的地区，均在－4℃以下，其中五道梁－5.4℃；祁连山区的托勒、野牛沟是次低中心区，年平均气温低于－2℃，该区域年平均气温0℃以上的地区只有海东市、黄南藏族自治州北部、海南藏族自治州、海北藏族自治州的门源县与祁连局部、海西蒙古族藏族自治州大部，以及果洛藏族自治州、玉树州的南部地区。祁连山区和青南高原的绝大部分地区年平均气温都在0℃以下。

3. 太阳辐射

太阳辐射是造成气候差异的最基本因素。青海省年太阳辐射量高达5400～7600 MJ/m^2，比同纬度的东部季风区高出33%左右，仅低于西藏自治区，居全国第二位。省全年日照时数较长决定了太阳总辐射量高，平均每天日照时数为6～10 h，夏季长于冬季，西北多于东南，其中冷湖镇全年日照时数3553.9 h，比有名的“日光城”拉萨还要高，居全国各城镇之首。

4. 气压

全省年均气压最高的地方是黄河、湟水谷地，年平均在750～820 hPa之间，其中民和县为818.6 hPa；柴达木盆地是气压次高区，年平均为700～735 hPa；气压最低区是青南高原，一般小于670 hPa，其中黄河源头与唐古拉山小于600 hPa，青海湖及其周边地区的年均气压为670～710 hPa。

5. 湿度

全省年平均相对湿度为40%～70%，一般青海东南部较大，柴达木盆地较小。

6. 风

受地形和海拔高度的共同影响，青海省各地全年主要盛行偏西风和偏东风。其中黄河流域，湟水河、大通河流域全年盛行偏东风(20站次)，占全省的36%；在高海拔及地势相对平坦的地区，全年盛行偏西风(23站次)，占全省的41%。全省年平均年大风日数为42.5天。上半年(1—6月)出现频繁达25.8天，占全年大风日数的61%，主要发生在2—4月，分别为4.7，6.8，5.8天，共有16.3天，占全年大风日数的38%；最少在8—10月，分别为1.8，1.7，1.8天，共有5.3天，仅占全年大风日数的12%。大风日数的地理分布呈明显的地域性：一是高海拔地区的年大风日数明显高于低海拔地区；二是峡谷效应明显，如茫崖、茶卡、托勒、野牛沟等乡镇地区；三是盆地少于高原。青海省东部地区一般连续3～5天出现大风，其余地区连续7～10天出现大风。青海省沙尘暴天气出现次数有2个明显的高值区，即以刚察县为中心的环青海湖地区和青南高原的唐古拉及可可西里地区，其中刚察县是全省沙尘暴天气出现次数最多的地区，42年间累计出现580次，平均每年出现13.8次。

青海省除西宁市及其以东的湟水谷地盛行偏东风外，其余大部分地区盛行高原偏西风。年平均风速西北大于东南，最大风速出现在柴达木盆地西北角的茫崖镇和阿拉尔地区。

青海省是全国大风(指8级以上的风)较多的地区之一。年平均大风日数以青南高原西部为最多，达100天以上，柴达木盆地和东部黄河、湟水谷地最少，25天左右。每年冬春季节风多势强，开春以后，高原气温回升，但空气湿度低、降水少，地表干燥，加之境内及邻省植被稀少、多荒漠，每当出现大风天气，瞬间飞沙走石、天昏地暗，群众称之为“黄风”。青海省常受大风沙暴侵袭，给农牧业生产造成一定危害。

7. 气象灾害

青海省境内的主要气象灾害有干旱、雪灾、霜冻、连阴雨、冰雹和大风。青海省东部农业区干旱可分为播种期干旱、生长期干旱、春末夏初干旱、春夏连旱几种类型；按季节干旱又可分为春旱、夏旱和秋旱。暴雨按青海省气象灾害标准，只是偶然发生。青海省平均降雹日数为9.9天/站，仅次于西藏(11.1天/站)，远大于其他省区。

青海省可分成三类霜冻区：(1)轻霜冻区：湟水、黄河谷地区年平均无霜冻期在151～187天。(2)严重霜冻区：海东市大部、海南州的北部和海西州大部，年平均无霜冻期在100～140天。(3)全年霜冻区：青南高原和祁连山地区。年平均无霜冻期均短于40天。

雪灾是青海牧区的主要自然灾害之一，每年10月中下旬至次年5月上中旬这一时段，青南牧区玉树州、果洛州、黄南州南部、海南州南部等地区极易出现局地或区域的强降雪天气过程，加之气温较低，积雪难以融化，时常造成大雪封山，冻死、饿死牲畜，使牧区人民生命财产遭受巨大损失。

在1960—2000年共41年中，青海省共发生全省性寒潮18次，平均每年0.43次，强降温只有10次。北部共发生寒潮89次，平均每年2.17次，出现强降温133次，平均每年3.24次。南部共发生寒潮91次，平均每年2.2次，出现强降温82次，平均每年2次。

二、农业气候资源特点

1. 太阳辐射强，光照充足

青海省境内大部分地区年太阳总辐射量高于6.05×10^3 MJ/m^2，柴达木盆地高于7.0×10^3 MJ/m^2。境内大部分地区年日照时数在2500 h以上，其中柴达木盆地达到3500 h以上。青海省是中国日照时数较长、总辐射量大的省份。

2. 平均气温低，但不特别严寒

青海省境内气象台站观测到的年平均气温在－5.7～8.5℃，年平均气温在0℃以下的祁连山区、青南高原面积占全省面积的2/3以上，较暖的东部湟水、黄河谷地，年平均气温在6～8℃。全省各地最热月平均气温为5.3～20℃；最冷月平均气温为－17～5℃。全省大部分地区全年冷期虽较长，但冬天不太寒冷。

3. 降水量少，地域差异大

青海省境内绝大部分地区年降水量在400 mm以下。东部达坂山和拉脊山两侧以南部的久治县、班玛县、囊谦县一带超过600 mm，其中久治县最多，为772.8 mm。柴达木盆地少于100 mm，盆北部少于20 mm，其中冷湖镇只有16.2 mm。

4. 雨热同期

青海省属季风气候区，其固有的特点之一就是雨热同期。其大部分地区5月中旬以后雨季开始，至9月中旬前后雨季结束，持续4个月左右。这期间正是月平均气温高于5℃的持续时期。年内气温较高时期，也是雨水相对丰沛时期，对农作物及牧草的生长发育有利。

5. 气象灾害频发

青海境内的主要气象灾害有干旱、冰雹、霜冻、雪灾和大风。其中：干旱灾害频发且严重，受害面积大，尤其是春旱，不管农区或牧区出现频率均较高，有“十年九旱”之说；广大牧区的雪灾和大风时有发生，严重威胁着畜牧业生产；降雹次数多、持续时间长，对农牧业生产危害较重；霜冻，尤其是山区早霜冻，严重影响着作物的产量和质量。

三、气候资源的分布

气候资源与国民经济及人类活动有着密切的关系，特别是与农牧业生产的关系密切，它直接影响着农牧业生产的成败。一个地区气候条件的好坏，不仅要看光、热、水资源的数量是否充足，更要看光、热、水三者的组合、分布是否协调。

1. 热量资源

热量资源的分布，一般用气温高低和各界限温度期间积温的多少来表征。

(1)年平均气温、最热月平均气温、最冷月平均气温

①年平均气温因受地形影响，其总的分布趋势是南北低，中间高。低温区有南部青南高原的中、西部，大部分地区低于－3℃，其中玛多、清水河、五道梁、沱沱河等地在－4℃以下，五道梁低达－5.7℃；北部祁连山区的中、西段，其气温值在－2～－3℃以下，哈拉湖东侧低于－5.6℃。相对高温区分布在东部湟水、黄河谷地和西部的柴达木盆地，前者高于5℃，循化县可达8.5℃；后者最低可达3℃，察尔汗镇可达5.1℃。另外，青南高原南部的河谷地带年平均气温相对较高，在2℃以上，其中囊谦县为3.9℃。

②7月是全国各地年内最暖的月份，其月平均气温的分布趋势与日平均气温相似，只在量值上高了许多，各地月平均值在5～20℃之间。30℃以上的最高气温仅在东部湟水、黄河谷地和西部柴达木盆地出现，其中察尔汉镇达35.5℃。

③1月是全省各地年内最冷的月份，其月平均气温为－18～－6℃，地域分布趋势与年平均气温相似。最低值在祁连山地中、西段及青南高原中、西部，均在－14℃以下。其中，托勒乡为－18.1℃，五道梁镇为－16.7℃。低于－40℃的极端最低气温只出现在青南高原中、西部、其中以玛多县为最低，达－48.1℃。

(2)气温的日较差及年较差

青海省由于地处高原，太阳辐射强，白天地面受热强烈，近地层气温变化趋于极端，因而气温日较差大是青海省大部分地区气候资源的一大特点。年平均气温日较差大部地区在14℃以上，柴达木盆地北部、托勒河、八宝河、黑河谷地在16℃以上。其中：柴达木盆地中、西部在17℃以上，冷湖达17.8℃，是全省年平均气温日较差最大的地方；东部黄河、湟

水流域及青海湖周围地区在14℃以下，江西沟为11.5℃，是全省年平均气温日较差最小的地方。青海省深居内陆、远离海洋，属大陆性气候较明显的地区，年内气温变化比较剧烈，但实际情况并不完全是这样。由于此地受海拔高度的影响大大超过了纬度的影响，使年内气温变化有所减缓，年振幅相对较小，大部分地区在26℃以下，其中班玛县和囊谦县均在20℃以下，较中国相近纬度的华东、华北地区都小，部分地区如柴达木盆地的半荒漠景观，多晴朗无云天气，太阳辐射强烈，降水量极小，地表非常干燥，夏季温度较高，冬季温度又较低，因而气温年较差较大，大部分都在28℃以上，盆地中、西部超过30℃。

(3)各界限温度期间的积温

青海省农牧业生产的界限温度是：

0℃，土壤解冻，牧草开始萌动，作物开始播种，农耕期开始；

3℃，多年生牧草返青，牧草生长季开始；

5℃，多数树木开始生长，一般牧草开始旺盛生长；

10℃，作物开始进入旺盛生长期。

青海省各界限温度的积温(活动积温)的地域分布大致与年平均气温的分布趋势相同，即东部和柴达木盆地多，向北、向南随海拔高度的增高而迅速减少。

(4)白天温度

青海省气温日较差较大，白天温度高，夜间温度低。部分地区单从平均气温和积温看，水平较低，但因白天气温较高，故仍能发展某些种植业。各地3—11月白天平均温度比年平均气温高1℃不等。其中：柴达木盆地、青海湖周围和祁连山东段平均要高3℃左右；东部黄河、湟水流域及海南台地高1℃左右；其余地区均高2～3℃。

(5)无霜冻期

东部黄河、湟水谷地的无霜冻期始于4月下旬前，终于10月中旬后、无霜冻期在150天以上，其中循化县、尖扎县、民和县等地超过180天，是全省无霜期最长的地区。柴达水盆地、海南台地的大部分及东部黄河、湟水流域的山地，始于5月下旬至6月上旬，终于9月中下旬，无霜冻期在100天以上。其中格尔木、香日德达125天左右；海南台地的南部无霜冻期少于60天，其中同德县只有31天；青南高原南部的河谷地区及祁连山东段无霜期在50～100天；青南高原的大部及祁连山地中、西段始于7月中旬，终于8月中旬，无霜冻期短于40天，其中清水河、五道梁镇、泽库县仅10天左右，是全省无霜冻期最短的地区。

2. 降水资源

(1)年降水量的地域分布

青海省年降水量地区差异大。总的分布趋势是由东南向西北逐渐减少。青南高原的东部由于受孟加拉湾西南季风暖湿气流的影响，及地形的抬升作用，加之高原本身的低涡和切变活动频繁，使这里年降水量相对充沛。河南县—大武—清水河—杂多县以南在500 mm以上，其中久治县可达772.8 mm，是全省年降水量最多的地方；另外，祁连山东段受海洋季风影响，加之地形坡度大，气流上升运动强烈，使达坂山和拉脊山两侧的门源县、大通县、互助县的北部、湟中县、化隆县一带形成全省的另一个多雨区，年降水量也在500 mm左右。黄河、湟水谷地年降水量一般在400 mm以下，其中循化县和贵德县仅260 mm左右，是青海省东部年降水量最少的地方；柴达木盆地四周环山、地形闭塞，越山后的气流下沉作用明显，因而降水量大都在

50 mm 以下，盆地西北少于 20 mm，其中冷湖镇只有16.9 mm，是全省年降水量最少的地方，也是中国最干燥的地区之一。盆地东部边缘地区地形起伏较大，受地形抬升作用，年降水量较多，如德令哈市、香日德县、都兰县都在 160～180 mm，青南高原西部的黄河、长江源头年降水量大都在 300 mm 以下；境内其余地区年降水量均在300～400 mm。

（2）降水量的季节分配

青海省降水量不但在地域分布上很不平衡，且季节分配极不均匀。一般冬季最少，春、秋两季中，秋雨多于春雨。省内大部分地区 5 月上、中旬至 10 月上旬为雨季。

（3）降水量的年变化

青海省各地的降水相对变率，除柴达木盆地外，绝大部分地区比中国同纬度部地区小，其值在 20%以下。其中青南高原、祁连山地区、青海湖周围大都低于 15%，玉树、清水河、久治、班玛、甘德、大武及野牛沟、祁连、门源等地在 10%以下，甘德只有 5.3%，是全省年降水量最稳定的地方。东部黄河、湟水谷地的民和、乐都、尖扎等相对较大，为 20%～24%。柴达木盆地的降水年变化，除盆地东部的德令哈、茶卡、都兰、香日德外，年降水相对变化率一般大于 30%。其中察尔汗、冷湖等地高达 49%。

（4）降水日数和降水强度

青南高原、祁连山地中段和东段、拉脊山地年降水日数超过 100 天。果洛州东南部及河南、达坂山南麓的却藏滩等超过 150 天，久治多达 171 天，是全省年降水日数最多的地方。东部黄河、湟水谷地及海南台地在 80～100 天之间；柴达木盆地大部在 50 天以下。其中盆地西部少于25 天，其中冷湖镇仅 12 天，是全省年降水日数最少的地方。青海省的降水强度不大，全年日降水量大于 5.0 mm的日数超过 30 天的仅在果洛、玉树两州的东南部和达坂山、拉脊山两侧山地，以及黄南州的南部地区，超过 40 天的只有河南、久治等地；月降水量大于 10 mm 的日数全省各地普遍在 15 天以下；日降水量大于 25 mm 的日数更少，大多在 2 天以下。青海省年降水量虽不多，但降水日数多且较集中，降水强度小，降水的有效利用率相对较高。

3. 光能资源

（1）太阳总辐射

青海省年总辐射量普遍较高，为 5.4×10^3～7.6×10^3 MJ/m^2，是全国辐射资源最丰富的地区之一。青海年辐射量地域分布是西高东低，柴达木盆地 6.9×10^3 MJ/m^2 以上，盆地的西部超过 7.1×10^3 MJ/m^2，其中冷湖镇高达7.411×10^3 MJ/m^2，为观测到的全省太阳辐射量最大的地方。以此向南、向东，随着云雨天气的增加，总辐射量逐渐减少。青南高原虽海拔高度高，太阳辐射量穿过较薄的大气层虽然减弱，但这些地区云雨天气较多，所以年辐射量仍然较小，绝大部分在 7.0×10^3 MJ/m^2 以下，其中果洛州的东南部 6.1×10^3 MJ/m^2 以下。境内东部地区大部分少于 6.1×10^3 MJ/m^2，其中民和县、互助县，其值分别是 5.777×10^3 MJ/m^2，5.903×10^3 MJ/m^2，是全省年总辐射量最少的地方。

（2）日照时数的地域分布

青海省各地的年日照时数在 2300～3550 h 之间。其地域分布是西北向东南逐渐减少。即西北部的柴达木盆地绝大部分在 3000 h 以上，盆地西、北部多于 3200 h，其中冷湖镇达 3550.5 h，是全省年日照时数最多的地方；青海湖周围在 3000 h 左右；祁连山地、东区及青南高原在 3000～2600 h 之间，其中达坂山和拉脊山两侧（即互助县、湟中县等地）是两个日照时数相对低值区，在 2600 h 以下；玉树州、果洛州的东南部在 2500 h 以下，其中久治县仅 2327.9 h 是全省年日照时数最少的地方。

4. 风能资源

(1)年平均风速的地域分布

青海省年平均风速总的地域分布趋势是西北部大，东南部小、即柴达木盆地中、西部，青南高原西部及祁连山地中、西段年平均风速均在 4 m/s 以上。其中：茫崖镇达 5.1 m/s，是年平均风速最大的地方；其次是五道梁和沱沱河两地，年平均风速为 4.5 m/s。青南高原东南部的河谷地带及东部黄河、湟水谷地，年平均风速大多在 2 m/s 以下。其中，同仁县和互助县两地为 1.5 m/s，玉树市为 1.1 m/s，是全省年平均风速最小的地方。

(2)风能可用时间的地理分布

青海省风能可利用的地理分布趋势是西部多，东部少。青南高原中、西部，柴达木盆地以及青海湖周围和海南台地南部地区，全年风能可用时间在 5000 h 以上，风能可用时间频率在 60% 以上。其中茫崖、察尔汗、五道梁等地风能可用时间分别达 6664 h，6131 h，6100 h，可用时间频率分别为 76%，70%，70%，是全省风能可用时间最多的地区。东部黄河、湟水谷地及青南高原东南部的河谷地带，风能可用时间全年少于 3000 h，可用风能频率小于 30%，是全省风能可用时间最少的地方，其余地区的可用时间为 3000～5000 h，风能可用时间频率为35%～100%。

(3)可用(有效)风能的地理分布

可用风能的地区分布与年平均风速的地理分布相对应。风能贮量最大地区也在柴达木盆地、青南高原西部和青海湖周围地区，柴达木盆地西部和青南高原的唐古拉山区可用风能贮量都超过 1.0×10^3 kw·h/m^2，其中五道梁为 1.159×10^3 kw·h/m^2，是全省可用风能年贮量最多的地方；东部地区和青南高原东南部的河谷地带，可用风能年贮量在 250 kw·h/m^2 以下，其中互助县为 44.41 kw·h/m^2，是全省可用风能年贮量最少的地方。其余大部分地区可用风能贮量在 250～1000 kw·h/m^2 之间。

第三节　农牧业生产现状

青海省虽然面积较大，由于特殊的地理位置和高海拔的气候原因，农业生产主要集中在东部的海东市、西宁市、黄南自治州北部、海南自治州和海北自治州东南部的部分地区，柴达木盆地零星的绿洲，农作物种植面积很小，生产技术也相对较为落后。牧业生产主要集中在海拔高度 3000 m 以上的高海拔地区，包括黄南自治州南部、海南自治州西北部、玉树自治州和果洛自治州全部，海西自治州大部的广大地区。林地面积 16800 万亩*，其中原始森林面积 6180 万亩，主要分布在青海南部靠近甘肃、四川、西藏的边境地区，其余均为灌丛、疏林地、苗圃等。渔业资源主要分布在青海湖、扎陵湖等几个较大的湖泊，由于生态环境保护与治理的需要，全部禁捕，东部一些零星的人工养殖水塘，产量很小。

* 1 亩≈666.67 平方米，下同。

一、农业生产状况

青海省粮食作物主要有春小麦、冬小麦、青稞、玉米、马铃薯；豆类作物主要有蚕豆和豌豆，油料作物主要有油菜籽、胡麻籽；另外还有一定面积的甜菜、烟叶、药材、瓜果类、食用菌、蔬菜种植；青饲料、花卉、绿肥等有零星种植。

1. 麦类作物种植的历年发展状况

麦类作物包括春小麦和冬小麦，图 1.1 是青海省麦类作物历年种植面积、亩产和总产量的变化趋势图，新中国成立以来，种植面积持续增加，20 世纪 80 年代初期达到最大，达到了 336 万亩，之后总体上保持了一个较高的水平，而且持续到了 20 世纪 90 年代后期，从 1998 年开始，种植面积开始持续下降，而且下降速度较快，到 2012 年种植面积只有 141 万亩，与解放初期 1950 年的 141.1 万亩的种植面积基本相当。

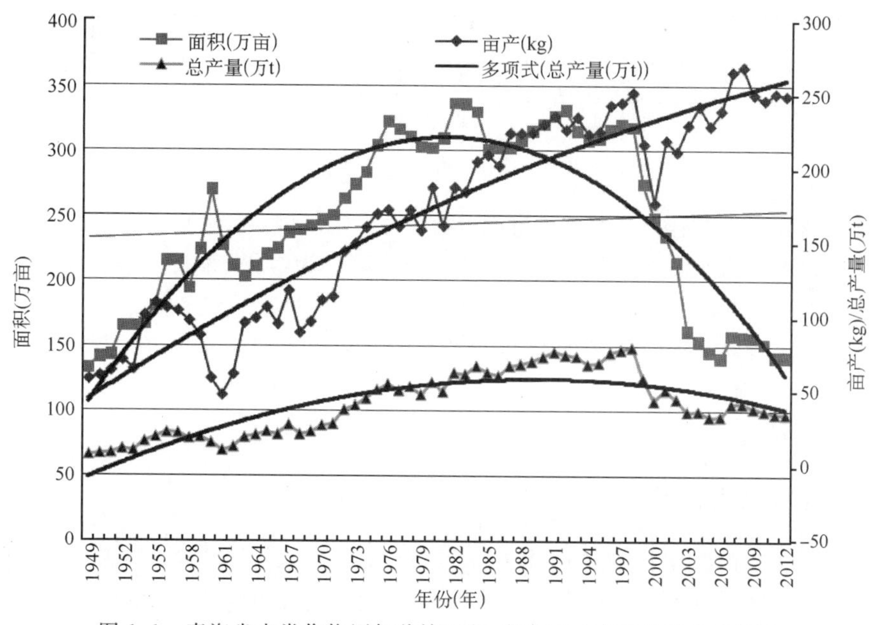

图 1.1 青海省麦类作物历年种植面积、亩产和总产量及变化趋势图

总产量的变化，20 世纪 90 年代后期以前，持续增加，1998 年最大达到了 79.9 万 t，基本满足需求，1998 年开始，总产量开始下降，但下降速度较为缓慢，仍维持了较高的水平，在 50 万 t 上下，2012 年为 35.2 万 t，与 1972 年产量相当，高于 1949—1971 年逐年的产量。

亩产的变化与种植面积、总产量的变化趋势不同，解放以来保持着持续的上升态势，2012 年亩产保持在 250 kg 左右，基本保证了麦类作物种植面积大幅度下降的同时，保持较高水平的总产量，满足对麦类作物的需求。

2. 粮食作物种植的历年发展情况

青海省的粮食作物包括麦类、青稞、玉米、马铃薯等，图 1.2 是青海省粮食作物历年种植面积、亩产和总产量的变化趋势图，新中国成立以来，种植面积持续增加，20 世纪 60 年代末期达到最大，达到了 676 万亩，之后总体上保持了一个较高的水平，而且持续到了到 20 世纪 90 年代后期，从 1998 年开始，种植面积开始持续下降，而且下降速度较快，到 2012 年种植面积只有 420 万亩，与新中国成立初期 1949 年的 453 万亩相比少了 33 万亩。

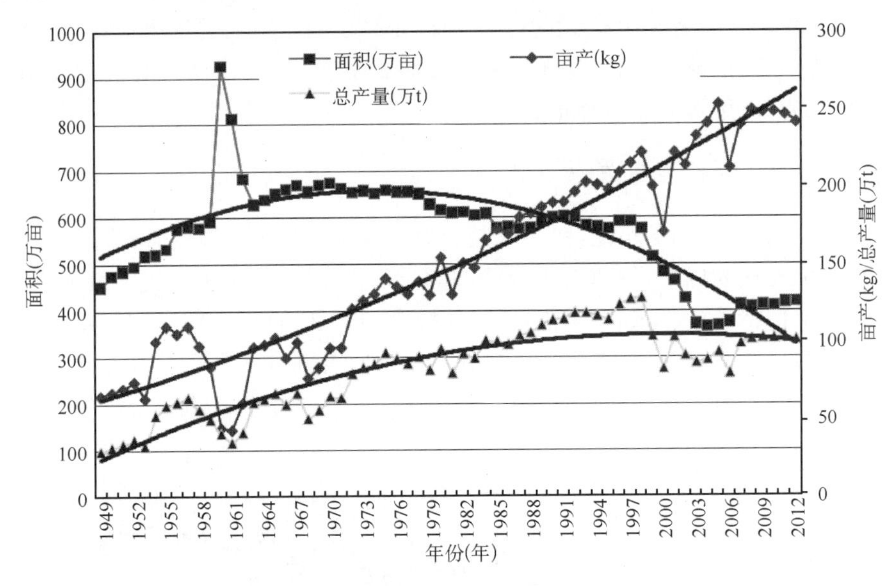

图 1.2　青海省粮食作物历年种植面积、亩产和总产量及变化趋势图

总产量的变化与麦类作物一样，20 世纪 90 年代后期以前，持续增加，1998 年最大达到了 128.2 万 t，1998 年开始，总产量开始下降，但下降速度较为缓慢，维持了较高的水平，总产量保持在 100.0 万 t 上下，2012 年产量 101.5 万 t。

亩产的变化与种植面积、总产的变化趋势不同，保持着持续的上升态势，由 1949 年的 65.1 kg波动式上升到 2005 年的 253.2 kg，2006 年下降到 212.3 kg，之后稳定上升，2012 年亩产保持在 241.5 kg 左右，保持在历年的较高水平。

3. 青海省农业生产现状

2013 年年底，全省农作物播种面积 819 万亩（表 1.3），其中粮食作物中，小麦种植面积 120.69 万亩，亩产 288.76 公斤，总产 34.85 万吨；玉米种植面积 35.53 万亩，亩产 488.26 公斤，总产 17.35 万吨；青稞种植面积 103.36 万亩，亩产 147.42 公斤，总产 15.24 万吨；其他谷物种植面积 1.35 万亩，亩产 169.00 公斤，总产 0.23 万吨；蚕豆种植面积 27.87 万亩，亩产 186.40 公斤，总产 5.195 万吨；豌豆种植面积 9.57 万亩，亩产 128.96 公斤，总产 1.23 万吨；折粮马铃薯种植面积 106.96 万亩，亩产 305.50 公斤，总产 32.68 万吨；油料作物中，油菜籽种植面积 231.34 万亩，亩产 138.01 公斤，总产 31.93 万吨；胡麻籽种植面积 6.20 万亩，亩产 102.87 公斤，总产 0.64 万吨；见表 1.2。此外还有甜菜、烟叶、药材、瓜果类、食用菌、蔬菜、青饲料、花卉、绿肥等，种植面积 176.17 万亩。

在农作物种植布局上，农作物主要种植区为海东市和西宁市，其中海东市种植面积 303.34 万亩，占全省种植面积的 37.04％，西宁市种植面积 182.95 万亩，占全省种植面积的 22.34％，其次为海南、海北和海西州，种植面积分别为 139.55 万亩、80.56 万亩、68.77 万亩，分别占全省种植面积的 17.04％，9.84％，8.40％，最少的是黄南，玉树、果洛 3 州的种植面积分别为26.13万亩、17.00万亩、0.78万亩，分别占全省种植面积的3.19%，2.07%，0.10%，均不到全省种植面积的5%。见表1.3。

表1.2　2013年青海省主要粮油作物种植面积、总产量和亩产

作物种类	面积(万亩)	总产量(万t)	亩产(kg)
一、粮食作物	405.3274	107.4985	265.21
(一)谷物	260.927	67.6641	259.32
1. 小麦	120.6935	34.8513	288.76
(1)冬小麦	18.4605	7.4139	401.61
(2)春小麦	102.233	27.4374	268.38
2. 玉米	35.5327	17.3493	488.26
3. 青稞	103.3558	15.2362	147.42
4. 其他谷物	1.345	0.2273	169.00
(二)豆类作物	37.4387	7.149	190.95
1. 蚕豆	27.873	5.1954	186.40
2. 豌豆	9.5657	1.2336	128.96
(三)折粮马铃薯	106.9617	32.6764	305.50
二、油料作物	237.5409	32.5652	137.09
1. 油菜籽	231.3435	31.9277	138.01
2. 胡麻籽	6.1974	0.6375	102.87
主要粮油作物合计	642.8683	140.0637	402.30

表1.3　2013年青海省农作物布局

项目	农作物总播种面积(万亩)	一、粮食作物		二、油料作物		三、甜菜		四、烟叶(未加工烟草)	
		播种面积(万亩)	总产量(万t)	播种面积(万亩)	总产量(万t)	播种面积(万亩)	总产量(万t)	播种面积(万亩)	总产量(万t)
青海省	819.0345	405.3274	107.4895	237.5409	32.5652	0.01	0.015	0.19	0.053
西宁市	182.9544	85.482	23.5736	48.5421	8.8088				
海东市	303.3363	172.2797	53.2355	88.2185	13.136			0.19	0.053
海北州	80.5638	20.7783	4.4722	42.9415	4.7368				
黄南州	26.126	11.828	2.9383	6.9764	0.689				
海南州	139.5489	75.195	13.552	42.6686	3.9754				
果洛州	0.784	0.69	0.1237	0.067	0.0068				
玉树州	16.956	14.0991	1.5979	0.545	0.0435				
海西州	68.7651	24.9753	7.9963	7.5818	1.1689	0.01	0.015		

(续表)

项目	五、药材		六、蔬菜		七、食用菌	八、瓜果类		九、其他农作物播种面积(万亩)	占全省农作物总面积比例(%)
	播种面积(万亩)	总产量(万t)	播种面积(万亩)	总产量(万t)	总产量(万t)	播种面积(万亩)	总产量(万t)		
青海省	34.40	8.70	75.82	158.1484	0.80	0.60	1.61	65.14	100.00%
西宁市	1.30	0.92	32.32	76.107	0.22	0.06	0.13	15.26	22.34%
海东市	0.32	0.04	36.77	71.14	0.55	0.43	1.44	5.13	37.04%
海北州	0.00	0.00	0.61	0.8916	0.00	0.00	0.00	16.24	9.84%
黄南州	0.00	0.00	0.45	0.9017	0.01	0.00	0.00	6.88	3.19%
海南州	2.46	0.10	3.25	3.8051	0.00	0.07	0.01	15.90	17.04%
果洛州	0.00	0.00	0.01	0.0093	0.00	0.00	0.00	0.02	0.10%
玉树州	0.00	3.69	0.54	0.2584	0.00	0.00	0.00	1.77	2.07%
海西州	30.32	3.95	1.88	5.0353	0.01	0.04	0.02	3.96	8.40%

二、畜牧业生产状况

青海省的畜牧业主要是草地畜牧业，是充分利用成本低廉的天然草地资源进行畜产品生产的基础产业之一，其发展历史悠久，在世界经济结构中具有不可取代的重要地位。青海省是我国五大牧区之一，超过 2.4×10^6 hm^2的广阔草地放牧着2000多万头(只)牲畜，尤以盛产牦牛和藏羊而闻名于世，每年可生产牛羊奶2多万t，牛羊肉20多万t，牛羊皮400多万张，是我国独具特色的重要畜产品生产基地。青海省的可利用草场面积居全国第四位，年末大牲畜和羊只存栏数分别居全国第五位、第四位。青海省的草原总面积占全省土地总面积的50%以上，畜牧业产值在全省占有相当大的比重，在全省农业生产体系中具有极其重要的战略地位。

1. 草地资源概况

青海全省有草原面积 3.645×10^7 hm^2，其中可利用面积 3.161×10^7 hm^2，可分为7个草地类，9个草地亚类，25个草地组，173个草地型(见表1.4)。在各类草原中，高寒草甸和高寒草原类草场共44222.4万亩，占全省草原总面积的80.88%，是青海省天然草原的主体。在全省173个草地型中以莎草科牧草为优势种的草地型有40个，面积为 2.091×10^7 hm^2，占全省草地总面积的57.38%。据不完全统计，全省有维管束植物113科，564属，2100种左右。可供家畜采食的主要牧草75～90种。全省可利用草原牧草年总产量约 7.98×10^7 kg，理论载畜量5465.75万羊单位。

表1.4　青海草地资源分类

类型	面积(hm^2)	可利用面积(hm^2)	类型	面积(hm^2)	可利用面积(hm^2)
Ⅰ. 高寒草原类	5820100.0	5048700.0	Ⅴ2 禾草草地组	292100.0	273900.0
Ⅰ1 禾草草地组	5814700.0	5045100.0	Ⅴ3 杂草草地组	501700.0	436100.0
Ⅰ2 杂类草草地组	5400.0	3600.0	ⅤB 沼泽化草甸亚类	5147800.0	4460400.0
Ⅱ. 温性山地草原类	2720800.0	2449300.0	Ⅴ4 莎草草地组	5147400.0	4460000.0
Ⅱ1 禾草草地组	2510300.0	2276300.0	Ⅴ5 杂草草地组	400.0	300.0
Ⅱ2 杂类草草地组	44100.0	32300.0	ⅤC 灌丛草甸亚类	1700900.0	1361900.0
Ⅱ3 小半灌木草地组	65500.0	53800.0	Ⅴ6 灌木草地组	1700900.0	1361900.0
Ⅱ4 小灌木草地组	101000.0	87000.0	ⅤD 疏林草甸亚类	252800.0	182700.0
Ⅲ. 高寒荒漠类	525500.0	234000.0	Ⅴ7 乔木草地组	252800.0	182700.0
Ⅲ1 杂类草草地组	430400.0	189100.0	Ⅵ. 温性山地草甸类	118200.0	79600.0
Ⅲ2 小半灌木草地组	95100.0	44800.0	ⅥA 典型草甸亚类	16700.0	15900.0
Ⅳ. 温性荒漠类	2151300.0	1202100.0	Ⅵ1 禾草草地组	16700.0	15900.0
ⅣA 山地荒漠亚类	1188600.0	714100.0	ⅥB 灌木草甸亚类	69900.0	47700.0
Ⅳ1 半灌木、小半灌木草地组	1075900.0	656500.0	Ⅵ2 灌木草地组	69900.0	47700.0
Ⅳ2 小灌木草地组	112700.0	57600.0	ⅥC 疏林草甸亚类	31600.0	16000.0
ⅣB 平原荒漠亚类	962700.0	488000.0	Ⅵ3 乔木草地组	31600.0	16000.0

续表

类型	面积(hm²)	可利用面积(hm²)	类型	面积(hm²)	可利用面积(hm²)
Ⅳ3 半灌木、小半灌木草地组	402100.0	223900.0	Ⅶ. 低地平原草甸类	1086100.0	768800.0
Ⅳ4 灌木草地组	384800.0	202600.0	Ⅶ1 乔木草地组	958200.0	689300.0
Ⅳ5 乔木草地组	175700.0	61500.0	Ⅶ2 杂草草地组	127900.0	79400.0
Ⅴ. 高寒草甸类	23661600.0	21492500.0	人工草地	365806.7	335326.7
ⅤA 高山草甸亚类	16560100.0	15487600.0			
Ⅴ1 莎草草地组	15766300.0	14777500.0	合计	36449406.7	31610326.7

在地区分布上，牧业草地总面积 3.152×10^7 hm²，占全省草地总面积的 96.36%，农业区草地总面积 1.328×10^6 hm²，占全省草地总面积的 3.64%。牧业区中，玉树州草地总面积最大，达到 1.085×10^7 hm²，占全省草地总面积的 29.76%，海西州次之，草地总面积 9.694×10^6 hm²，占全省草地总面积的 26.59%；果洛州第三，草地总面积 6.754×10^6 hm²，占全省草地总面积的 18.53%；第四是海南州，草地总面积 3.608×10^6 hm²，占全省草地总面积的 9.90%；海北州草地总面积 2.568×10^6 hm²，占全省草地总面积的 7.05%；黄南州草地总面积 1.65×10^6 hm²，占全省草地总面积的 4.53%。农业区草地面积中，海东市草地总面积 8.669×10^5 hm²，占全省草地总面积的 2.38%；西宁市草地总面积 4.612×10^5 hm²，占全省草地总面积的 1.27%。见表 1.5。

表 1.5　青海省草地资源的区域分布(10^4 hm²)

地名	天然草地总面积	占全省草地总面积比例	天然草地可利用面积	冬春草长可利用面积	夏秋草长可利用面积
西宁市	46.117	1.27%	37.133	16.743	20.391
海东市	86.689	2.38%	74.035	40.527	33.508
海北州	256.837	7.05%	238.587	124.973	113.613
海南州	360.784	9.90%	339.461	184.704	154.757
黄南州	164.965	4.53%	157.805	77.650	80.155
果洛州	675.374	18.53%	625.519	318.289	307.231
玉树州	1084.810	29.76%	956.982	494.466	462.516
海西州	969.364	26.59%	731.511	329.013	402.497
农区	132.806	3.64%	111.169	57.270	53.899
牧区	3512.135	96.36%	3049.864	1529.095	1520.769
全省	3644.941	100.00%	3161.033	1586.365	1574.667

2. 家畜资源

由于长期适应生态环境和人类定向培育，青海省形成了高原特有的家畜品种，资源十分丰富。青海牧区放牧饲养的家畜以藏羊和牦牛为主。藏羊是畜群结构的主体，约占全省牲畜总数的四分之三。在秋肥季节，一般成年母羊活重 50 kg 左右，羯羊 55～60 kg，屠宰率约 45%～50%，产毛量 1 kg 左右。青海的牦牛头数约占全国牦牛总头数的 4 成，居全国第一位。此外，比较重要的畜种还有马、山羊、骆驼等。比较著名的家畜优良品种有地方品种河曲马、大通马，利用地方品种资源育成的青海毛肉兼用细毛羊、高原毛肉兼用半细毛羊和浩门挽乘兼用马等。

3. 历年畜牧业发展情况

图 1.3 是青海省大牲畜(牛、马、驴、骡等)和羊(藏系绵羊、山羊等)数量历年变化趋势图，可以看出，新中国成立以来，均是波动式上升，其中 1960 年下降到解放以来的历史最低点，大牲畜为 189.81 万头，比 1949 年还少了 59.45 万头，羊 740.89 万只，虽然比 1949 年多了 241.42 万只，却比之前较多的 1957 年少了 345.63 万只，之后的数量年际间波动不是太大。1996 年开始，畜种结构根据市场需求和经营效益的变化进行了调整，这一过程可以概括为“发展羊、稳定牛、压缩马”，受上述结构调整的影响，大牲畜数量开始逐步下降，持续到 2003 年，才开始略有上升。

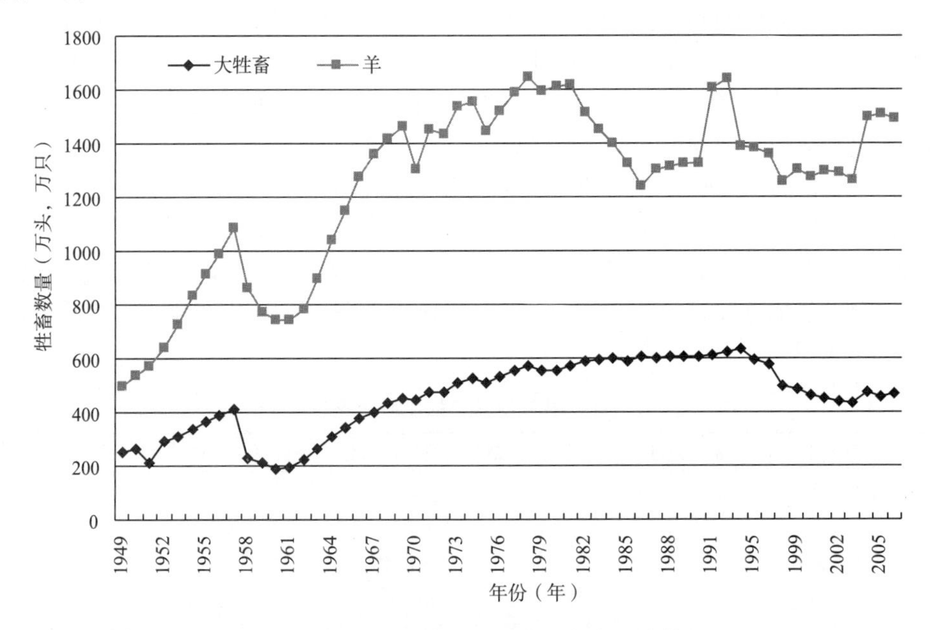

图 1.3 青海省大牲畜和羊数量历年变化趋势图

据 1996 年底统计数字，全省存栏草食牲畜 2075.06 万头(只、匹)，其中大牲畜 505.53 万头(匹)，占 24.36%；羊 1569.53 万只，占 75.64%。大牲畜中牛 443.18 万头，占草食家畜总数的 21.36%(其中牦牛 105.54 万头，黄牛 30.13 万头，良改乳牛 8.01 万头)；马 37.26 万匹，占 1.8%；绵山羊中绵羊为 1368.58 万只，占草食家畜总数的 65.95%，见表 1.6。

表 1.6 青海省历年畜牧业生产结构(随机挑列年份)

年份	1952	1965	1980	1985	1990	1995	1996
牲畜存栏数(万头，万只)	933.5	1493.1	2166.7	1917.6	2220.6	2225.3	2075.0
肉类总产量(含猪肉，10^7 kg)	2.82	3.62	8.49	11.16	1534	18.37	18.72
羊毛产量(10^7 kg)	0.80	0.92	1.70	1.53	1.76	1.79	1.65
畜牧业产值(含养猪业，亿元)	0.80	1.66	2.87	5.01	10.95	27.57	25.14

4. 2013 年青海省畜牧业生产状况

2013 年底，青海省大牲畜的存栏量为 443.98 万头(匹)，羊的存栏量为 1421.29 万只，生猪的存栏量为 115.38 万头，家禽的存栏量为 265.57 万只；在区域分布上，牛羊等大牲畜主要分布在牧业区，生猪、家禽主要分布在农业区。其中：大牲畜的存栏量以玉树州最多，达到131.57万头，占全省大牲畜数量29.63％，其次是果洛州，存栏量为79.82万头，占全省大牲畜数量17.98％，第三是海南州，存栏量为64.19万头，占全省大牲畜数量14.46％，牧业区存栏量最少的海西州，仅为14.85万头，只占全省大牲畜数量3.34％。

羊的存栏量以海南州最多，达到404.39万只，占全省大牲畜数量28.45％，其次是海北州，存栏量为280.59万只，占全省大牲畜数量19.74％，第三是海西州，存栏量为225.50万只，占全省大牲畜数量15.87％，牧业区存栏量最少的果洛州，仅为57.05万头，只占全省大牲畜数量4.01％。

生猪的存栏量以海东市最多，达到64.67万头，占全省大牲畜数量56.05％，其次是西宁市，存栏量为39.06万头，占全省大牲畜数量33.85％，第三是海西州，存栏量为5.21万头，占全省大牲畜数量4.52％，海南州存栏量为3.38万头，占全省大牲畜数量2.93％，牧业区玉树、果洛2州无生猪饲养。

家禽的存栏量同样以海东市最多，达到132.31万只，占全省大牲畜数量49.82％，其次是西宁市，存栏量为99.64万只，占全省大牲畜数量37.52％，第三是海南州，存栏量为14.67万只，占全省大牲畜数量5.52％，牧业区存栏量最少的黄南州，仅为2.77万头，只占全省大牲畜数量1.04％。牧业区玉树、果洛2州无家禽饲养。见表1.7。

表1.7　2013年青海省牲畜数量及其区域分布

县名	户籍人口（人）	大牲畜存栏量（万头，万只）	所占比例（％）	羊存栏量（万只）	所占比例（％）	生猪存栏量（万头）	所占比例（％）	家禽存栏量（万只）	所占比例（％）
西宁市	2002515	31.43	7.08％	85.93	6.05％	39.06	33.85％	99.64	37.52％
海东市	1703359	23.04	5.19％	128.66	9.05％	64.67	56.05％	132.31	49.82％
海北州	292617	50.69	11.42％	280.59	19.74％	2.59	2.24％	9.47	3.57％
黄南州	268061	48.39	10.90％	143.08	10.07％	0.44	0.38％	2.77	1.04％
海南州	463440	64.19	14.46％	404.39	28.45％	3.38	2.93％	14.67	5.52％
果洛州	192926	79.82	17.98％	57.05	4.01％	0.00	0.00％	0.00	0.00％
玉树州	394803	131.57	29.63％	96.09	6.76％	0.03	0.03％	0.00	0.00％
海西州	408200	14.85	3.34％	225.50	15.87％	5.21	4.52％	6.71	2.53％
全省合计	5725921	443.98	100.00％	1421.29	100.00％	115.38	100.00％	265.57	100.00％

三、林业生产状况

2004年，青海省属林场（不含国营林场）经营管理的林地总面积为3.367×10^{6} hm^{2}，造林面积是1.156×10^{4} hm^{2}，森林管护面积是1.18×10^{6} hm^{2}，封山育林面积1.572×10^{5} hm^{2}，全省活立木总蓄积量2.612×10^{7} m^{3}。见表1.8。

2013年，全省（含国营林场）包括原始森林、灌丛、宜林地、疏林地及苗圃在内，经营管理的林地总面积是1.12×10^{7} hm^{2}，其中原始森林面积是4.412×10^{6} hm^{2}，主要分布在青海东南部靠近甘肃、四川、西藏的边境地区，包括黄南州、玉树州、果洛州，同时在黄南州北部、海南州西南部、海东市北部、海北州西北部、海西州等地也有零星分布。

表 1.8　2004 年青海省属林场生产经营状况

林场名称	县名	经营性质	经营管理面积	活立木总蓄积量	营造林		
					造林面积	森林管护面积	封山育林面积
			10^4 hm^2	10^4 m^3	hm^2	hm^2	hm^2
合计			336.708	2611.639	11560.000	1179606.667	157200.000
西山林场	城西区	造林	0.111	1.000	66.667	493.333	300.000
北山林场	城中区	造林	0.119	0.003	26.667	480.000	453.333
塔尔山林场	城东区	造林	0.139	0.020	13.333	473.333	433.333
纳家山林场	城东区	造林	0.099	0.006	26.667	493.333	106.667
湟水林场	城西区	造林	0.112	2.000	126.667	420.000	313.333
试验林场	大通县	造林	1.831	5.750	200.000	2453.333	466.667
蚂蚁沟林场	湟中县	造林	2.707	0.800	100.000	6333.333	120.000
甘河滩林场	湟中县	造林	2.779	0.200	100.000	3066.667	80.000
东沟林场	平安县	造林	0.466	0.140	33.333	4660.000	1000.000
湟水林场	乐都县	造林	0.086	0.400	0.000	860.000	0.000
塔加林场	化隆县	造林	2.290	6.040	780.000	8466.667	2000.000
城关林场	化隆县	造林	0.004	0.130	0.000	26.667	0.000
西河林场	贵德县	造林	1.407	7.900	6.667	8233.333	0.000
都兰林场	都兰县	造林	108.799	102.000	2266.667	219393.333	72666.667
乌兰林场	乌兰县	造林	22.213	25.800	0.000	87313.333	0.000
宝库林场	大通县	营林	13.187	10.450	133.333	45826.667	820.000
东峡林场	大通县	营林	4.861	54.660	146.667	14693.333	586.667
上五庄林场	湟中县	营林	6.637	23.000	400.000	39526.667	733.333
群加林场	湟中县	营林	1.124	16.000	400.000	5400.000	0.000
东峡林场	湟源县	营林	0.473	6.640	126.667	4473.333	666.667
峡群寺林场	平安县	营林	0.346	4.930	46.667	3460.000	1000.000
北山林场	民和县	营林	0.362	1.500	13.333	1333.333	266.667
满坪林场	民和县	营林	0.461	0.030	80.000	2933.333	800.000
西沟林场	民和县	营林	0.797	11.280	366.667	4593.333	800.000
杏儿林场	民和县	营林	0.747	3.300	40.000	2000.000	533.333
古鄯林场	民和县	营林	0.549	3.300	66.667	3813.333	800.000
塘尔垣林场	民和县	营林	1.097	4.700	186.667	6440.000	800.000
上北山林场	乐都县	营林	4.239	27.730	33.333	18973.333	1466.667
药草台林场	乐都县	营林	0.860	5.480	33.333	1313.333	333.333
下北山林场	乐都县	营林	2.647	37052.000	66.667	15386.667	2246.667
杨宗林场	乐都县	营林	0.513	1.650	0.000	246.667	0.000
试验林场	互助县	营林	0.135	1.890	40.000	666.667	133.333
南门峡林场	互助县	营林	0.268	7.450	0.000	2480.000	400.000
松多林场	互助县	营林	2.203	7.880	26.667	12400.000	133.333
北山林场	互助县	营林	11.279	420.000	113.333	94853.333	1006.667
雄先林场	化隆县	营林	1.782	7.350	1546.667	4720.000	1333.333
柏木峡林场	化隆县	营林	0.653	0.180	293.333	3606.667	666.667

续表

林场名称	县名	经营性质	经营管理面积	活立木总蓄积量	营造林		
					造林面积	森林管护面积	封山育林面积
			10^4 hm^2	10^4 m^3	hm^2	hm^2	hm^2
孟达林场	循化县	营林	1.729	9.980	0.000	7466.667	0.000
夕昌林场	循化县	营林	11.110	1.820	40.000	3640.000	146.667
文都林场	循化县	营林	2.843	18.960	93.333	7373.333	1800.000
尕楞林场	循化县	营林	2.072	24.190	93.333	6680.000	1733.333
仙m林场	门源县	营林	4.953	192.610	666.667	115266.667	0.000
祁连林场	祁连县	营林	5.660	220.610	486.667	48733.333	6666.667
麦秀林场	黄南县	营林	6.765	117.800	333.333	34126.667	7733.333
兰采林场	同仁县	营林	5.193	65.850	73.333	12840.000	4060.000
西卜沙林场	同仁县	营林	3.557	32.450	33.333	11780.000	3333.333
双朋西林场	同仁县	营林	3.587	26.180	33.333	8760.000	3780.000
东果林昌	尖扎县	营林	3.803	75.980	246.667	19420.000	666.667
洛洼林场	尖扎县	营林	1.628	25.700	120.000	12753.333	666.667
坎布拉林场	尖扎县	营林	0.841	37.100	193.333	8406.667	400.000
官秀林场	泽库县	营林	5.889	13.680	13.333	7273.333	666.667
宁木特林场	河南县	营林	13.993	34.800	13.333	22000.000	666.667
切吉林场	共和县	营林	0.180		446.667	1800.000	0.000
居布林场	同德县	营林	1.766	7.760	0.000	3133.333	300.000
江群林场	同德县	营林	12.873	52.590	100.000	43093.333	600.000
河北林场	同德县	营林	6.204	24.840	33.333	22333.333	0.000
东山林场	贵德县	营林	0.651	4.670	13.333	2480.000	280.000
江拉林场	贵德县	营林	0.867	16.440	20.000	2720.000	193.333
中铁林场	兴海县	营林	12.231	188.720	13.333	26073.333	313.333
居布林场	贵南县	营林	0.490	3.110	20.000	533.333	273.333
莫曲沟林场	贵南县	营林	2.836	13.580	20.000	6973.333	2266.667
多可河林场	果洛州	营林	0.933	78.000	0.000	7013.333	1000.000
洋玉林场	玛沁县	营林	8.853	155.000	66.667	19000.000	18333.333
江西林场	玉树州	营林	6.815	187.390	206.667	35866.667	120.000
东仲林场	玉树县	营林	2.577	31.120	93.333	14206.667	0.000
白扎林场	囊谦县	营林	7.431	141.600	113.333	35560.000	7733.333

四、渔业生产状况

青海省的渔业资源十分有限，天然的渔业资源主要分布在青海湖、扎陵湖等几个较大的湖泊，由于生态环境保护与治理的需要，全部禁捕，东部一些零星的人工养殖水塘，产量很小。

2012年底，全省水产人工养殖的面积仅为 4.4×10^4 hm^2，水产量仅为 4.52×10^6 kg，而且从2006年到2012年的7年时间，养殖面积仅仅增加 1.0×10^3 hm^2，水产量增加了 2.596×10^6 kg。见表1.9。

表 1.9　青海省历年渔业生产经营状况

年份	2006	2007	2008	2009	2010	2011	2012
水产品总产量(10^3 kg)	1985	1780	2129	827	1600	3293	4520
养殖产量(10^3 kg)	1924	1704	2090	784	1600	3293	4520
养殖面积(10^4 hm^2)	4.3	4.3	4.4	4.4	4.5	4.4	4.4

第二章　青海省农业气候资源

农业气候资源指能为农业生产提供物质和能量的气候条件，即光照、温度、降水、空气等气象因子的数量或强度及其组合。具有以年或日为周期的循环性，以及时空变化的不稳定性，可周而复始反复利用，以及随农业发展阶段而变化等特性。它在一定程度上制约一个地区农业的生产类型、生产率和生产潜力。

农业气候资源的构成包括：生长季的太阳总辐射、光合有效辐射、日照时数、各种农业界限温度初终日期和积温及其持续日数、无霜期、生长季降水量、土壤湿度、空气湿度、风、二氧化碳浓度等，其中尤以光照、温度、降水三者最为重要。根据地区农业气候资源的构成特点，确定最适宜的农业类型和种植制度，并在引种时遵循农业气候相似原则，是合理利用农业气候资源的重要途径。

第一节　概况

一、全球农业气候资源概况

世界各地全年的太阳总辐射量为 $3.35\times10^3\sim8.37\times10^3$ MJ/m^2。在中高纬度地区呈带状分布。赤道附近由于云量增加，总辐射量显著减少。年总辐射最大值出现在南、北半球的副热带高压地区，一般为 $6.7\times10^3\sim7.54\times10^3$ MJ/m^2；非洲东北部的沙漠地区可达 9.2×10^3 MJ/m^2。夏季（六月）的总辐射值分布有北非、中东和拉丁美洲 3 个高值中心，其月辐射总量大于 9.2×10^2 MJ/m^2。东南亚为一低值区，月辐射量小于 5.0×10^2 MJ/m^2。南半球随纬度增加总辐射量显著减弱。

全球全年热量分布（大于 10℃积温），除极圈内低于 1000℃·d 外，其他地区均在 $1.0\times10^3\sim1.0\times10^4$℃·d 之间；赤道与热带地区可达 $8.0\times10^3\sim1.0\times10^4$℃·d。欧亚大陆东西两岸温带和亚热带地区，积温随纬度的降低从 2.0×10^3℃·d 增至 7.0×10^3℃·d 左右，地中海地区约 6.0×10^3℃·d 左右。大洋洲从南部 4.0×10^3℃·d 向北增至 1.0×10^4℃·d。积温的地带性变化，受地形和海陆的影响，呈不规则分布。例如中国青藏高原为一低值区，西欧受北大西洋暖流影响，积温较同纬度地区为高。北美东岸地势平坦，积温纬向分布较明显；西岸地形起伏，积温随海拔升高而减少。

欧亚大陆和北美东、西两岸年降水量约 500～1500 mm；深入内陆，降水渐趋减少。大洋洲年降水量成环状分布，东部多于西部，沿海多于内陆。东南亚地区受季风、台风和洋流影响，年降水量在 2000 mm 左右。全球有几个降水高值区，如中美洲加勒比海沿岸地区和西印度群岛的北岸和东岸，南美洲北部哥伦比亚和南部智利的安第斯山地，非洲西部几内亚、塞拉利昂、利比里亚的大西洋沿岸地区和印度的阿萨姆，年降水量均达 3000～5000 mm。全球降水低值出现在北非撒哈拉沙漠、中东、苏联中亚细亚和中国西北地区，降水量低于 200 mm。在沙漠中心，年降水量不足 10 mm，有些年份甚至滴雨不降。

二、中国农业气候资源概况

中国具有热带、亚热带和温带等多种类型的农业气候资源，东部季风地区水、热资源丰富，雨热同季，适宜多种类型的农作物生长。大于 10℃积温在 8.0×10^3 ℃·d 以上的地区为热带，年降水量大多为 1400～2000 mm，年总辐射值为 $4.6\times10^3\sim5.86\times10^3$ MJ/m²，农作物可全年生长，橡胶树、椰子、咖啡、胡椒等典型热带作物生长良好。秦岭、淮河一线以南至热带北界地区为亚热带，年降水量 1000～1800 mm，大于 10℃积温在 4.5×10^3 ℃·d 以上，年总辐射 $3.56\times10^3\sim5.23\times10^3$ MJ/m²，是中国水稻主要产区，并盛产亚热带作物和经济林木。南温带≥10℃的积温在 $3.5\times10^3\sim4.5\times10^3$ ℃·d，年降水量为 500～1000 mm，年总辐射值为 $5.02\times10^3\sim5.86\times10^3$ MJ/m²，是中国小麦、玉米为主的一年二熟（包括间套作）地区，棉花、花生、大豆、谷子也占相当比例。中温带的东北松辽平原和三江平原积温为 $2.5\times10^3\sim3.5\times10^3$ ℃，年降水量为 4.00～600 mm，年总辐射值为 $4.6\times10^3\sim5.44\times10^3$ MJ/m²，喜凉作物春小麦、马铃薯、甜菜等生长良好，喜温作物如水稻、玉米等也能生长，为一年一熟区域。西北干旱地区和柴达木盆地降水量虽少，但光热资源丰富；其中有灌溉条件的地区作物能获得高产，水分和热量条件较差的地方则只能发展畜牧业。

第二节　光能资源

青海省地处青藏高源，空气稀薄，干燥少雨，日照时间长，太阳能资源十分丰富。省内年日照时数 2328～3575 h，日照百分率达 55%～70%，年太阳辐射量 6.0×10^3 MJ/m² 以上，80%以上地区属太阳能资源一类区，其余属二类区，太阳能资源仅次于西藏，在全国属高值区。开展太阳能资源的科学评估与估算，并对其进行区划分析，对太阳能发电、热利用等实施规划，可为青海省太阳能的合理、充分利用，太阳能电站、太阳能温棚及太阳能路灯等示范基地和规模化开发，提供翔实可靠的基础数据。同时也可为保护生态环境、促进经济的可持续发展起到积极的促进作用。

一、光能资源的气象学指标

太阳能在气象学上可以用太阳总辐射、日照时数和日照百分率等指标衡量。太阳总辐射是地球表面某一观测点水平面上接收太阳的直射辐射与太阳散射辐射的总和。晴天为直射辐射为主，散射约占总辐射的 15%，阴天或太阳被云遮挡时只有散射辐射。太阳总辐射量通常按日、月、年为周期计算，单位是 J/(m²·d(或 m，a))。地理纬度、日照时数、海拔高度和大气成分等都是影响太阳总辐射的因素。

1. 太阳总辐射及其影响因子

影响太阳辐射的因子主要有4种：

(1)天文因子：日地距离、太阳赤纬；

(2)地理因子：测站的纬度、海拔高度；

(3)大气物理因子：纯大气消光、大气中水汽含量、大气浑浊度(包括波长指数和浑浊度系数)等；

(4)气象因子：天空总云量、日照时数(日照百分率)。

其中，天文因子与辐射的关系不言而喻，而地理因子中的纬度，实际影响到的是太阳赤纬，海拔高度反映的是大气的厚度；大气物理因子反映的是水汽以及气溶胶等对辐射的吸收、漫射等作用，气象因子反映的是天空遮蔽状况。总结对国内外最近几年在太阳辐射研究领域所取得的最新研究成果，申彦波(2009)认为在影响地面太阳辐射变化的众多因素中，气溶胶的变化与之有较好的反相关关系，但目前的研究尚不能给出明确的结论，同时也不能据此而否认云的变化对地面太阳辐射的重要影响；在20世纪90年代之后一些区域的“变亮”过程有可能是由于云量减少和大气透明度增加共同造成的；其他影响因子的变化，如水汽、大气的气体成分、太阳活动和城市化等则不会对地面太阳辐射的变化产生太大的影响或其影响的程度尚不明确，还有待进一步的研究。

从表2.1、表2.2可以看出格尔木市和西宁市总辐射与气象要素之间的相关关系，月太阳总辐射主要与日照、总云量、水汽压、相对湿度、蒸发量、气温日较差、低云量等因素相关较好，其相关系数值超过95%信度检验的月份达到了8～12个月。其中，格尔木市太阳总辐射与日照、总云量、水汽压、低云量、相对湿度、蒸发量等因素相关性较好，西宁市总辐射与日照、总云量、日较差、水汽压、蒸发量、风速等因素相关性较好，日照、总云量与两地总辐射相关性均最好，相关系数超过95%信度检验的月份达到了12个月。

表2.1　格尔木市总辐射与气象要素之间的相关统计表(1961—2007)

项目/月	1	2	3	4	5	6	7	8	9	10	11	12
日照	0.713	0.823	0.683	0.751	0.719	0.78	0.518	0.814	0.855	0.784	0.717	0.754
总云量	−0.61	−0.65	−0.72	−0.71	−0.5	−0.48	−0.46	−0.71	−0.65	−0.61	−0.31	−0.38
水汽压	−0.47	−0.29	−0.21	−0.43	−0.6	−0.63	−0.39	−0.66	−0.51	−0.63	−0.44	−0.44
低云量	−0.41	−0.22	−0.21	−0.28	−0.47	−0.25	−0.35	−0.52	−0.36	−0.62	−0.52	−0.56
相对湿度	−0.26	−0.22	−0.25	−0.57	−0.69	−0.76	−0.59	−0.77	−0.66	−0.6	−0.36	−0.15
蒸发量	0.259	−0.05	0.139	0.191	0.338	0.475	0.361	0.375	0.452	0.437	0.438	0.504
降水量	−0.23	−0.07	0.072	−0.15	−0.46	−0.51	−0.46	−0.64	−0.41	−0.36	−0.08	−0.17
气压	0.523	0.429	0.36	0.414	0.254	0.204	−0.1	0.337	−0.05	0.034	0.442	0.184
平均气温	−0.31	−0.23	−0.14	0.161	0.359	0.442	0.331	0.168	0.164	−0.13	−0.06	−0.37
日较差	0.299	0.138	0.256	−0.04	0.074	0.293	0.415	0.152	0.165	0.109	0.197	0.567
风速	−0.02	−0.19	−0.05	0.024	0.016	0.116	0.001	0.192	0.138	0.124	0.366	0.465

注：表中±0.29～±0.32，±0.33～±0.45，±0.46～±0.86的数据分别通过了95%，99%，99.9%的显著性水平。

表 2.2　西宁市总辐射与气象要素之间的相关统计表(1961—2007)

项目/月	1	2	3	4	5	6	7	8	9	10	11	12
日照	0.568	0.526	0.603	0.578	0.631	0.869	0.693	0.733	0.77	0.561	0.572	0.73
总云量	−0.49	−0.48	−0.67	−0.54	−0.57	−0.65	−0.49	−0.69	−0.7	−0.52	−0.44	−0.6
日较差	0.53	0.444	0.521	0.571	0.529	0.703	0.451	0.542	0.567	0.399	0.351	0.493
蒸发量	0.287	0.203	0.494	0.448	0.586	0.611	0.584	0.679	0.63	0.438	0.395	0.297
风速	0.252	0.089	0.316	0.309	0.344	0.358	0.297	0.495	0.278	0.195	0.309	0.355
相对湿度	−0.02	0.013	−0.25	−0.19	−0.41	−0.55	−0.36	−0.56	−0.53	−0.22	−0.19	0.011
水汽压	−0.14	−0.25	−0.19	−0	−0.31	−0.52	−0.04	−0.41	−0.41	−0.25	−0.25	−0.25
降水量	−0.22	−0.12	−0.08	−0.03	−0.38	−0.46	−0.01	−0.28	−0.52	−0.08	−0.01	−0.32
平均气温	−0.18	−0.28	0.165	0.293	0.257	0.19	0.441	0.397	0.325	−0.03	−0.07	−0.23
低云量	0.16	−0.2	−0.27	−0.16	−0.4	−0.26	−0.18	−0.53	−0.41	−0.13	−0.05	0.114
气压	0.233	0.287	0.221	0.055	−0.02	0.088	−0.11	0.328	0.07	0.031	0.181	0.174

注：表中±0.29～±0.32，±0.33～±0.45，±0.46～±0.87 的数据分别通过了 95%，99%，99.9%的显著性水平。

表 2.3 是西宁、格尔木、刚察、玛沁、玉树五个辐射站总辐射和气象要素之间的相关关系。可看出，影响太阳总辐射/晴空辐射的因子主要是日照百分率，而日平均地表温度与该比值呈显著正相关，主要反映的还是太阳辐射对地表的加热作用；与总云量和低云量相关系数很高，但偏相关系数却相当低，说明总云量和低云量对该比值的作用实际上是通过影响日照百分率造成的，但平均气温与该比值的正相关关系，尚不能很好地解释。

表 2.3　青海省日总辐射与气象要素关系

气象要素	相关系数	偏相关系数
日白天降水量(mm)	−0.333***	−0.1384
日平均低云量(成)	−0.451***	0.0520
日平均地表温度(℃)	0.010	0.3022
日平均风速(m/s)	0.037	0.0078
日平均气温(℃)	−0.057	−0.2950
日平均气压(pha)	0.012	0.0840
日平均水汽压(pha)	−0.301***	−0.0199
日平均相对湿度(%)	−0.517***	0.0387
日平均总云量(成)	−0.671***	−0.0099
日气温日较差(℃)	0.768***	0.1431
日日照百分率(%)	0.931***	0.3130
日日照时数(h)	0.903***	−0.0045

注：*** 0.001 信度

2. 日照时数及其影响因子

由于气象要素之间存在着密切的相关性，为此分别计算了青海省西宁、格尔木、刚察、玛沁、玉树五个辐射站气象要素与日照时数的相关系数以及偏相关系数，从表 2.4 可看出，日照与各气象要素的相关性相当好，但实际影响日照的因素主要还是云量。在相关系数和偏相关系数计算中，总云量、低云量与日照存在着显著的负相关关系。气温日较差与日照存在较好的正相关，究其原因，气温日较差反映出的还是云量的关系，白天无云时日照充分，太阳辐射较强，气温高，晚上由于辐射降温造成气温偏低，从而使日较差大；白天有云时，由于云的遮蔽，太阳辐射到达地面较少，造成白天气温较低，晚上，同样由于云的遮蔽，地面长波辐射被云吸收，辐射降温幅度较小，夜间气温偏高，日较差小。从表 2.4 还可看出，日照与地表温度的相关系数不高，但偏相关系数很高的现象，反映出太阳辐射对地表的加热作用。

表 2.4　青海省日照与日气象要素的关系

气象要素	日照时数(h)		日照百分率(%)	
	相关系数	偏相关系数	相关系数	偏相关系数
日平均总云量(成)	−0.613***	−0.3574	−0.724***	−0.4026
日平均低云量(成)	−0.516***	−0.2475	−0.634***	−0.2261
日气温日较差(℃)	0.576***	0.2365	0.642***	−0.2247
日平均相对湿度(%)	−0.459***	−0.055	−0.518***	−0.1049
日平均气温(℃)	0.089**	−0.1432	−0.170***	−0.1315
日平均水汽压(pha)	−0.223***	−0.0539	−0.420***	−0.0105
日平均风速(m/s)	0.070*	0.13	0.039*	0.0895
日平均气压(pha)	0.040*	−0.1538	0.030*	−0.1041
日沙尘暴是否出现	−0.018	−0.0409	−0.024*	−0.0404
日白天降水量(mm)	−0.316***	−0.1397	−0.352***	−0.1406
日平均地表温度(℃)	0.164***	0.3477	−0.112***	0.2233

注：*** 0.001 信度　** 0.01 信度　* 0.05 信度

日照时数的变化与许多因子有关。云量是决定日照时数变化的重要因子之一。大气透明度对日照时数也具有很大的影响。大气透明度是表征大气对太阳辐射透明度的一个参数，它受大气中的水汽含量以及大气气溶胶含量等因子影响。

日照时数与云量之间存在明显的负相关关系，相关系数为−0.724，通过 t 检验法检验。统计资料表明，那些对太阳光线有较强的阻挡和吸收作用的云层，能有效减小太阳光线的透过率，对地面日照时数减小的作用较强。日照时数与降水过程之间也存在明显的负相关关系，相关系数为−0.352，并且通过了显著性检验。资料的分析还表明，连续性的降水过程对日照时数的影响最大，而阵性降水的影响则相对较小。

二、日照时空变化特征

青海省共辖 56 个地面气象台站。其中国家基准气候站 6 个，国家基本气象站 28 个，一般气候站 22 个。其中有太阳辐射观测项目的台站 5 个。观测日照百分率和日照时数的台站有 56 个。有太阳辐射观测项目的台站分别是西宁市、格尔木市、刚察县、玛沁县、玉树州。其中格尔木市台站属一级站，观测项目有太阳总辐射、净辐射、直接辐射、反射辐射、散射辐射；西宁市台站属二级站，观测项目有太阳总辐射、净辐射；刚察县、玛沁县、玉树州台站属三级站，观测项目为太阳总辐射。

1. 日照时数的空间分布

从图 2.1 可以看出，青海省年日照时数在 2351.5～3397.7 h 之间，柴达木地区是日照时数最多的地区，日照时数的多年平均值介于 2951.1～3397.7 h 之间。其中冷湖镇最多，为 3397.7 h，德令哈、格尔木、乌兰、天峻、都兰、大柴旦、茫崖多年平均日照时数依次为：3093.7，3083.9，3046.6，3023.2，3071.5，3242.9，3240.3 h；青海省年平均日照时数最少的地区是果洛地区，多年平均日照时数在 2351.5～2842.4 h 之间，其中久治县日照时数最少，多年平均值为 2351.5 h，玛沁、甘德、达日、班玛、玛多多年平均日照时数依次为 2544.6，2420.2，2474.0，2371.4，2842.4 h；海北地区多年平均日照时数介于 2546.0～3087.2 之间，其中门源县最少为 2546.0 h；海东地区多年平均日照时数介于 2415.0～2736.3 h，其中民和县多年平均日照时数最少，为 2415.0 h；黄南地区多年平均日照时数介于 2532.9～2674.0 h，其中河南县多年平均日照时数最少，为 2532.9 h；玉树地区多年平均日照时数介于 2457.0～2954.6 h，其中杂多县最少，为 2457.0 h；海南地区多年平均日照时数介于 2697.6～3087.2 h，其中兴海县最少，为 2697.6 h；西宁地区多年平均日照时数介于 2557.5～2650.2 h，其中大通县最少，为 2557.5 h。总的特征是青海省的西、北部多，东、南部偏少。

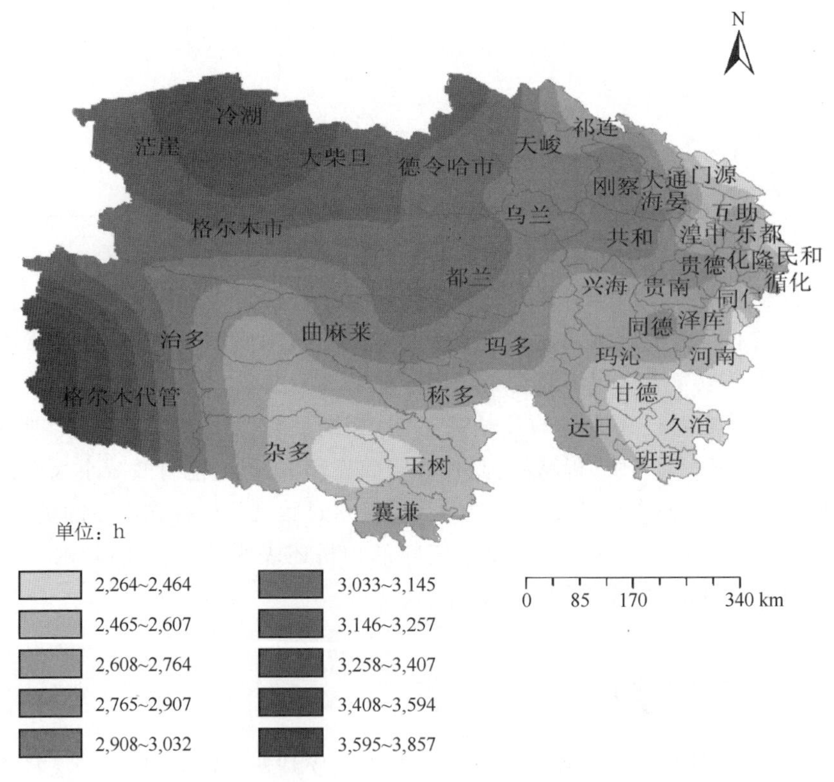

图 2.1　青海省 1971—2000 年年日照时数分布图(见彩图)

2. 日照时数的年变化

图 2.2 为青海省 1971—2007 年主要代表站逐月平均日照时数变化图。4 个代表站月日照时数在 178～296.2 h 之间，一年中大部分地区 5，8，11 月为日照时数相对高值期，9 月是相

对低值期。各地最大值在227.1～296.2 h之间，其中格尔木市、德令哈市日照时数相对较多；最小值在178～257.4 h之间。青海省日照时数最多的月份是5月，只有果洛州部分地区(玛多、久治、班玛)最高日照时数出现在4月。青海省各地的日照时数随季节的变化并不完全一致，其中，春季(3—5月)各地日照时数较多地区集中在玉树、果洛、海北、海南、柴达木地区；夏季(6—8月)主要集中在柴达木、海北、海东地区；秋季(9—11月)主要集中在柴达木、海北地区；冬季(12—2月)主要集中在柴达木、海北、海南地区。

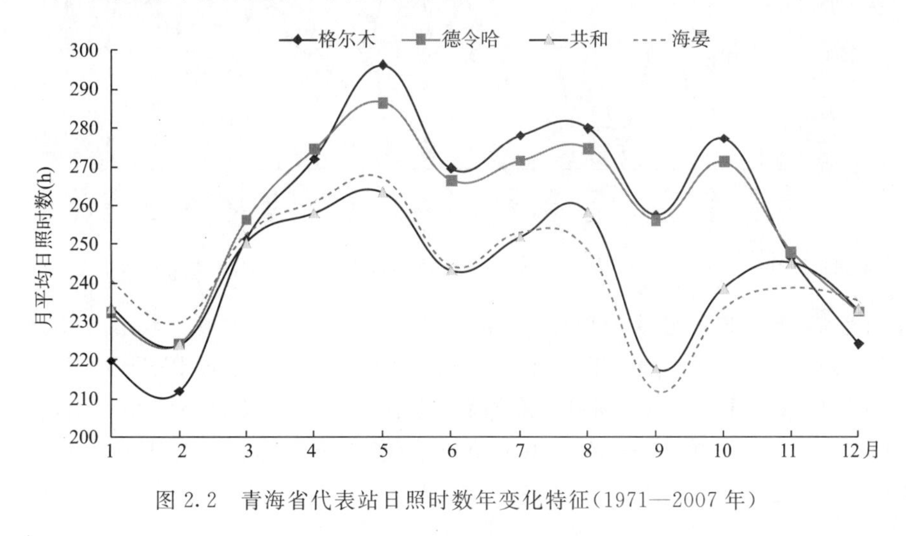

图2.2 青海省代表站日照时数年变化特征(1971—2007年)

3. 日照时数的年际变化特征

图2.3为青海省1971—2007年代表站逐年平均日照时数年际变化图。青海省7个代表站中，总的趋势是年日照时数在减少。格尔木市和共和县年日照时数分别以28.2 h/10a，1.81 h/10a速率在增加，只有共和县通过了0.05的显著性水平检验；玉树、同仁、乐都、西宁、德令哈分别以－20.7 h/10a，－5.1 h/10a，－57.9 h/10a，－115.9 h/10a，－64.8 h/10a速率在减少，其中乐都、西宁、德令哈减少趋势明显，通过了0.01的显著性水平检验，玉树、同仁等地趋势变化不显著。从年代际变化特征来看(表2.5)，20世纪80年代与70年代相比，只有格尔

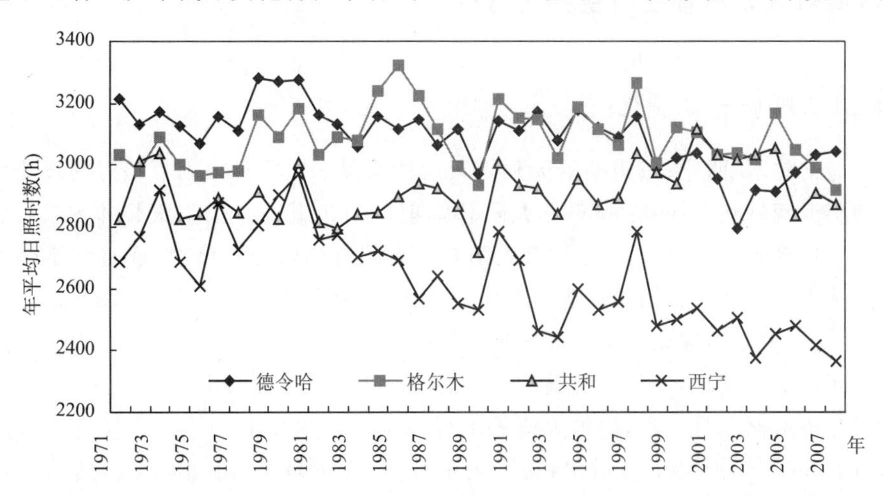

图2.3a 青海省7个代表站(德令哈、格尔木、共和、西宁)逐年日照时数变化图

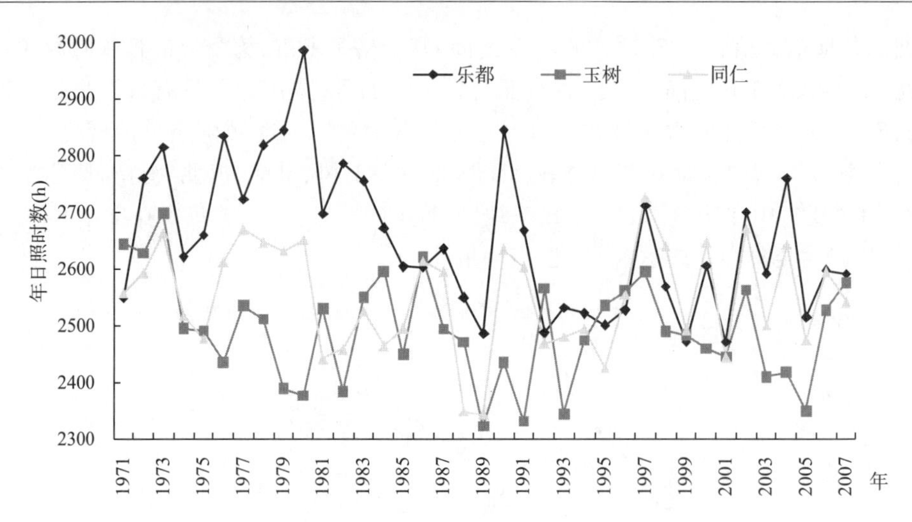

图 2.3b　青海省 7 个代表站(乐都、玉树、同仁)逐年平均日照时数年际变化图

木市呈上升趋势,其余地区呈减少趋势,其中西宁市和乐都区减少最明显,分别减少 122.8 h 和 117.4 h;20 世纪 90 年代与 80 年代相比,同仁、共和县日照时数分别上升 60.8 h 和 83.7 h,而西宁、乐都、德令哈、格尔木、玉树呈下降趋势,其中西宁市、乐都区下降趋势明显,分别下降 113.8 h 和 58 h;21 世纪初,除乐都区、共和县略有增加,其它地区均呈下降趋势,西宁、德令哈、格尔木下降幅度较大,分别达 122 h,149.2 h 和 88 h。

表 2.5　青海省 7 个代表站各年代年日照时数统计表(单位:h)

站名	西宁	乐都	同仁	共和	德令哈	格尔木	玉树
1971—1980	2795.4	2760.3	2601.5	2902.9	3180.7	3045.6	2520.3
1981—1990	2672.6	2642.9	2491.9	2865.5	3106.9	3125.1	2485.3
1990—2000	2558.8	2584.9	2552.7	2949.2	3096.1	3118.4	2483.6
2001—2007	2436.8	2603.5	2552.6	2964.2	2946.9	3030.4	2469.7

三、青海省太阳总辐射时空变化特征

1. 太阳总辐射的日变化

图 2.4 为格尔木、西宁、玉树站晴天和阴天两种状况下 1,7 月太阳总辐射的日变化图。格尔木晴天和阴天两种状况下 1 月、7 月太阳总辐射的日变化(10 个晴天样本和 10 个阴天样本)。由图看出,在晴天条件下,7 月份自太阳升起太阳总辐射逐步增加,逐时增量随太阳高度角的增加而减小,至 13 时辐射量达到 3.80 MJ/m^2,为全天最大值。此后,太阳总辐射逐渐减少,逐时减少量随太阳高度角的变小而增加。1 月份太阳总辐射的日变化形势与 7 月份相同,只是日出时间比 7 月延迟,而日落提前到来,因此太阳总辐射时数相应比 7 月缩短 5 h。此外各时刻太阳总辐射比 7 月均小,但最大值仍出现在 13 时,达 2.13 MJ/m^2,仅为 7 月同一时刻太阳总辐射的 56%。由图 2.4b 看出,在阴天条件下,无论是 7 月还是 1 月,其日变化与晴天很相似,全天最大值仍出现在 13 时,7 月为 3.55 MJ/m^2,而 1 月仅 1.90 MJ/m^2,只占 7 月的

53%。此外,由于云层对总辐射(这里主要是太阳直接辐射)的影响,阴天1,7月各时的太阳总辐射均少于晴天,如1月13时只有晴天的90%,7月13时占晴天的93%。

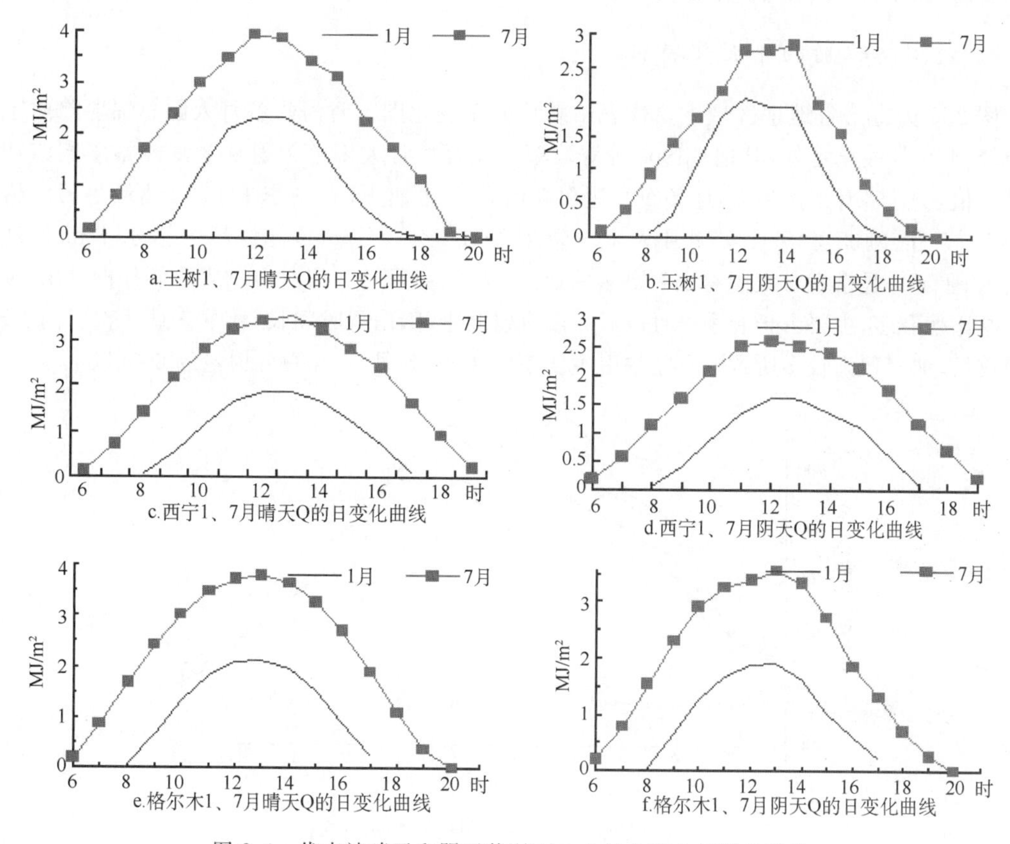

图2.4　代表站晴天和阴天状况下1,7月太阳总辐射日变化

西宁站晴天和阴天两种天空状况下,1,7月太阳总辐射的日变化(1995年和1996年合计10个晴天和10个云天样本)。由图看出,7月份自6时起随太阳升起太阳总辐射逐步增加,同样逐时增量随太阳高度角的增加而减少,11时到14时太阳总辐射变化较小,13时太阳总辐射达到3.52 MJ/m²,为全日最大值。此后,太阳总辐射逐渐减小,逐时减小量随太阳高度角的变小而增加。1月太阳总辐射的日变化形式与7月份相似,日最大值也出现在13时,达1.89 MJ/m²,但由于日出时间比7月延迟,而日落提前出现,不但太阳总辐射时数比7月缩短4～5 h,而且各时刻太阳总辐射值均小于7月。由图2.4d看出,西宁阴天情况,1,7月各时太阳总辐射值均小于晴天各时太阳总辐射值,日变化与晴天很相似,只是全天最大值出现时间比晴天提前1 h,即出现在12时,其值1月为1.63 MJ/m²,7月为2.62 MJ/m²。

玉树晴天和阴天两种天空状况下,1,7月太阳总辐射的日变化曲线(1994,1995,1996年合计10个晴天样本和10个阴天样本)。由图2.4看出,晴天、阴天两种状况下太阳总辐射日变化形式与格尔木、西宁都十分相似。只是玉树7月晴天太阳总辐射最大值出现在12时,达3.93 MJ/m²;1月晴天太阳总辐射最大值出现在13时,达2.34 MJ/m²,仅占7月晴天的59.5%。在阴天条件下,7月12时至14时辐射量十分接近,变化也较小,最大值出现在14时,达2.83 MJ/m²;1月13时至14时辐射也很接近,日最大值出现在12时,其值为2.04 MJ/m²。在晴天状况下,1,7月日最大值玉树比格尔木、西宁均大。在阴天状况下1月份日最大值仍是玉树大于格尔木、西宁两地；7 月则是格尔木最大，其次是玉树，最小是西宁。可以看出，西宁两种天空状况下，1 月、7 月日最大值均比其他两地小。

2. 太阳总辐射的年变化特征

图 2.5 为青海省地理区域主要代表站总辐射年变化图。青海省各月太阳总辐射除西宁市为单峰型、6 月最充足外，其他地区均为双峰型。双峰型月太阳总辐射从 3 月开始急剧增加，5 月达峰值，6 月略有下降后，7 月又回升达次高值，9 月迅速下降，冬季 12，1 月达最小值。格尔木市 5—7 月、刚察县 5 月实测月太阳总辐射均在 700 MJ/m^2 以上，其中格尔木市 5 月为 793.9 MJ/m^2，是全省月太阳总辐射最多的地区，达 12，1 月的 2 倍左右。从季节分析看出，辐射量春季比秋季多，主要由于春季 3 月以后太阳直射北半球，白昼时间长，秋季 9 月后直射南半球，昼短夜长，加之秋雨较多所致。月总辐射主要集中在 4—8 月，占年总辐射量的 60%以上。

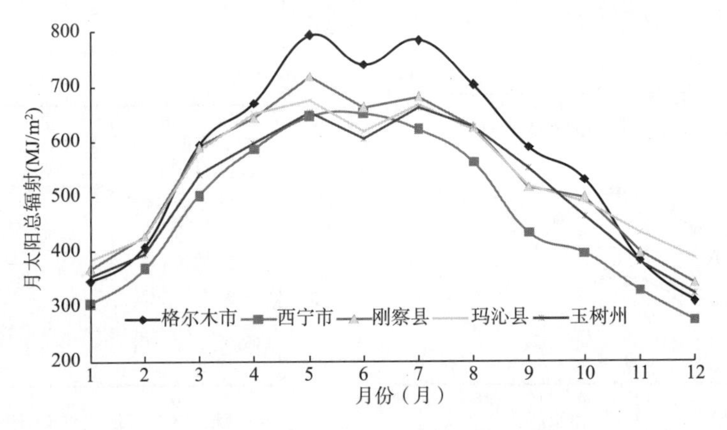

图 2.5 青海省太阳总辐射的年变化分布图

3. 太阳总辐射的年际变化

图 2.6 为青海省格尔木、西宁两地的太阳总辐射的年际变化曲线图，格尔木、西宁分别以每 10 年 24.41，164.30 MJ/m^2 的速率减少，经 t 检验，西宁市年太阳总辐射变化通过 0.001 显

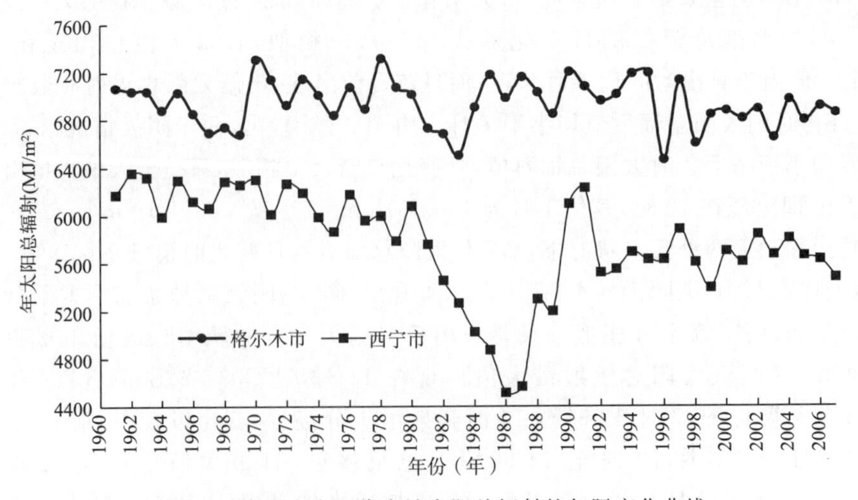

图 2.6 青海省主要代表站太阳总辐射的年际变化曲线

著性水平，呈明显减少的趋势，格尔木变化趋势则不明显。青海年太阳总辐射年际变化幅度地区差异较大，格尔木年总辐射最大值为 7.316×10^3 MJ/m²，最小值为 6.464×10^3 MJ/m²，最大值与最小值的差值只有 8.521×10^2 MJ/m²，年际变化相对比较稳定；而西宁年总辐射最大值为 6.355×10^3 MJ/m²，最小值为 4.513×10^3 MJ/m²，最大值与最小值的差值达 1.841×10^3 MJ/m²，年际变化相对较大(见表 2.6)。从图 2.6 也可以分析看出，西宁市 1981—1989 年、格尔木市 1981—1984 年年总辐射处于低值期，这与 20 世纪 80 年代青海省的多雨期相对应。

表 2.6　格尔木市、西宁市太阳总辐射 1961—2007 年特征值

总辐射(MJ/m²)	格尔木市	西宁市
平均值	6967.0	5639.8
最大值	7316.2(1978 年)	6354.5(1962 年)
最小值	6464.1(1996 年)	4513.1(1986 年)

4. 年太阳总辐射空间分布

青海省太阳总辐射年平均值为 6.772×10^3 MJ/m²，范围在 5.472×10^3 MJ/m² 至 7.581×10^3 MJ/m²，空间分布不均匀，呈西北到东南部减少的态势。有三个最高值区，分别位于可可西里地区、柴达木盆地南部山区、大柴旦西部区域($7.2\times10^3\sim7.4\times10^3$ MJ/m²)；最低值区域位于黄河、湟水谷地($5.4\times10^3\sim5.6\times10^3$ MJ/m²)，此外祁连山区和青南久治县、班玛县是次低值区($5.6\times10^3\sim5.8\times10^3$ MJ/m²)。按行政区域分析，区域年太阳辐射平均值最高的区域是可可西里(格尔木市代管)，达到 7.224×10^3 MJ/m²，其次为大柴旦和格尔木地区，分别为 7.077×10^3 MJ/m²，7.056×10^3 MJ/m²；区域年太阳总辐射平均值最低和次低的区域是东部农业区的民和、互助，其值分别是 5.777×10^3 MJ/m²，5.903×10^3 MJ/m²。见图 2.7。

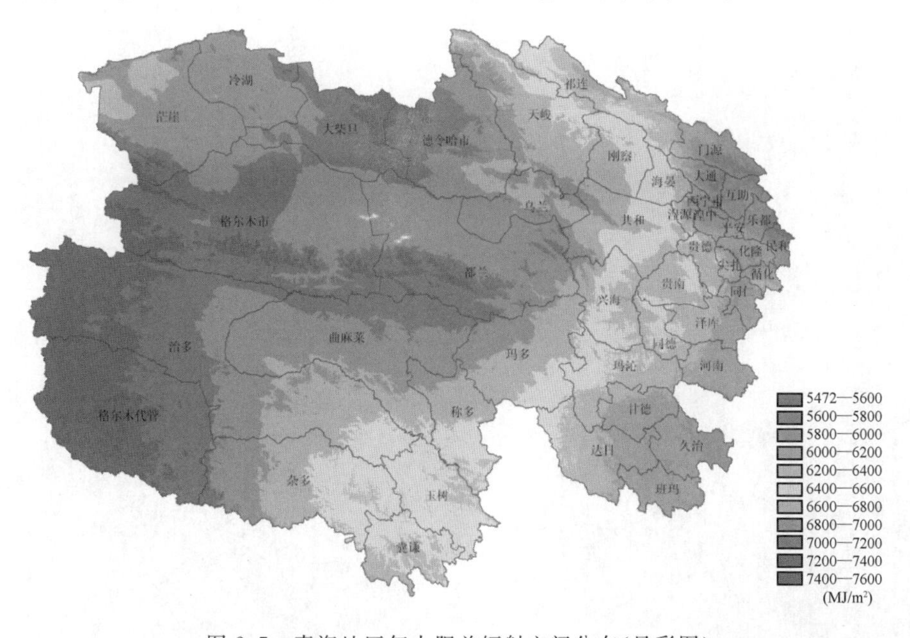

图 2.7　青海地区年太阳总辐射空间分布(见彩图)

5. 月太阳总辐射空间分布

图 2.8(见彩图)是青海省 1—12 月太阳总辐射估算结果。绿到红色表示月太阳总辐射值的低值到高值。全省从 1 月份开始太阳总辐射开始增加，到 5 月份达到最高值，该月全省区域平均值是 7.172×10^2 MJ/m²，全区域内最小值为 5.594×10^2 MJ/m²，最大值 8.433×10^2 MJ/m²，变动范围达到 2.84×10^2 MJ/m²。6 月份降低，其值为 6.955×10^2 MJ/m²，7 月份又上升，为全年次高月份，该月全省平均值为 7.02×10^2 MJ/m²，从 8 月份开始减少，直到 12 月份达到最低值，此时全省平均值为 3.526×10^2 MJ/m²，全区域内最小值为 2.649×10^2 MJ/m²，最大值 4.29×10^2 MJ/m²，变动范围达到 1.641×10^2 MJ/m²。

各月太阳总辐射在全省内的空间分布特征不尽一致，冬春季节柴达木盆地、河湟谷地、玉树、果洛南部区域是低值区，而从 4 月份开始，柴达木盆地成为辐射的高值区，另外可可西里、海西都兰县也是两个高值区，这种特征一直持续到 8 月份，4 月到 8 月虽然只有 5 个月，但太阳总辐射量约占全年总辐射量的 60%，从而也决定了上述区域年太阳总辐射为全省的高值区。

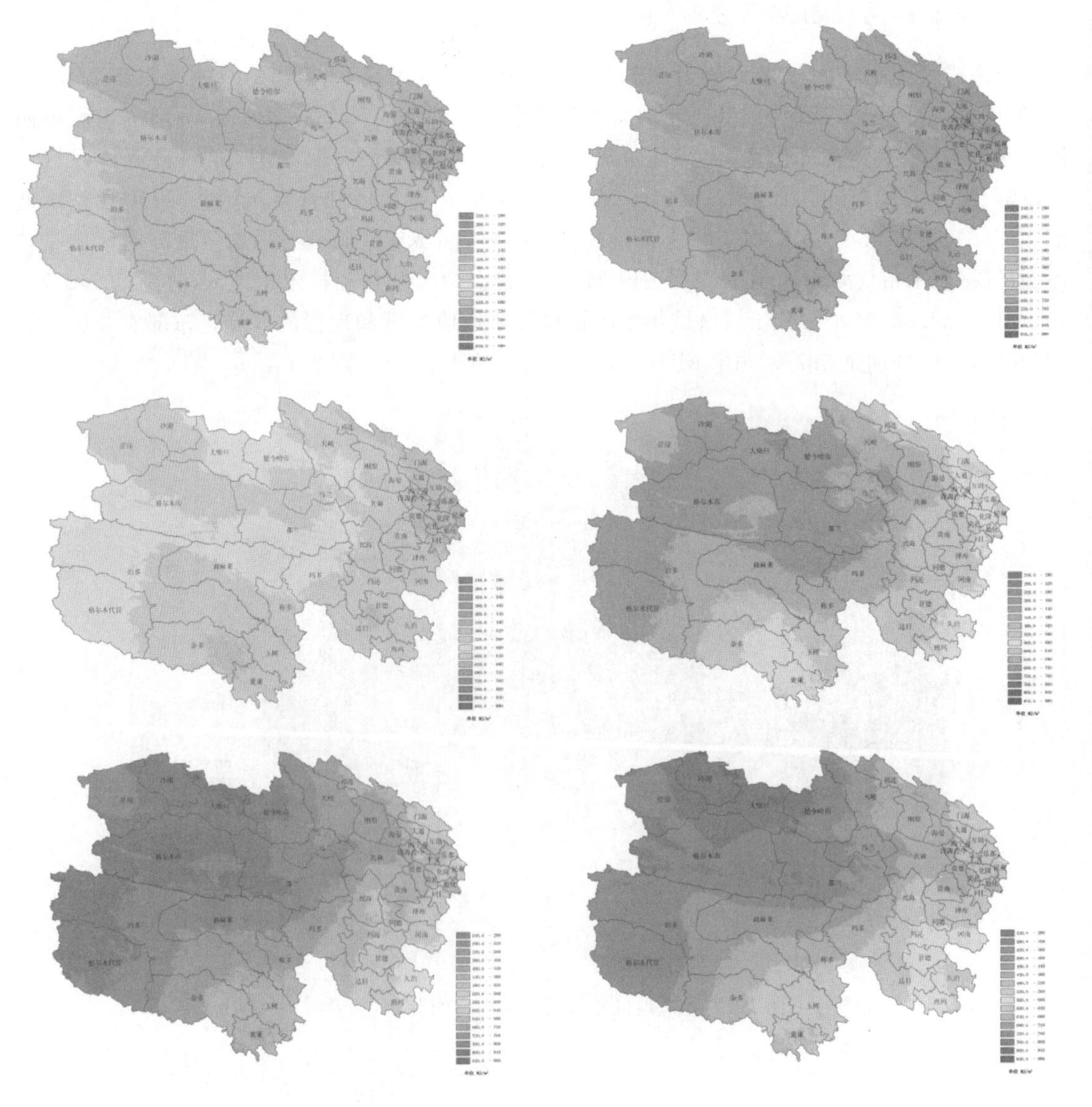

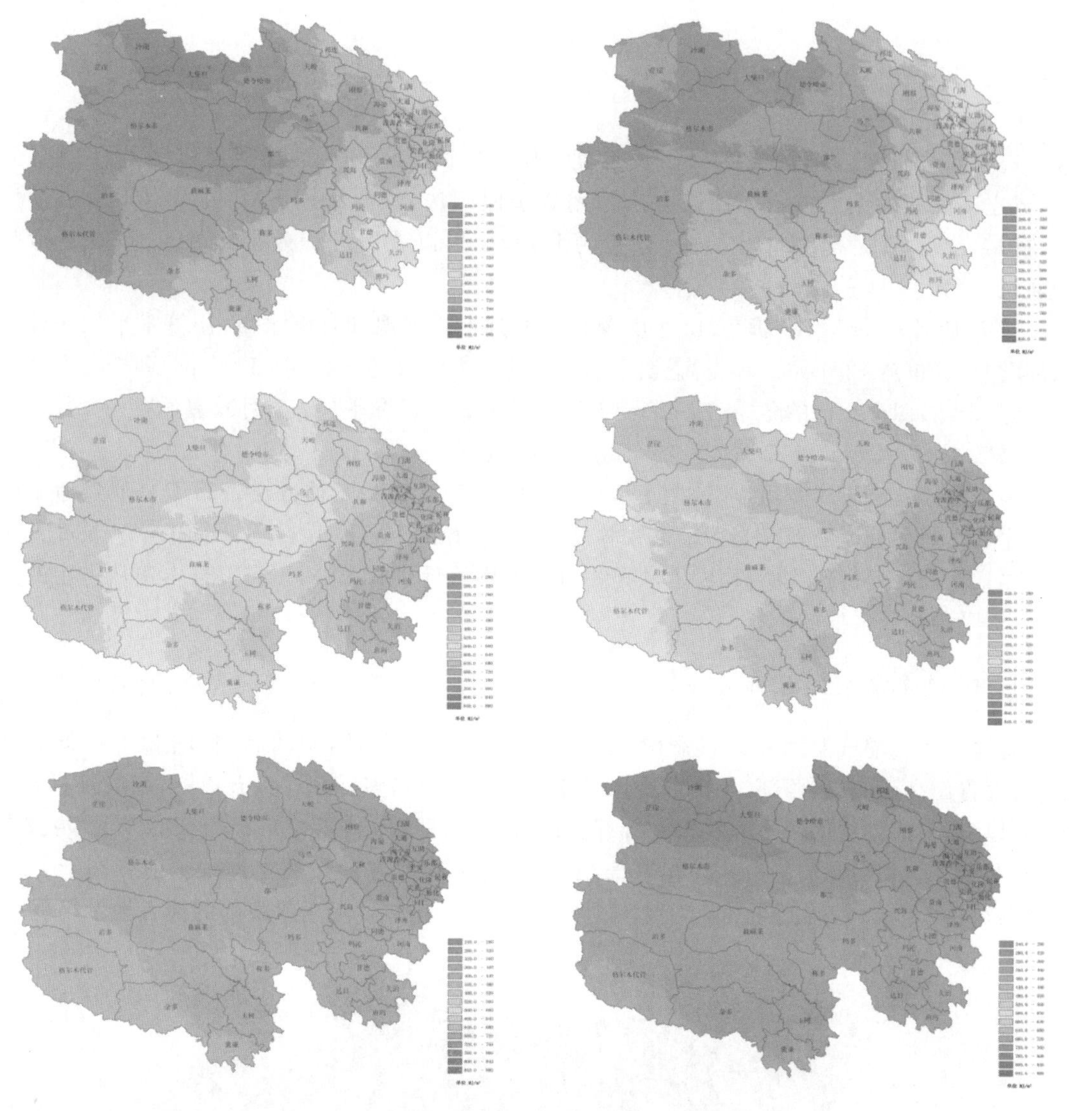

图 2.8　青海省月太阳总辐射空间分布(见彩图)

第三节　热量资源

热量状况是一地的主要气候特征,也是一项重要的农牧业气候资源。温度的高低和积温的多少是衡量一个地区热量条件好坏的主要标志。作物和牧草的各种生命活动,都是在一定的温度范围内进行,温度是各种作物及牧草生存、生长和发育起决定作用的环境因子。它的高低和地区分布及其变化规律往往决定着农业生产的布局、品种类型、种植制度、产量高低及品质的优劣。掌握热量资源的分布和变化规律及其与农牧业生产的关系,是农牧业气候资源分析的主要内容。

一、气温

选取海拔高度、经度、纬度、高程、坡度、坡向六个要素与气温之间做多元线性回归分析，建立多元线性回归方程。回归方法采用逐步回归法，软件采用 SAS 9.0，以下给出了模型的拟合优度 R^2、各系数的 t 检验、方程的 F 检验，可以看出方程效果很好，t 检验、F 检验均通过 $\alpha=0.0001$ 的检验。

使用 1961—2008 年青海省 43 个气象台站的月平均气温和月降水量，用算术平均法计算东部农业区（包括 12 个站）、环青海湖区（包括 8 个站）、三江源区（包括 14 个站）和柴达木盆地（包括 9 个站）四个地区的冬季（前一年 12 月—当年 2 月）、春季（3—5 月）、夏季（6—8 月）、秋季（9—11 月）以及年（1—12 月）平均气温和总降水量。

为了使检验结果真实可靠，使用了 MTT 检验和 MK 检验两种方法，MTT 是通过考察两组子序列之间平均值的差异是否显著来检验突变，本书在 5～15 年 11 个不同子序列长度上对气候要素时间序列进行检验；MK 方法是一种非参数统计检验方法，不需要样本遵从一定的分布，也不受少数异常值的干扰。

1. 平均气温空间分布

青海省年平均气温因受地形影响，其总的分布趋势南北低，中间高（见图 2.9）。低温区有：南部青南高原的中、西部，大部分地区低于－3℃，其中玛多、清水河、五道梁、沱沱河等地在－4℃以下，五道梁镇低达－5.7℃；北部祁连山区的中、西段，其值在－2～－3℃以下，哈拉湖东侧－5.6℃。相对高温区分布在东部湟水、黄河谷地和西部的柴达木盆地。前者高于 5℃，循化县可达 8.5℃；后者高于 3℃，察尔汗可达 5.1℃。另外，青南高原南部的河谷地带年平均

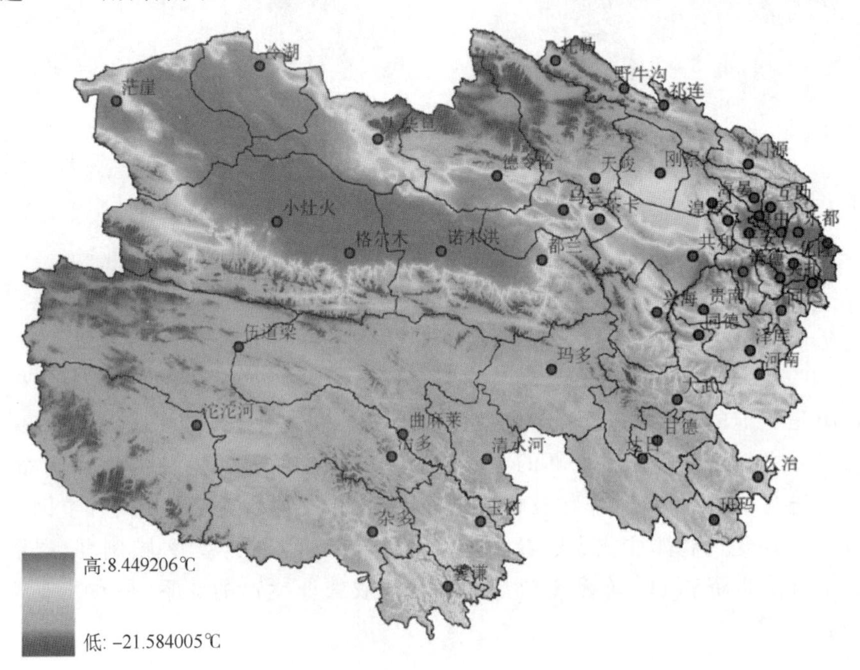

图 2.9　青海省年平均气温分布（见彩图）

气温相对较高，在2℃以上，其中，囊谦县为3.9℃。用1,4,7,10月平均气温分别代替青海冬、春、夏、秋四季气温。见图2.10。青海省四季平均气温与年平均气温有相同的分布趋势，高、低值区也分布一致。7月是全国各地年内最暖的月份，全省月平均气温范围在－9.2～20.3℃之间(模型计算)，1月是全省各地年内最冷的月份，其月平均气温在－31～－3.7℃之间。最低值在祁连山地中、西段及青南高原中、西部。

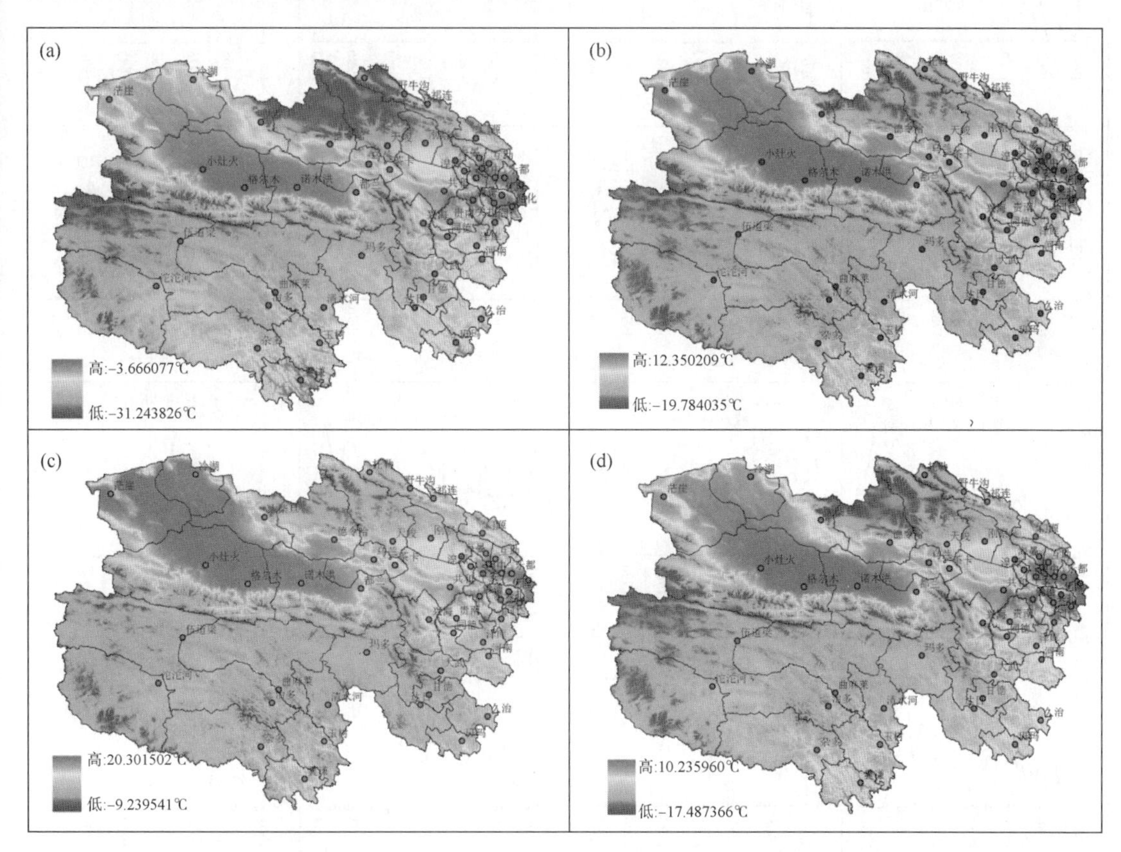

图2.10　1,4,7,10月(a,b,c,d)平均气温(见彩图)

2. 平均气温时间变化

1961—2008年青海不同地区年和四季的气温均呈显著的上升趋势(图2.11)，四个代表地区中，年平均气温以柴达木盆地上升趋势最为明显，其次为环青海湖区和三江源区，最小的为东部农业区。四季中以冬季气温上升趋势最为明显，其次是秋季，春季和夏季上升幅度相对来说较小(表2.7)。

表2.7　四地区年及四季平均气温趋势系数(℃/10a)

地区	年	春季	夏季	秋季	冬季
柴达木盆地	0.41**	0.32**	0.31**	0.50**	0.69**
东部农业区	0.32**	0.25*	0.26**	0.30**	0.55**
环青海湖区	0.35**	0.21*	0.27**	0.37**	0.50**
三江源区	0.35**	0.24*	0.28**	0.37**	0.51**

注：* 表示通过0.05的显著性水平　** 表示通过0.01的显著性水平

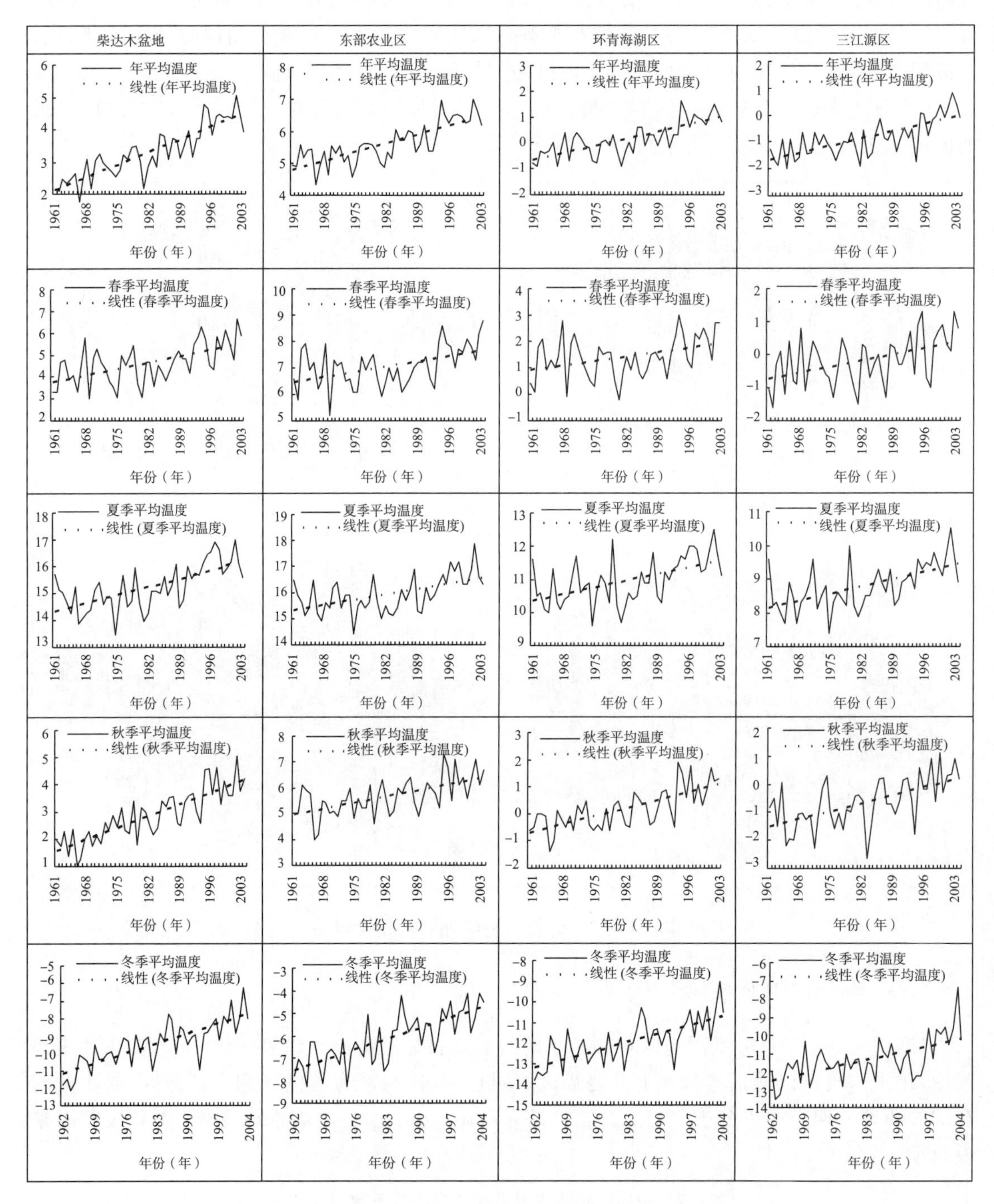

图 2.11　1961—2008 年四地区年和四季平均气温变化(℃)

利用 MK 检验和 MTT 检验分别检测了柴达木盆地、东部农业区、环青海湖区和三江源区的年平均气温和四季平均气温的突变时间，从表 2.8 中可以看出四地区年和四季平均气温的突变时期如下分析。

表 2.8　青海高原四地区年和四季平均气温突变时间表(年)

地区	柴达木盆地		东部农业区		环青海湖区		三江源区	
方法	MK	MTT	MK	MTT	MK	MTT	MK	MTT
年	无	1977,1997	无	1997	无	1997	无	1997
春季	1995	1995	1997	1997	1997	1997	1993	无
夏季	1994	1994	1996	1996	1994	1994	1994	1994
秋季	无	1972、1992	1988	1993	1987	1997	无	1993,1997
冬季	无	1969,1977,1985	1984,1977	1985	1983	1985	无	1997

年平均气温检测结果:利用 MK 方法没有检测到四个地区年平均气温的突变,MTT 方法检验所检测到的四个地区年平均气温的突变时间为:柴达木盆地在 70 年代中后期有一个弱的突变(变暖)信号,80 年代中期又出现一个变暖的信号,90 年代中后期(1997 年)开始年平均气温快速增暖,突变信号最强;东部农业区和环青海湖区 80 年代中期开始气候慢慢变暖,到 90 年代中后期(1997 年)快速增暖;三江源区气温突变时间大致从 80 年代中后期开始出现弱的变暖信号,到 90 年代中后期(1997 年)进入快速变暖时期。从这四个地区年平均气温开始变暖时间可以看出,柴达木盆地最早出现变暖的信号,其次为东部农业区和环青海湖区,气候开始变暖时间最迟的为三江源区。

春季气温检测结果:利用 MK 方法和 MTT 方法均检测到柴达木盆地春季气温在 1995 年发生突变,从不同时间尺度检测到的突变时间发现,柴达木盆地从 80 年后期开始出现突变的信号,90 年代中期(1995 年)突变信号达到最强;两种方法均检测到 1997 年东部农业区和环青海湖区春季气温发生突变,从 MTT 检验的各子序列突变时间来看,从 90 年代初期开始两地区都出现突变信号,到 90 年代中后期(1997 年)突变信号达到最强;三江源地区仅 MK 方法检测到 1993 年春季气温发生了突变。从上述四地区春季气温出现突变的时间可以看出:三江源区出现突变时间最早,其次是柴达木盆地,东部农业区和环青海湖区稍晚一些。

夏季气温检测结果:两种方法均检测到 1994 年柴达木盆地夏季气温发生了突变,从 MTT 检验的不同时间尺度上来看,从 20 世纪 80 年代中后期开始柴达木盆地夏季气温出现突变,到 90 年代中期(1994 年)突变信号达到最强;两种方法均监测到东部农业区在 1996 年发生了突变,突变信号从 80 年代中后期开始出现,到 90 年代中期(1996 年)突变信号达到最强;两种方法均检测到环青海湖区和三江源区的夏季气温在 1994 年出现突变,从 MTT 检验的不同时间尺度上来看,在 80 年代中后期开始出现突变,到 90 年代中期(1994 年)气温突变强度达到最大。从上述四地区夏季气温出现突变的时间可以看出:东部农业区出现突变的时间最晚,其余三地区出现突变的时间基本相同。

秋季气温检测结果:利用 MK 方法没有检测到柴达木盆地秋季气温的突变,而 MTT 检测到 70 年代初期(1972 年)和 90 年代初期(1992 年)分别出现了一次突变;MK 方法检测到东部农业区在 1988 年发生了突变,MTT 检验从部分时间尺度上检测到 90 年代初期(1993 年)发生了突变;MK 方法检测到环青海湖区秋季气温在 1987 年发生了突变,而 MTT 检验从部分时间尺度上检测到 90 年代中后期(1997 年)发生了突变;利用 MK 方法没有检测到三江源区秋季气温发生突变,MTT 检验方法在部分时间尺度上检测到 90 年代初期(1993 年)和 90 年代中后期(1997 年)三江源区秋季气温发生了突变。总体来看,四个地区秋季气温发生突变的时间早晚顺序为:柴达木盆地最早,环青海湖区和三江源区次之,东部农业区最晚。

冬季气温检测结果：利用 MK 方法没有检测到柴达木盆地冬季气温的突变，MTT 方法检测到 20 世纪 60 年代后期（1969 年）、70 年代中后期（1977 年）和 80 年代中期（1985 年）出现了气温突变；MK 方法和 MTT 方法检测到东部农业区冬季气温在 1984 年、20 世纪 70 年代中后期（1977 年）和 80 年代中期（1985 年）出现了突变；MK 方法检测到环青海湖区冬季气温在 1983 年发生了突变，MTT 检验仅在个别时间尺度上检测到 80 年代中期（1985 年）出现了突变信号；MK 方法没有检测到三江源区冬季气温的突变，MTT 检验也仅在个别时间尺度上检测到在 90 年代中后期（1997 年）三江源区冬季气温出现了微弱的突变信号。总之，从上述分析可以看出，四个地区冬季气温发生突变的时间早晚顺序为：柴达木盆地最早，环青海湖区和东部农业区次之，三江源区最晚。

二、积温

1. 积温的空间变化特征

（1）多年平均积温空间分布

图 2.12 是日平均气温通过 0℃（3℃，5℃，10℃图略）初日、终日及积温的平均值空间分布图，通过 0℃，3℃，5℃初日均大致呈北早南晚的趋势，其中海西州中部、东部农业区东北部以及玉树州地区南部为初日偏早幅度较大的地区。≥10℃初日在海西州西部及清水河、玛多县等地偏早，其他地区偏晚出现。各界限温度终日空间分布形式与初日大致相反，通过 0℃，3℃，5℃终日在三江源地区出现较早，≥10℃终日在海西大部及玉树部分地区出现较早。大于各界限温度积温总体表现出北高南低的分布形式，其中东部农业区东部及柴达木盆地地区为积温的大值区。

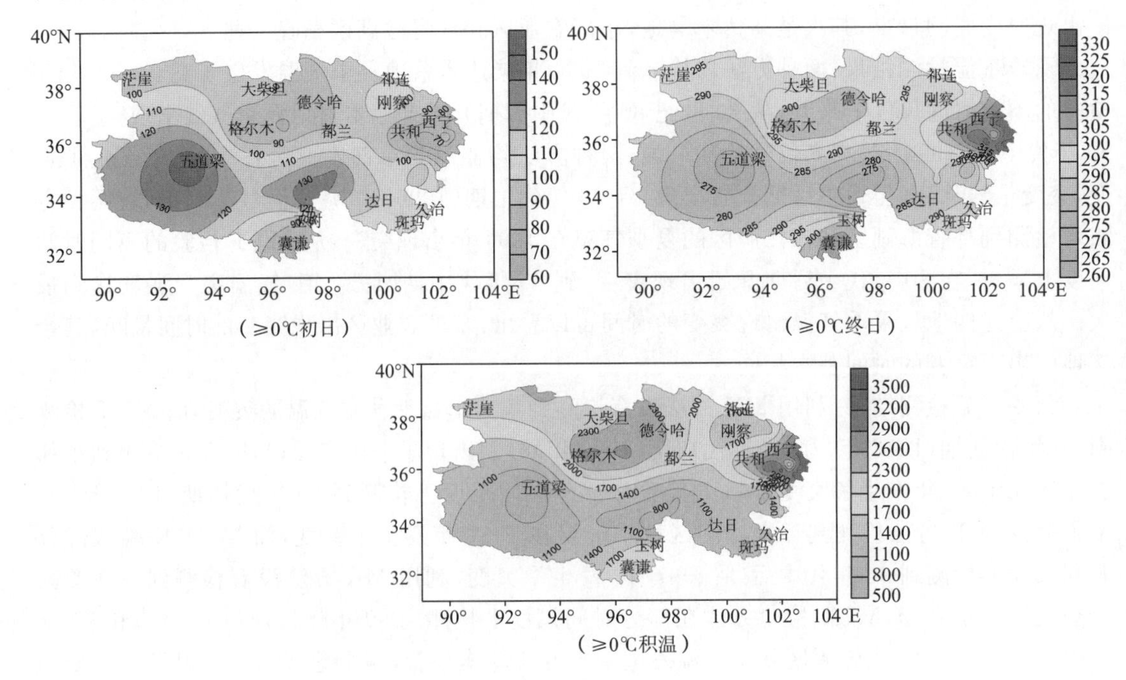

图 2.12 日平均气温通过 0℃初日、终日及积温（℃·d）的空间分布特征（见彩图）

(2)区域差异

图 2.13 为 1961—2010 年青海省日平均气温稳定通过 0℃,3℃的初日、终日及积温空间变率图,因通过 5℃,10℃的数据在青南地区的部分台站有缺测,在此不做空间变率的分析。由图可以看出,近 50 a,通过 0℃,3℃的初日变化率分别为－3.5～－0.2 d/10a、－5.1～0.5 d/10a,≥0℃初日在柴达木盆地、玉树及果洛南部及东部农业区东部偏早趋势明显,其中茫崖是≥0℃初日提早幅度最大的地区,达到 3.5 d/10a,3℃初日主要在青海省西部偏早趋势明显,其中五道梁是≥3℃初日提早幅度最大的地区,达到 5.1 d/10a。各地通过 0℃,3℃的终日趋势系数分别在 0.2～3.4 d/10a,－0.2～3.5 d/10a,≥0℃终日在柴达木盆地及东部农业区部分地区推迟幅度较大,其中茫崖及格尔木推后最为显著,达到 3.4 d/10a;≥3℃终日在青海省西部及东南部推迟趋势较明显,其中泽库≥3℃终日推后幅度最大,达到 3.5 d/10a;各地通过 0℃,3℃的积温趋势系数分别为 10.1～186.9℃/10a,26.2～192.6℃/10a,茫崖为两个界限温度增幅最大的地区。

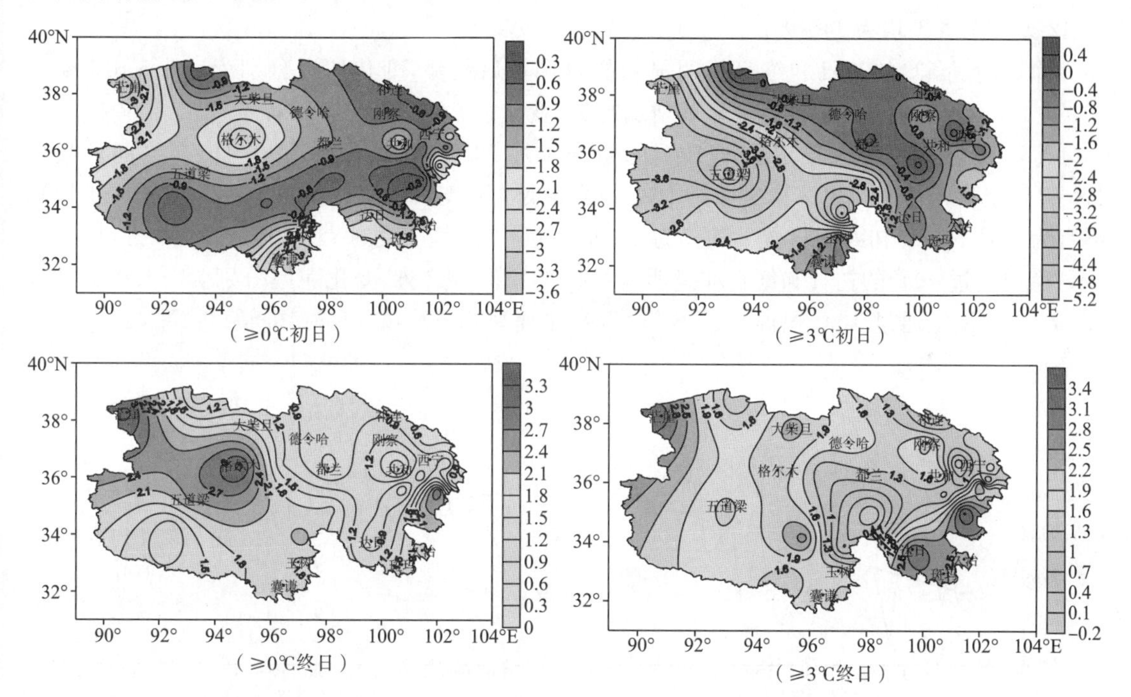

图 2.13　1961—2010 年青海省日平均气温稳定通过 0℃,3℃的初日、终日及积温空间变率(d/10a)图(见彩图)

2. 积温的时间变化

(1)积温的长期变化趋势

积温的长期变化趋势对未来的预报和服务具有重要的指导意义。

①≥0℃积温:1961—2010 年,循化县一带稳定通过 0℃的初日的日期最早,为 2 月 28 日;终日为 11 月 21 日,初终间日数为 267 天。五道梁一带稳定通过 0℃的初日的日期最迟,为 5 月 30 日;终日日期最早,为 9 月 19 日,初终间日数平均为 113 天。全省初终间日数平均为 203 天,长短相差 90 天。

分析表明:近 50 a 来,青海省各地日平均气温稳定通过 0℃的初日呈明显提早趋势,变化速率为－1.0 d/10a，而终日表现出明显的推后趋势，速率为 2.2 d/10a。≥0℃积温年平均为 1919.74℃，年际间增加速率为 58.6℃/10a。

多项式滤波分析表明：近 50 a 来，初、终日阶段性变化不明显，而积温波动性明显，前期呈平缓变化、后期呈震荡上行变化。20 世纪 60 年代到 90 年代中期为宽平脊弱波动期，90 年代后期到 21 世纪是震荡上行期，积温上升幅度不断加大，最近 10 余年是 1961 年以来最高时期。

②≥3℃：循化一带稳定通过 3℃的初日的日期为 3 月 13 日，终日为 11 月 7 日，初终间日数为 240 天。五道梁地区通过 3℃的初日日期为 7 月 3 日；终日为 8 月 28 日，初终间日数平均仅为 57 天。全省平均为 169 天。

3℃的初日呈明显提早趋势，变化速率为－1.0 d/10a，终日呈推后趋势，变化速率为 2.3 d/10a。≥3℃积温年平均为 1969.2℃，年际间呈递增趋势，变化速率为 59.0℃/10a。

③≥5℃：循化一带稳定通过 5℃的初日为 3 月 22 日，终日为 10 月 30 日，初终间日数为 223 天。清水河地区稳定通过 5℃的初日为 7 月 13 日；终日为 8 月 23 日，初终间日数平均仅为 42 天。全省平均为 145 天。

稳定通过 5℃的初日和终日呈明显的提早和推后趋势，变化速率分别为－1.5 d/10a 和 2.2 d/10a。稳定通过 5℃积温呈显著增加趋势，变化速率为 61.4℃/10a。

④≥10℃：循化一带稳定通过 10℃的初日 4 月 22 日，终日为 10 月 8 日，初终间日数为 170 天。玉树州清水河地区稳定通过 10℃的初日为 7 月 13 日；海北州海晏地区稳定通过 10℃终日为 8 月 25 日，初终间日数平均仅为 44 天。全省初终间日数平均为 145 天。

稳定通过 10℃的初日和终日亦呈明显的提早和推后趋势，变化速率分别为－1.9 d/10a，2.0 d/10a，稳定通过 10℃积温呈递增趋势，变化速率为 62.4℃/10a（图 2.14，3℃，5℃，10℃图略）。

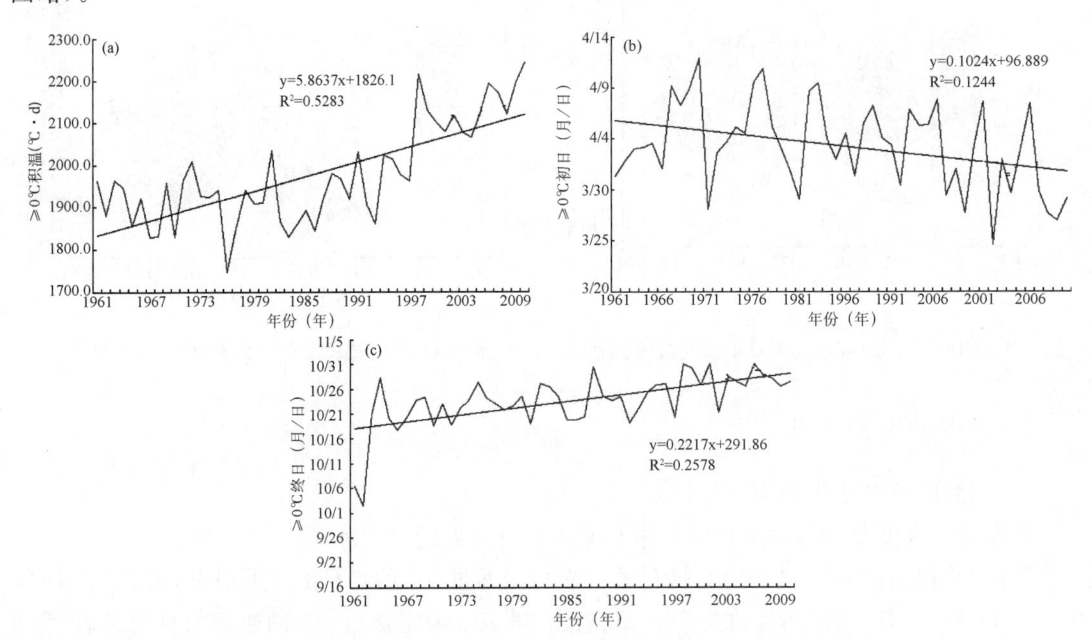

图 2.14　1961—2010 年青海省≥0℃初日、终日及积温变化趋势

(2)年代际变化

青海省通过0℃,3℃,5℃,10℃日平均气温初日的年代际变化波动较为平缓,其中通过0℃,3℃初日在青海省20世纪90年代后期气温显著升高后提前趋势较为明显,而通过5℃,10℃初日年际间波动振幅不大。2001—2010年四个界限温度的平均初日与20世纪60年代相比,分别提早了5,4,6,8天。通过0℃,3℃,5℃,10℃日平均气温终日在20世纪60年代到90年代年代间波动振幅不大,2001—2010年由于气候增暖各界限温度通过的终日推后趋势明显,较上世纪60年代分别推迟了4,10,9,9天,其中通过3℃的终日推后幅度最大。1961—2010年积温是增加的趋势,主要表现在20世纪90年代及2001—2010年期间,通过0℃,3℃,5℃,10℃的积温20世纪60年代到80年代平均仅为1906.4℃·d,1805.1℃·d,1651.0℃·d,1014.8℃·d,进入90年代以后,比平均值分别增加了110.4℃·d,102.8℃·d,120.8℃·d,121.8℃·d;2001—2010年,积温比20世纪60—80年代增加程度更为显著,分别增加了231.5℃·d,233.1℃·d,237.9℃·d,239.8℃·d。

第四节　水分资源

一、降水

影响青海省降水的环流系统是很复杂的,尤其青南高原的东南部由于有孟加拉湾水汽的输送,降水比较丰沛;而祁连山脉东段,黄河、湟水河谷受海洋季风的影响,降水较少形成了另一个降水区;青海湖又影响着周边地区;柴达木盆地常年盛行西风,致使西部降水量远远小于东部。但是青海又是一个高寒地区,地形复杂、站点稀疏,观测资料短缺,这为选用适合的插值方法带来很大困难。本节采用多维二次趋势面模型法,计算了青海省42个站点的1,4,7,10月4个代表月份的30年月平均降水量值,其残差再通过用克里格插值法进行修正的方法对青海省无测站区500×500 m栅格进行空间插值,制作出青海省降水量分布图,其插值效果用剩余的8个站点(湟中、乐都、刚察、同德、称多、德令哈、小灶火、五道梁)作为待检验站点进行检验。

地学研究中,特别是对呈层状分布的空间变量的研究中,趋势面分析是使用最为广泛的数学方法之一,常用于研究区域变化规律和圈定异常区。趋势面是一个光滑的数学曲面,它能够集中地反映空间数据在大范围内的变化趋势。

用于计算趋势面的数学表达式有多项式函数和傅立叶级数之分。最常用的是多项式函数,按多项式函数中自变量的个数,可分为一维、二维、三维趋势面拟合等种类,每一类又可按多项式的系数分为一次、二次、三次等趋势面。一般说来,多项式的次数越高,趋势值与实测点的偏差越小,但次数越高计算越复杂,同时也会造成趋势面过多的曲折,效果反而不好。所以,在实际应用过程中,趋势面的拟合次数需根据空间变量的实际变化情况确定。在实际工作中,二维趋势面是一种最常用的方法。

影响气候要素空间分布的地理、地形因子很多,大气候要素主要是当地的经度、纬度和海拔高度,简称宏观地理因子;小气候因素主要指坡度、坡向和地形遮蔽度,简称小地形因子。构建宏观地理因子和小地形因子的空间数据库是建立青海省降水量要素 GIS 空间分布模型的基础。降水量的分布与海拔高度、纬度、经度这些宏观地理因子有很大关系，另外要素点所处的坡度、坡向不同，必然引起降水量因素分布的差异。用多维二次趋势面模拟方法建立了降水量与海拔、经度、纬度、坡度、坡向的模型，在此基础上运用 ArcGIS 地理信息平台进行空间插值。充分考虑了降水量受地形影响及其在空间分布上的不均匀性、不连续性，提高了降水量空间插值的精度。降水量多元线性回归模式表示为：

$$Y = \mathrm{F}(\lambda, \varphi, h, s, a) \tag{2.1}$$

式中：Y 为所要模拟的降水量，λ 为经度，φ 为纬度，h 为海拔高度，s 为坡度，a 为坡向。将(2.1)式展开成多维二次趋势面模式，即：

$$Y = b_0 + b_1\lambda + b_2\varphi + b_3 h + b_4\lambda\varphi + \cdots + b_{14}\lambda_2 \tag{2.2}$$

式中：$b_0 \sim b_{14}$ 为待定系数。

用方程的拟合度、显著性 F 检验以及待检验站点插值后的平均绝对误差 *EMA*、平均相对误差 *EMR*、平均误差平方和的平方根误差 ERMSI，作为检验插值效果的标准，插值后计算出的误差较大的月份其计算效果显然比误差较小年份的效果差：误差较大，一致程度较低；误差较小，一致程度较高。

$$EMA = \frac{1}{n}\sum_{i=1}^{n} | P_{OBi} - P_{CAi} | \tag{2.3}$$

$$EMR = \frac{1}{n}\sum_{i=1}^{n} \left| \frac{P_{OBi} - P_{CAi}}{P_{OBi}} \right| \tag{2.4}$$

$$\mathrm{ERMSI} = \sqrt{\frac{\sum_{i=1}^{n}(P_{OBi} - P_{CAi})^2}{n}} \tag{2.5}$$

式中：P_{OBi} 为第 i 个站点的实测值；P_{CAi} 为第 i 个站点的估计值；n 为气象站点数目。

多维二次趋势面模式均通过了 0.01 显著性 F 检验，其拟合度均在 0.593 以上(表 2.9)，可以确定降水量与地理地形因子关系在统计意义上是存在的。从不同月份的对比分析来看，12,1,2 月降水量的空间差异性较大，说明冬季降水量分布受经纬度、海拔高度和局部地形条件的影响比较大；其他月份降水量逐渐增多，而空间差异性较冬季不明显，说明这些季节降水量分布除了受经纬度、海拔高度和局部地形条件的影响外，主要还在于环流影响。

分析待检验站点的插值后的误差发现：12 月＜1 月＜11 月＜3 月＜2 月＜9 月＜6 月＜7 月＜5 月＜10 月＜4 月＜8 月，说明冬半年插值效果较为理想，而夏半年由于受到环流系统的影响插值效果较差。

表 2.9 青海省待检验站点降水量的空间插值误差分析

月份(月)	*EMA*(%)	ERMSI(%)	*EMR*(mm)
1	1.2	1.5	0.5
2	3.3	4.0	1.0
3	2.5	3.2	0.5
4	20.9	22.9	5.5
5	11.8	13.7	0.9
6	6.1	8.9	0.2

续表

月份(月)	*EMA*(%)	ERMSI(%)	*EMR*(mm)
7	8.8	11.7	0.2
8	34.6	38.5	1.2
9	5.6	7.9	0.2
10	13.5	17.2	0.8
11	2.2	3.0	0.8
12	0.8	0.9	0.5
年降水量	61.0	79.8	0.3

1. 年降水量的地域分布

青海省年降水量地区差异大。总的分布趋势是由东南向西北逐渐减少。青南高原的东部由于受孟加拉湾西南季风暖湿气流的影响,及地形的抬升作用,加之高原本身的低涡和切变活动频繁,这里年降水量相对充沛。河南—大武—清水河—杂多以南年降水量在 500 mm 以上,其中久治可达 772.8 mm,是全省年降水量最多的地方;另外,祁连山东段受海洋季风影响,加之地形坡度大,气流上升运动强烈,使达坂山和拉脊山两侧的门源、大通、互助的北部、湟中、化隆一带形成全省的另一个多雨区,年降水量也在 500 mm 左右。黄河、湟水谷地年降水量一般在 400 mm 以下,循化和贵德仅 260 mm 左右,是青海省东部年降水量最少的地方。

柴达木盆地四周环山、地形闭塞,越山后的气流下沉作用明显,因而降水量大都在 50 mm 以下,盆地西北少于 20 mm,冷湖只有 16.9 mm,是全省年降水量最少的地方,也是中国最干燥的地区之一。盆地东部边缘地形起伏较大,受地形抬升作用,年降水量相对较多,如德令哈、香日德、都兰都在 160～180 mm;青南高原西部的黄河、长江源头年降水量大都在 300 mm 以下;境内其余地区年降水量均在 300～400 mm。

2. 降水量季节分配

青海省降水量不但在地域分布上很不平衡,且季节分配极不均匀。一般冬季最少,春秋两季中,秋雨多于春雨。省内大部分地区 5 月上、中旬至 10 月上旬为雨季。

3. 降水量年际变化

青海省各地的降水相对变率,除柴达木盆地外,绝大部分地区比中国同纬度部地区小,其值在 20%以下。其中青南高原、祁连山地区、青海湖周围大都低于 15%,玉树、清水河、久班玛、甘德、大武及野牛沟、祁连、门源等地在 10%以下,其中甘德只有 5.3%,是全省年际降水量最稳定的地区。东部黄河、湟水谷地的民和、乐都、尖扎等相对变率较大,为 20%～24%。柴达木盆地的降水年际变化,除盆部的德令哈、茶卡、都兰、香日德外,年降水相对变率一般大于 30%,其中察尔汗、冷湖等地高达 49%。

4. 降水日数和降水强度

青南高原、祁连山地中段和东段、拉脊山山地年降水日数超过 100 天。果洛州东南部及河南州、达坂山南麓的却藏滩等地超过 150 天,久治多达 171 天,是全省年降水日数最多的地方。

东部黄河、湟水谷地及海南台地在 80～100 天之间。柴达木盆地大部在 50 天以下，其中盆地西部少于 25 天，冷湖仅 12 天，是全省年降水日数最少的地方。青海省的降水强度不大，全年日降水量大于 5 mm 的日数超过 30 天在果洛、玉树两州的东南部和达坂山、拉脊山两侧山地，及黄南州的南部地区，超过 40 天的只有河南、久治等地；月降水量大于 10 mm 的日数全省各地普遍在 15 天以下；日降水量大于 25 mm 的日数更少，几乎在 2 天以下。青海省年降水量虽不多，但降水日数多且较集中，降水强度小，降水的有效利用率相对较高。见图 2.15。

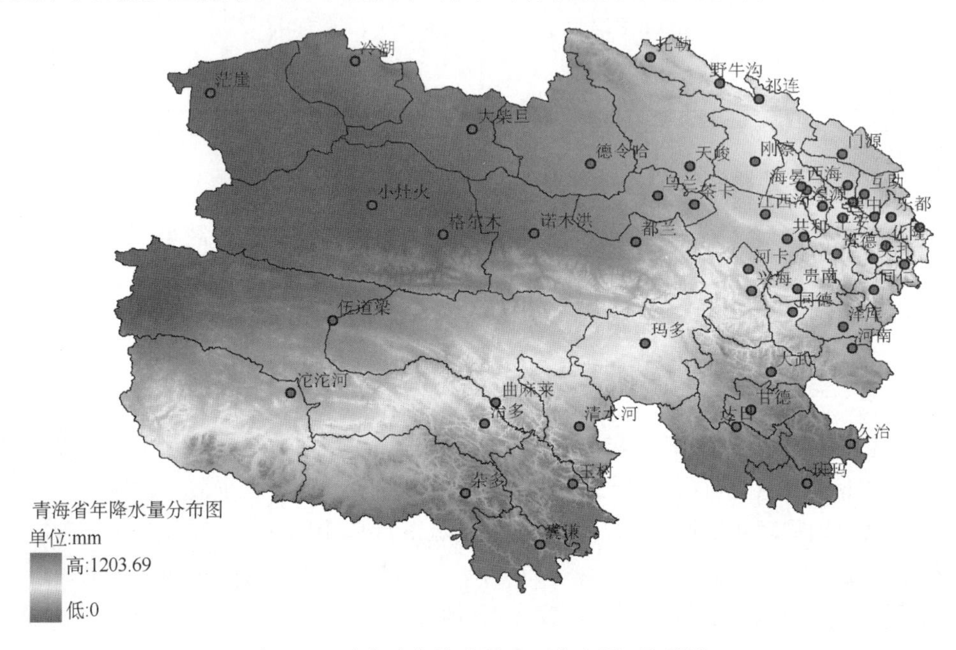

图 2.15　青海省年降水量地理分布图(见彩图)

5. 降水量时间变化

1961—2008 年年降水量除柴达木盆地为上升趋势明显外，其余三地区变化趋势都不明显(图 2.16)，其中环青海湖区和三江源区呈微弱的上升趋势，东部农业区呈微弱的下降趋势，四季降水量变化趋势除冬季降水量变化明显(除东部农业区)外，其余三季变化趋势基本不明显(表 2.10)。

表 2.10　四地区年及四季降水量趋势系数(mm/10a)

地区	年	春季	夏季	秋季	冬季
柴达木盆地	5.48*	1.00*	3.62	0.42	0.46*
东部农业区	−0.73	0.87	−0.39	−1.47	0.33
环青海湖区	6.99	−0.38	6.13	0.67	0.53*
三江源区	2.48	2.38	−0.42	−0.53	1.19*

注：* 表示通过 0.05 的显著性水平

年降水量：利用 MK 方法检测到柴达木盆地出现了两次突变，第一次突变出现 1976 年，第二次突变出现在 1996 年，两次突变都是增多的突变，MTT 检验从个别时间尺度上检测到本世纪初期(2001 年)出现了增多的突变;两种方法都没有检测到其余三地区年降水量的突变。

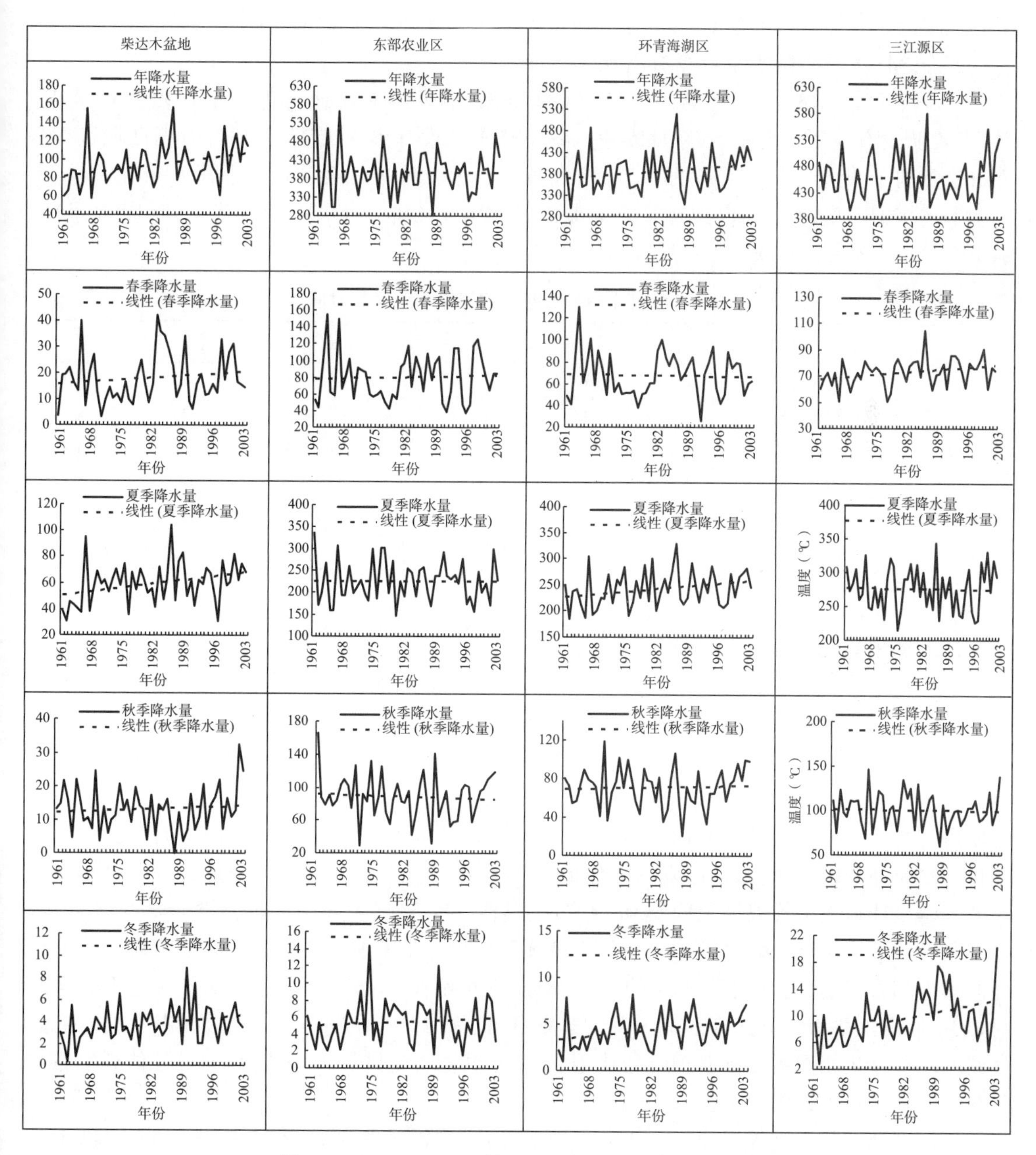

图 2.16　1961—2008 年四地区年和四季降水量变化

春季降水量:柴达木盆地利用 MK 方法检测到在 2000 年出现了降水减少的突变,利用 MTT 检验检测到 80 年代初期(1981 年)出现了增多的突变;东部农业区 MK 方法没有检测到春季降水的突变,MTT 检验检测到在 80 年代初期(1982 年)出现了增多的突变;环青海湖区通过 MK 方法没有检测到春季降水量的突变,MTT 检验检测到 70 年代初期(1972 年)出现了降水减少的突变和 80 年代初期(1983 年)出现了降水增多的突变;三江源区通过 MK 方法检测到 1973 年春季为一个突变点,但经分析该地区降水资料,发现这个突变点是一个虚假的点,

MTT 检验没有检测到春季降水量的突变。

夏季降水量：柴达木盆地通过 MK 方法检测到夏季降水量在 1967 年发生了增多的突变，MTT 检验没有检测到突变点；两种方法均没有检测到其余三地夏季降水量的突变点。

四个地区的秋季降水量均没有出现突变点。

冬季降水量：MK 方法检测出 1972 年和 1980 年柴达木盆地出现了两次增多的突变，MTT 检验没有检测出突变点；东部农业区冬季降水量没有出现突变点；环青海湖区通过 MK 方法检测到 1969 年出现了增多的突变；三江源区通过 MK 方法检测出冬季降水量在 1973 年发生了增多的突变，利用 MTT 检验检测出 80 年代中期（1985 年）和 90 年代中期（1996 年）分别出现了增多和减少的突变（见表 2.11）。

表 2.11　青海高原四地区年和四季降水量突变时间（年）

地区	柴达木盆地		东部农业区		环湖区		三江源区	
方法	MK	MTT	MK	MTT	MK	MTT	MK	MTT
年	1976，1996	2001	无	无	无	无	无	无
春季	2000	1981	无	1982	无	1972	无	无
夏季	1967	无	无	无	无	无	无	无
秋季	无	无	无	无	无	无	无	无
冬季	1972，1980	无	无	无	1969	1969	无	1985，1996

二、潜在蒸散

潜在蒸散量是实际蒸散量的理论上限，通常也是计算实际蒸散量的基础，广泛应用于气候干湿状况分析、水资源合理利用和评价、生态环境如荒漠化等研究中。潜在蒸散是水分循环的重要参量之一，在我国开展的第二次全国水资源综合评价中，潜在蒸散量是水资源评价关注的主要内容之一。蒸散发是水文循环的重要组成部分，也是水文模型的关键输入因子。就气候变化对水循环的影响而言，蒸散发的变化也是一个不可忽视的影响因子。过去 100 年（1906—2005）来，全球地表平均温度上升约 0.74℃，全球暖化会影响大气中的水汽含量和大气环流。受气候变化的影响，降水、蒸散等变化使水循环系统也发生了明显变化。潜在蒸散既是水分循环的重要组成部分，也是能量平衡的重要部分，它表示在一定气象条件下水分供应不受限制时，某一固定下垫面可能达到的最大蒸发蒸腾量，也称为参考作物蒸散。潜在蒸散在地球的大气圈—水圈—生物圈中发挥着重要的作用，与降水共同决定区域干湿状况，并且是估算生态需水和农业灌溉的关键因子。

三江源地区位于世界屋脊——青藏高原的腹地、青海省南部，为孕育中华民族、中南半岛悠久文明历史的世界著名江河：长江、黄河和澜沧江的源头汇水区。长江总水量的 25%，黄河总水量的 49%和澜沧江总水量的 15%都来自于三江源区，因此，这里算作我国乃至亚洲的重要水源地，素有“江河源”“中华水塔”“亚洲水塔”之称。世界著名的三条江河集中发源于一个较小区域内的情况在世界上绝无仅有，青海省也由此闻名于世。近年来，三江源区的生态环境急剧恶化，出现草场退化、土地沙漠化、冰川消退、湿地萎缩等一系列以水资源变化和植被退化为核心的生态问题，不仅影响和制约了本地区社会经济的发展，同时也严重影响到江河中下游地区的经济发展、人民生活、社会安定和民族团结。研究该三江源区潜在蒸散时空变化分异特征对于探寻该区域水分平衡规律、三江水资源的供给量，保持下游水安全以及该区域草地退化的驱动机制、生态平衡研究等具有重要的意义。

对于潜在蒸散的气候归因，perterson 和 Chattopadhyay 等(1981)认为美国、苏联和印度等地区潜在蒸散下降的主要原因是北半球相对湿度的增加及辐射的减少；尹云鹤等(2010)对中国潜在蒸散的研究表明，1971—2008 年我国年平均潜在蒸散整体呈下降趋势，但 20 世纪 90 年代以来有所增加，主要归因于风速和日照时数；相对湿度和温度变化对潜在蒸散变化的贡献较小。风速减小是使我国北方温带和青藏高原地区年潜在蒸散降低的主要原因。

由于影响潜在蒸散的气象因子众多，不同地区特有的气候特征将导致潜在蒸散的变化特征及其主导因子存在明显的区域差异。本文基于 Penman-Monteith 公式和通过修订的辐射计算模型，利用青藏高原三江源区 18 个台站(见图 2.17)的月、年气象资料，估算了三江源地区的潜在蒸散量，分析了三江源区 1961—2012 年潜在蒸散量的空间分布和时间演变规律，探讨了影响该区域潜在蒸散时间变化和空间分布的主导因子。

研究资料包括三江源区 1961—2012 年 18 个气象台站气温(℃)、降水(mm)、相对湿度(%)、日照百分率(%)等要素的月资料和年资料、气象台站海拔高度、经纬度资料来源于青海省信息中心。三江源区地理信息、高程(1∶25 万)等资料来源于青海省气象科学研究所。

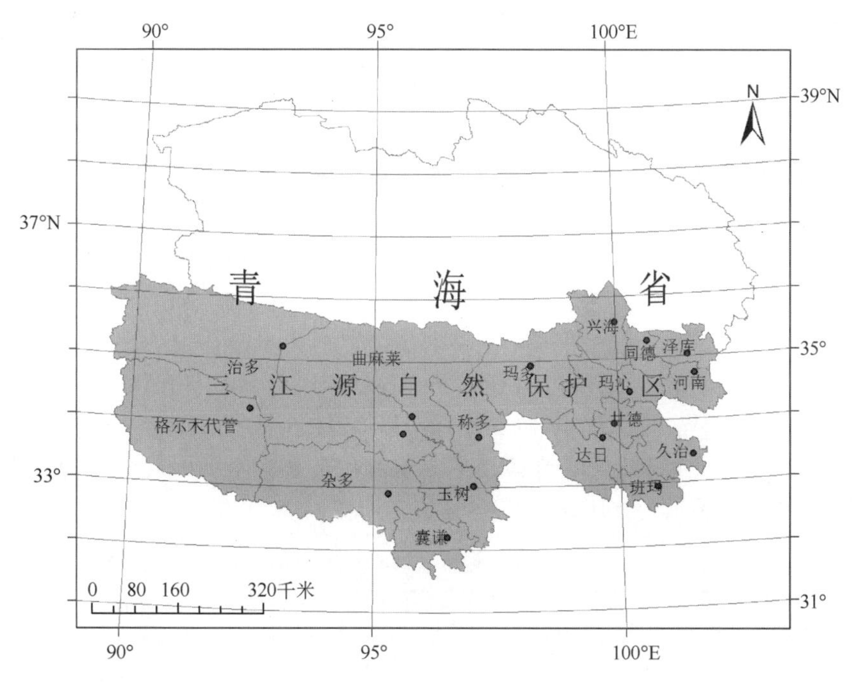

图 2.17　三江源地区台站分布图

由于潜在蒸散受到多种因素的影响，对它在较大区域范围内进行实测存在一定困难，通常都采用 FAO(联合国粮食及农业组织)推荐的 Penman-Monteith 模型来估算。公式以能量平衡和水汽扩散理论为基础，较全面地考虑了影响潜在蒸散的各种因素，得到广泛运用，并且该模型在应用于湿润和干旱等各种气候条件地区时，都取得了较好的效果，计算精度高于其他方法，该模型计算公式如下(该式为计算日潜在蒸散量公式，若需要月潜在蒸散量，则乘以该月天数)。

$$ET_0 = \frac{0.408\Delta(R_n - G) + \gamma\left(\frac{900}{t+273}\right)u_2(e_s - e_a)}{\Delta + \gamma(1 + 0.34u_2)} \tag{2.6}$$

其中，R_n 为净辐射（$MJ \cdot m^{-2}$），G 为土壤热通量（$MJ \cdot m^{-2}$），γ 为干湿常数（$kPa \cdot ℃^{-1}$），Δ 为饱和水汽压曲线斜率（$kPa \cdot ℃^{-1}$），t 为平均温度（℃），u_2 为 2 m 高处的风速（$m \cdot s^{-1}$），e_a 为实际水汽压（kPa），e_s 为平均饱和水汽压（kPa）。

$$R_n = R_{ns} - R_{nl} \tag{2.7}$$

$$R_{ns} = (1-\alpha)\left(a + b\frac{n}{N}\right)R_0 \tag{2.8}$$

$$R_{nl} = 2.45 \times 10^{-9}\left(0.1 + 0.9\frac{n}{N}\right)(0.34 - 0.14\sqrt{e_d})(T_{kx}^4 + T_{kn}^4) \tag{2.9}$$

$$R_{ns} = 0.77\left(0.25 + 0.5\frac{n}{N}\right)R_n \tag{2.10}$$

式中，R_{ns} 表示地面接收的短波辐射，R_{nl} 表示地面发射的长波辐射，两者之差为地面净辐射，青藏高原辐射很强，对蒸散、地温、气温的影响较大，对辐射的计算在原公式基础上进行改进是很必要的。式中 α 为反射率，a，b 为拟合系数，n/N 为日照百分率，R_0 为天文辐射，FAO 推荐的原公式 $\alpha=0.23$，a 取 0.25，b 取 0.55，计算结果与实测值相比，误差较大。因此本文对总辐射的计算进行改进，以更适于青海地区，公式如下：

$$R_{ns} = (1-\alpha)\left(a + b\frac{n}{N}\right)R_a t_b \tag{2.11}$$

与(2.8)式相比较，(2.11)式中加入了透射率 t_b，对达到地面的总辐射 R_a 进行了透射率的订正，利用青海实测辐射数据进行拟合得到各月 a，b 系数，提高了辐射的估算精度。a，b 系数见表 2.12。

$$t_b = 0.56(e^{0.56M_h} + e^{-0.095M_h}) \tag{2.12}$$

$$M_h = M_0 \cdot P_h/P_0 \tag{2.13}$$

$$M_0 = [1229 + (614\sin H)^2]^{0.5} - 614\sin H \tag{2.14}$$

$$P_h/P_0 = [(288 - 0.0065h)/288]^{5.256} \tag{2.15}$$

式(2.12)～(2.15)中 H 表示太阳高度角，M_h 表示海拔高度为 h 的大气含量；M_0 表示海平面上的大气含量；P_h/P_0 表示大气压修正系数，h 表示海拔高度。

表 2.12 青海省地表太阳总辐射计算公式中逐月 a，b 系数

月份	1月	2月	3月	4月	5月	6月
a 值	0.27244	0.24472	0.13512	0.06689	0.09908	0.12569
b 值	0.00803	0.00743	0.008850	0.00951	0.00882	0.00871
R^2	0.53668	0.55676	0.62201	0.74449	0.64722	0.67729
月份	7月	8月	9月	10月	11月	12月
a 值	0.16371	0.15476	0.12373	0.14650	0.15325	0.14149
b 值	0.00796	0.00824	0.00906	0.00905	0.00990	0.01018
R^2	0.61022	0.71609	0.84288	0.71874	0.75070	0.52270

三江源地区无潜在蒸散的观测站，确定潜在蒸散的真实值有一定难度，为了检验 Penman-Monteith 潜在蒸散模型的有效性，采用蒸发皿法来确定潜在蒸散。已有研究表明，根据蒸发皿蒸发量乘系数 K_p 得到的 ET_0 在较长时间尺度上与测定的 ET_0 接近。用蒸发皿观测结果

可以很准确地计算 ET_0，并给出了 K_p 的确定方程：

$$K_p = 0.482 - 0.000376u_2 + 0.024\ln(F) + 0.0045H \tag{2.16}$$

式中，u_2，2 m 高度处风速(m/s)；F 为上风方向缓冲带的宽度(m)；H 为相对湿度(%)。由于 Class-A 型蒸发皿在欧洲一些地区广泛使用，因此根据 u_2、F 与 H 确定 K_p 方程被广泛应用。中国的蒸发皿安置与 Class-A 型蒸发皿不同，其距地面距离显著大于 Class-A 型，因此受 F 的影响较小，以 10 m 高处的风速代替 2 m 高风速，中国干旱区 K_p 为：

$$K_p = 0.387 - 0.025u_{10} + 0.004H \tag{2.17}$$

在三江源 18 个站中选取了蒸发皿观测数据较完整的 6 个气象站，应用此系数将蒸发皿观测蒸发数据订正后作为潜在蒸散的准观测值，与模拟值进行比对，分析 Penman-Monteith 模型在高原地区应用的有效性及模型中参数的准确性。图 2.18 是三江源区玛沁、五道梁、达日、泽库、兴海、玉树 6 站 Penman-Monteith 公式模拟潜在蒸散和利用蒸发皿观测值得到的潜在蒸散值散点图，各站数据点基本靠近 $y=x$，相关系数 R 在 0.95 左右，模拟值和准观测值具有很好的相关性。说明用 Penman-Monteith 公式和改进的总辐射计算公式模拟三江源地区潜在蒸散是可行的。

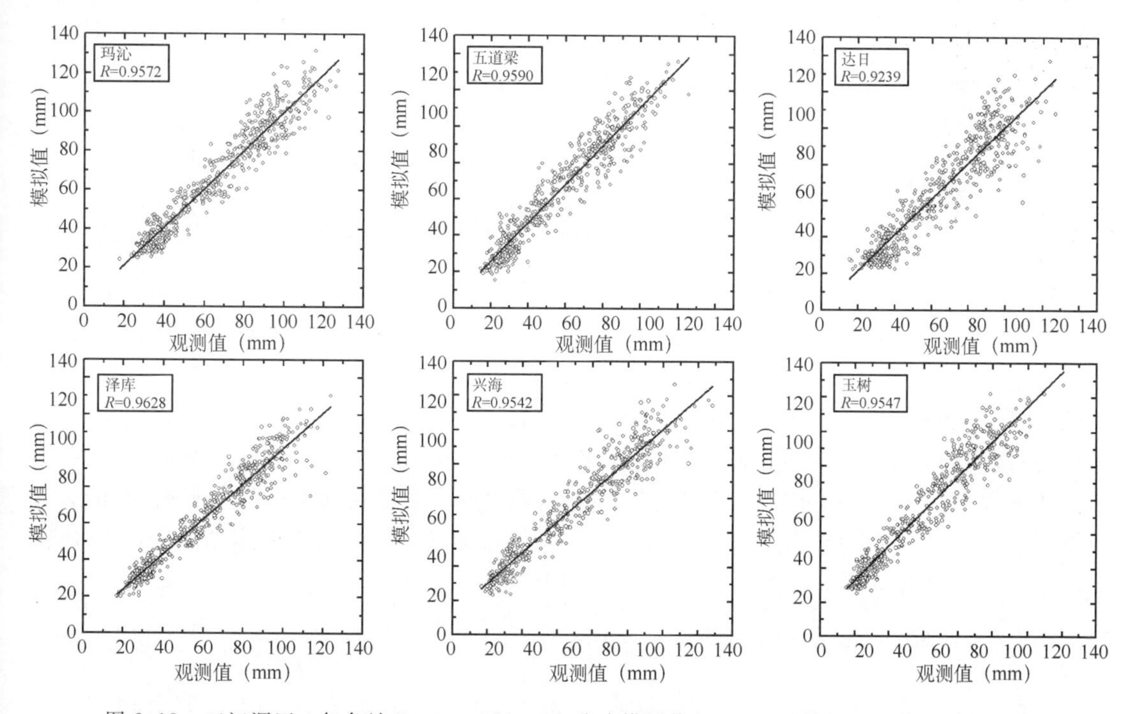

图 2.18　三江源区 6 气象站 Penman-Monteith 公式模拟值与经 K_p 系数订正后的潜在蒸散值

1. 三江源区潜在蒸散的空间分布格局

三江源区气候属于青藏高原气候系统，为典型的高原大陆性气候，表现为冷热两季交替，干湿两季分明。经模型估算全区域多年平均潜在蒸散量为 836.9 mm，其空间分布格局具有明显的地区性差异，总体趋势是：东北、西南高，中部低，范围在 732.0(甘德县)～961.1 mm(囊谦县)之间，最高值和最低值之比为 1∶3。多年潜在蒸散值较高的区域为玉树州的囊谦县、玉树市、杂多县和海南州的兴海县、同德县地区，其值均在 850 mm 以上，较低的区域为果洛州的久治县、玛多县及玉树州的称多县地区，在 750 mm 左右(图 2.19)。潜在蒸散多年平均值与空间分布相比王素萍(2009)计算的江河源区潜在蒸散的结果有差异，出现差异的原因可能在于计算潜在蒸散时辐射模型的选择和气象台站数量。

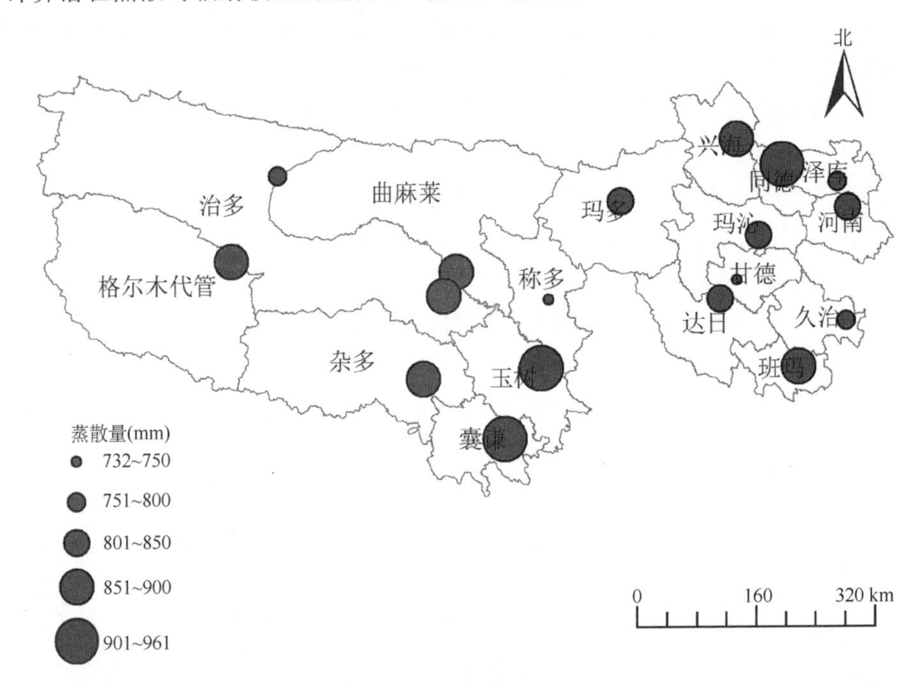

图 2.19　三江源地区多年平均年潜在蒸散空间分布

区域全年潜在蒸散最高月为 7 月，最低月为 1 月，分别为 108.6 mm 和 30.5 mm。选择 1，4，7，10 月做为冬、春、夏、秋季代表月份，分析三江源区多年平均潜在蒸散的分布格局。夏、秋季分布格局非常相似，三江源的东部区域、西部的称多县、治多县地区为潜在蒸散低值区，果洛州的达日县、班玛县，玉树的曲麻莱县、杂多县，小唐古拉山地区(格尔木代管区)为潜在蒸散高值区，海南州的兴海县、同德县介于中间值。冬季，三江源北部地区为潜在蒸散低值区，南部和海南州的兴海县、同德县，黄南的泽库县、河南县为高值区。春季分布形式较为复杂，高值区有兴海、同德、达日、班玛、囊谦、玉树，低值区有甘德县、久治县、玛多县、称多县、治多县、杂多县。夏秋季的潜在蒸散与全年的潜在蒸散分布格局相似(图 2.20)。

2. 三江源地区潜在蒸散的时间变化

1961—2012 年，三江源地区年平均潜在蒸散整体上以 0.69 mm/a 的速率显著增加($\alpha=0.01$)，上升最为明显的阶段是 1961—1970 年，其后开始震荡下降，直到上世纪 90 年代末，又逐渐开始上升，20 世纪 90 年代前后为该区域潜在蒸散低值区间(图 2.21)。高歌等(2006)研究认为 1956—2000 年除松花江流域外，全国绝大多数流域的年和四季的潜在蒸散量均呈现减少趋势；曹雯等(2012)认为 1961—2009 年中国西北年平均潜在蒸散整体上呈下降趋势，下降最为明显的阶段是 1974—1993 年，其后略有上升。三江源地区潜在蒸散的变化趋势和全国、西北潜在蒸散的变化趋势不尽一致，在后文中将分析原因。20 世纪 90 年代左右三江源地区也出现了潜在蒸散低值区间，与全国其他地区在此时期的变化趋势一致，对于出现这一现象的原因，李晓文等(1998)研究认为，20 世纪 90 年代全国范围内潜在蒸散的减少可能与大气混浊度的增加和气溶胶的增多而导致的太阳总辐射和直接辐射减少有关。

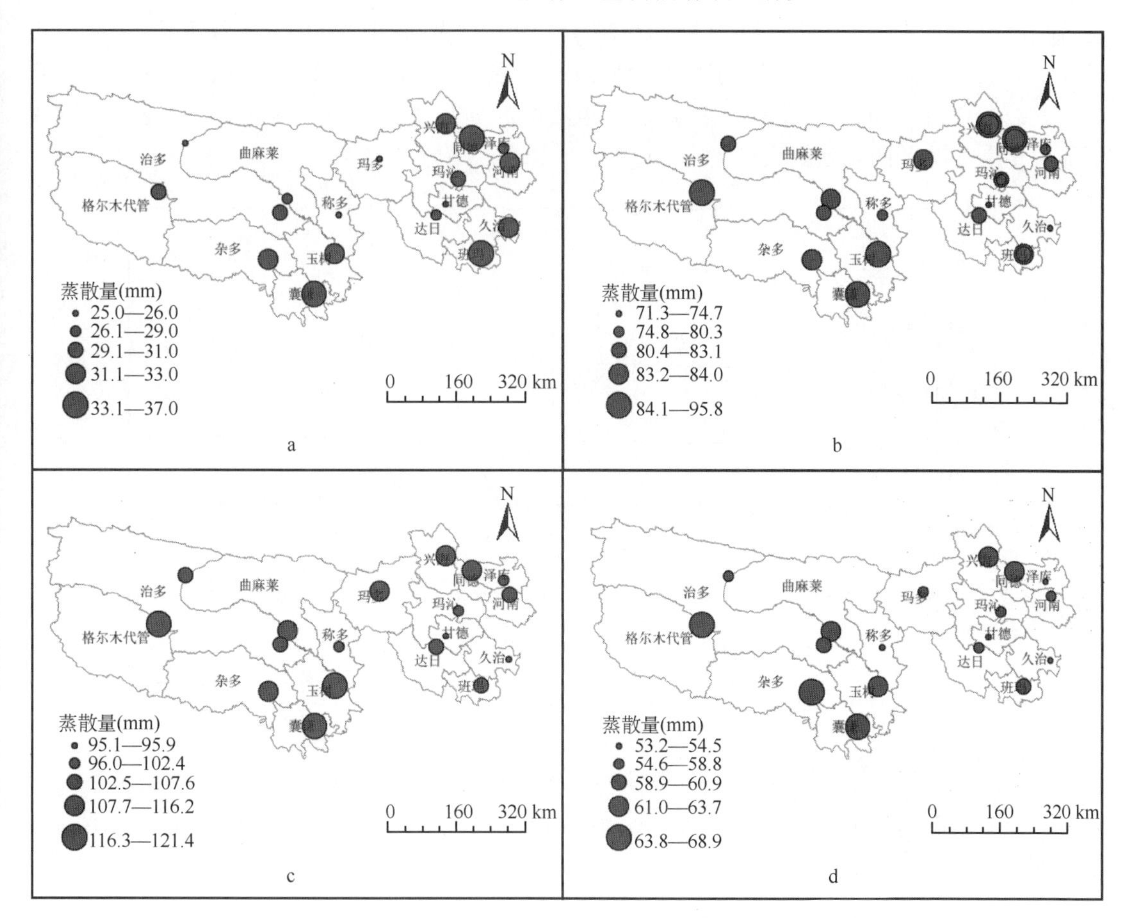

图 2.20　三江源地区四季潜在蒸散多年平均值空间分布

a 冬季(1 月),b 春季(4 月),c 夏季(7 月),d 秋季(10 月)

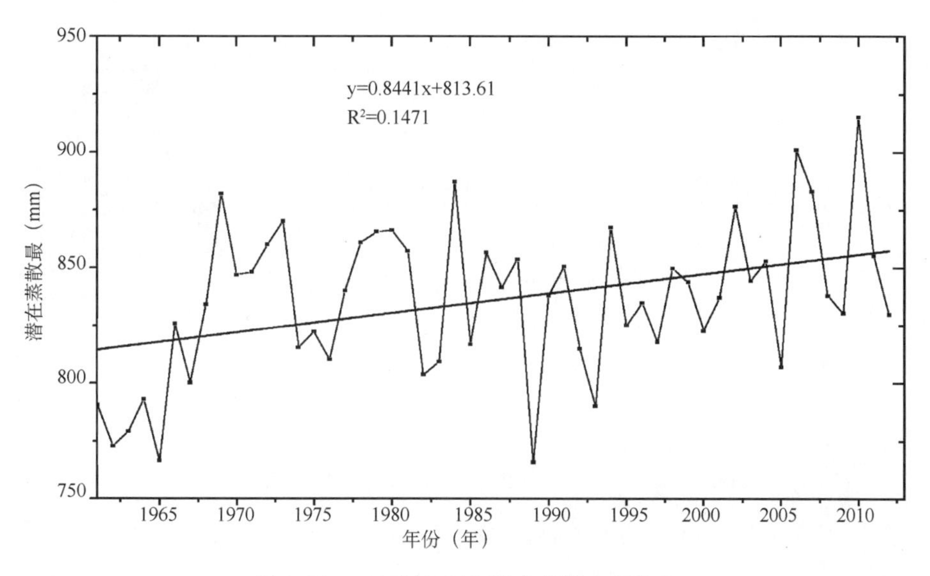

图 2.21　三江源地区年潜在蒸散变化趋势

分析三江源地区四个季节潜在蒸散变化趋势，春季、秋季、冬季的潜在蒸散缓慢上升，但不显著。值得注意的是，20 世纪 90 年代前后冬季的潜在蒸散也相应出现了低谷现象，年潜在蒸散在本时段减少主要是冬季潜在蒸散减少所致。四季中，仅仅夏季以 0.17 mm/a 的速率上升（α=0.1）。1961—2012 年期间，三江源地区年蒸散的增加主要体现在夏季，夏季潜在蒸散的增加对年潜在蒸散的贡献最大（图 2.22）。

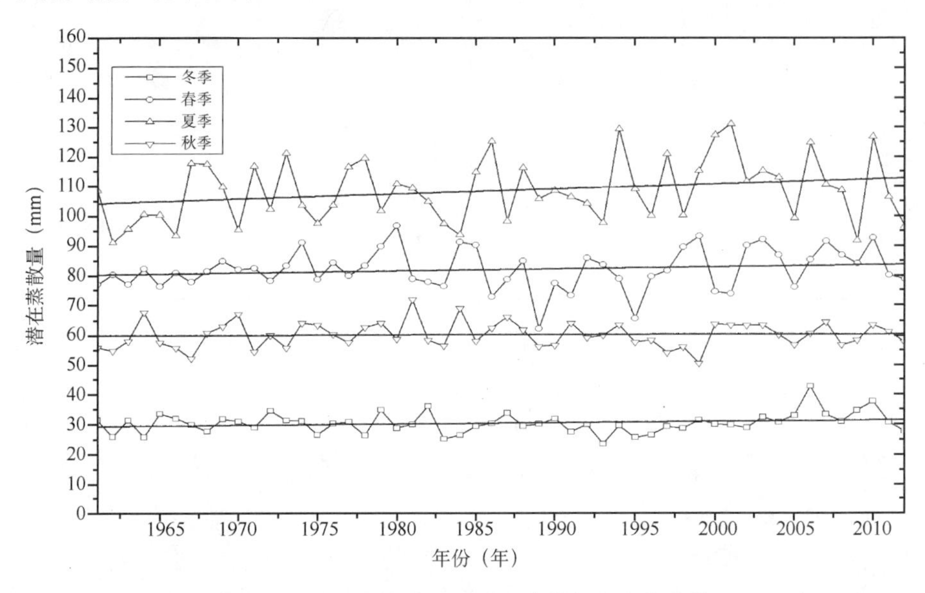

图 2.22　三江源地区四季潜在蒸散年际变化趋势

三江源不同地区潜在蒸散多年变化速率空间分布差异明显（图 2.23），但总体特征表现为多年潜在蒸散呈显著增加趋势。18 个站中，10 个站潜在蒸散表现出显著增加趋势（α=0.01），其中，玛多县、同德县、达日县地区通过 0.001 的极显著检验，分别以 2.02，1.67，1.66 mm/a 的

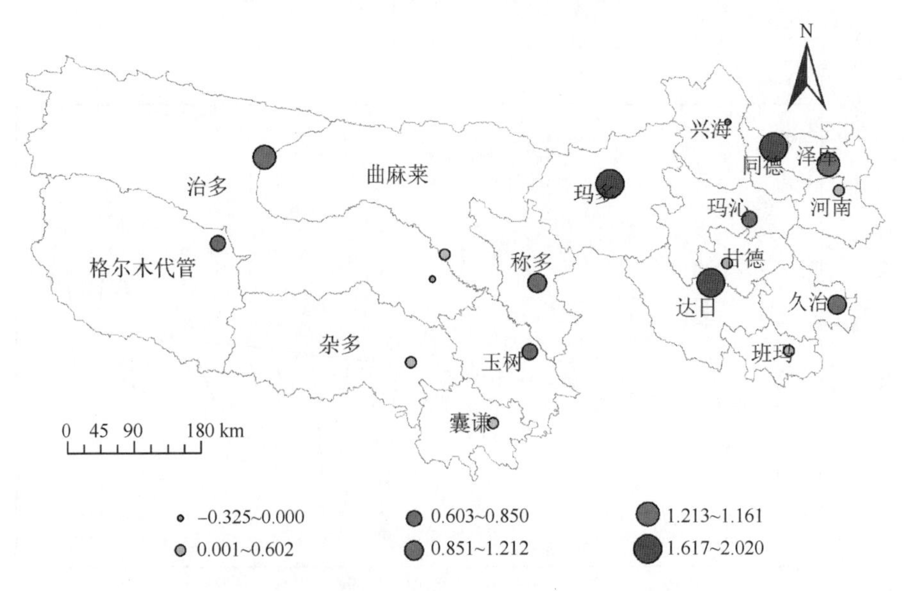

图 2.23　1961—2012 年潜在蒸散多年变化速率的空间分布（mm/a）

速率增加。泽库县、久治县、玛沁县、称多县、治多县北部、玉树、格尔木代管区也以 0.68～1.34 mm/a 的速率呈增加趋势。杂多县、囊谦县、曲麻莱县、甘德县、河南县及班玛县地区虽呈增加趋势，但未通过显著性检验。治多南部和兴海地区潜在蒸散表现为减少趋势，未通过显著性检验。

3. 三江源地区潜在蒸散时间变化影响因子分析

利用 Panmen-Montieth 公式估算三江源区月潜在蒸散时，涉及到的气象因子有月平均气温、月最高气温、月最低气温、日照百分率、风速、相对湿度、太阳总辐射，地理因子有纬度和海拔高度。分析以上因子对三江源区年潜在蒸散随时间变化的影响程度，9 个气象因子中相对湿度、年太阳总辐射、月最高气温为主导因子(表 2.13)。月最高气温贡献率为 56.9%，是影响年潜在蒸散增加最重要的主导因子，每上升 1℃，年潜在蒸散增加 19.7 mm/a；第二主导因子为太阳总辐射，贡献率是 35.7%，年太阳总辐射每增加 100 MJ，年潜在蒸散增加 18.1 mm/a；第三主导因子是相对湿度，年相对湿度增加 1%，减少蒸散 3.6 mm/a，上述三项因子可解释年潜在蒸散变化的 97.4%。从三江源区域整体来分析，最高气温的上升、太阳总辐射的增加和相对湿度的降低是三江源地区年潜在蒸散呈增加趋势的主要原因。

表 2.13　三江源地区年潜在蒸散时间变化影响因子

	偏相关系数	偏回归系数
最高气温	0.57	19.70
太阳总辐射	0.36	0.18
相对湿度	0.04	−3.64
日照百分率	0.02	−6.82
风速	<0.01	11.42
平均气温	<0.01	5.82

三江源不同区域影响年潜在蒸散的因子组合和贡献率有一定差异。三江源北部、西部地区以相对湿度和年总辐射为主导，如兴海、五道梁、同德地区；南部的玉树、河南、甘德等区域是以最高气温和总辐射为潜在蒸散的主导因子，南部的囊谦地区则以太阳总辐射和相对湿度为主导，其中太阳总辐射的贡献率达到了 69.4%。治多地区则以最高气温为主导因素，贡献率达到 88.7%。在此基础上分析同德、玛多、达日三地区年潜在蒸散以较快趋势增加的原因，同德年潜在蒸散增加的主导因子是相对湿度，其贡献率达到 78.3%，为负贡献，表现在年变化上是年相对湿度降低，引起该地区年潜在蒸散单的增加；玛多地区是相对湿度的降低和太阳总辐射的增加引起了年潜在蒸散的增加，二者贡献之和为 86%；达日地区太阳总辐射的增加和最高气温的上升导致年潜在蒸散的增加。三江源地区影响年潜在蒸散的主要因子有相对湿度、年太阳总辐射、最高气温，而最低气温、日照百分率、风速对年潜在蒸散的影响较小，但国内大部分地区风速和日照百分率为影响潜在蒸散的主导因子，这也可能是过去 50 年中三江源地区呈现与全国潜在蒸散不同变化趋势的原因(表 2.14)。

表 2.14 三江源各地区潜在蒸散影响因子偏相关系数

	五道梁	兴海	同德	泽库	沱沱河	治多	杂多	曲麻莱	玉树
相对湿度(%)	0.57	0.65	0.78	0.68	0.48	0.01	0.01	0.29	0.01
年太阳总辐射(MJ)	0.29	0.16	0.12	0.16	0.39	0.08	0.50	0.53	0.39
平均气温(℃)	<0.01	0.08	<0.01				<0.01	0.10	
最高气温(℃)	0.10	0.01	0.02	0.12	0.08	0.89	0.39		0.49
最低气温(℃)				<0.01					<0.01
风速(m/s)		0.08	0.05	<0.01	<0.01	<0.01	0.04	0.02	0.07
日照百分率(%)	0.01	<0.01	<0.01	0.02	<0.01	<0.01	0.02		0.02
潜在蒸散趋势	增加***	减少	增加***	增加***	增加*	减少	增加	增加	增加***
	玛多	清水河	玛沁	甘德	达日	河南	久治	囊谦	班玛
相对湿度(%)	0.61	0.04	0.09	0.12	0.02	<0.01	0.01	0.20	
年太阳总辐射(MJ)	0.25	0.39	0.42	0.65	0.60	0.73	0.62	0.69	0.54
平均气温(℃)			<0.01			<0.01		0.02	<0.01
最高气温(℃)	0.09	0.52	0.42	0.21	0.35	0.23	0.33	<0.01	0.18
最低气温(℃)				<0.01	<0.01		0.01		
风速(m/s)	<0.01		0.02		0.01	<0.01	<0.01	0.06	0.23
日照百分率(%)	0.02	0.02	0.03	<0.01	<0.01	0.01	<0.01	<0.01	0.01
潜在蒸散趋势	增加***	增加***	增加**	增加	增加***	增加	增加**	增加	增加

注：* 通过 α=0.1 检验；** 通过 α=0.05 检验；*** 通过 α=0.01 检验

对 18 个站 52 年的潜在蒸散值进行平均，滤去时间变化影响，分析三江源地区潜在蒸散空间变化的影响因子。结果如表 2.15 所示，七个气象因子中相对湿度、最高气温和总辐射是影响潜在蒸散空间变化的主导因子，与影响年潜在蒸散时间变化的因子相同，但贡献和重要程度不同。空间分布影响因子中相对湿度为第一主导因子，其贡献率为 59.8%，相对湿度每升高 1%，区域年潜在蒸散可增加 20.7 mm，最高气温为第二主导因子，贡献率为 22.2%，第三主导因子为太阳总辐射。三江源区各地区相对湿度、最高气温和太阳总辐射的差异导致了年潜在蒸散分布的空间差异。

表 2.15 三江源年潜在蒸散空间分布主导因子

	偏相关系数	偏回归系数
相对湿度	0.60	−3.73
最高气温	0.22	20.69
太阳总辐射	0.14	0.14

应利用偏回归系数和偏相关系数分析法对三江源地区月潜在蒸散主要影响因子及贡献率进行分析。在未引入太阳总辐射的情况下，平均气温对潜在蒸散的贡献率达到 80.6%，对潜在蒸散月变化的贡献是 4.94 mm/mon，相对湿度为负贡献，即月相对湿度增加 1%，月潜在蒸散减少 0.21 mm/mon，日照百分率的贡献是 0.58 mm/mon，二者贡献率较小。海拔高度和纬度的贡献很小，不到 1%。引入太阳总辐射后其成为对潜在蒸散的第一影响因子，贡献率达到 83.77%，其次为平均气温，两者贡献率之和为 97.0%。辐射和气温是影响三江源地区月潜在蒸散的主导因子，其次为风速和日照百分率，即三江源地区月际间潜在蒸散的差异主要是由太

阳总辐射和气温的差异引起(见表2.16)。

表2.16 三江源地区月潜在蒸散影响因子

	平均气温	相对湿度	风速	日照百分率	纬度	海拔高度	截距
偏回归系数	4.19	−0.21	4.87	0.58	−0.57	0.0099	19.68
偏相关系数	0.81	0.05	0.03	0.01	0.0056	0.0002	
	平均气温	相对湿度	风速	日照百分率	总辐射	海拔高度	截距
偏回归系数	2.25	−0.18	0.73	0.11	0.11	0.0019	7.60
偏相关系数	0.13	<0.01	<0.01	<0.01	0.84	0.0005	

4. 三江源地区潜在蒸散总体特征

三江源地区多年潜在蒸散的空间分布为:东北、西南高,中部低,多年平均潜在蒸散的范围在732.0(甘德县)~961.1 mm(囊谦县)之间,平均为836.9 mm。全年潜在蒸散最高月为7月,最低月为1月,四季潜在蒸散的分布格局不尽一致,夏、秋季的潜在蒸散与全年的潜在蒸散分布格局相似。

1961—2012年,三江源地区年平均潜在蒸散整体上以0.69 mm/a的速率增加。四季中,春季、秋季、冬季的潜在蒸散缓慢上升,但不显著,夏季以0.17 mm/a的速率上升,三江源地区年蒸散的增加主要体现在夏季,夏季潜在蒸散的上升对年潜在蒸散上升的贡献最大。同德县、玛多县、达日县三地区年潜在蒸散以较快趋势增加。

最高气温上升、太阳总辐射增加和相对湿度降低是三江源地区年潜在蒸散呈增加趋势的主要原因。最高气温贡献率为56.9%,是年潜在蒸散增加最主要的主导因子,太阳总辐射贡献率为35.6%。这与国内其他区域影响潜在蒸散的主导因子有所不同,国内大部分地区风速和相对湿度是影响潜在蒸散的主导因子,而最高气温和太阳总辐射的作用不是很明显。影响潜在蒸散月际间变化的主导因子为太阳总辐射,贡献率达到83.8%,其次为平均气温。

第三章　青海省农牧业气象灾害区划

第一节　干旱

干旱是世界上绝大部分国家和地区最常见的自然灾害，是由水分的收支不平衡造成的缺水现象。全球有45%以上的土地受干旱灾害威胁，干旱灾害每年给世界造成的经济损失逾数千亿美元。我国气象灾害中的50%为干旱灾害，干旱灾害在所有气象灾害中的影响面最广，最为严重，尤其对农业的影响最突出，我国每年因旱灾损失粮食达30亿千克，占所有自然灾害损失总量的60%。干旱灾害不仅造成农业生产的大幅度减产，影响粮食安全，与此同时，人类的生存环境、生态环境和经济发展环境受干旱的影响也较为严重，我国贫困县的分布和旱灾的分布基本相同。随着全球温室效应的加剧和气温的升高，我国旱灾发生频率有逐渐增加的趋势。许多地区发生的特大干旱不仅持续时间长而且影响范围广，导致经济损失更为严重，人类的生存环境和生态环境进一步恶化。青海省地处内陆腹地、青藏高原东北部，大部分地区处于干旱、半干旱带。据史料记载，青海地区从公元1世纪至1949年，共发生过53次大旱，中小旱灾不计其数，1926—1928年西宁及海东地区大旱，灾后哀鸿遍野，民不聊生。随着经济社会的发展，干旱对农牧业生产以外的其他社会经济方面造成的影响日益凸现出来，干旱缺水造成的灾害损失也越来越严重。

史津梅等(2009)利用Palmer指数分析了1959—2003年青海省5个气候区不同季节的干湿变化情况。认为青海省的干旱以轻度干旱为主，秋季干旱化倾向最为严重。赵璐(2010)对青海省东部农业区18个县的降水、蒸发及干旱变化趋势及原因进行了分析，认为青海省东部农业区春季和春夏连季是季节性干旱的主要发生季节，降水量是影响春季和春夏连季农业气象干旱的主要气象因素。杨芳等(2006)对青海东部农业区的降水、气温、干旱情况作了概述性的分析。戴升等(2012)对青海省夏季干旱的研究认为青海省非干旱区(柴达木盆地除外)、东部农业区夏季发生干旱的年概率为31.3%,37.5%，东部农业区发生干旱的概率较大，中轻度干旱发生概率大于特大、重度干旱。刘义花等(2012,2013)以灾害学分析方法对干旱承灾体春小麦、牧草为研究对象，给出了不同作物不同发育期阶段的干旱发生概率。以上诸研究从不同角度、不同区域给出了青海省的干旱的发生特征。但存在以下问题:1)时间序列较短，或者是仅仅分析了某些年度的干旱特征;2)缺少对青海省全区范围内干旱灾害发生概率、风险的研究。

本书通过修正Penman公式中辐射计算模型，定义青海省干燥度干旱指标，将干旱划分为重旱、中旱、轻旱、无旱四级。以月为单位，对青海省1960—2010年的干旱年际变化趋势、空间分布特征进行分析，并构造月干旱发生风险指数，对青海省干旱发生的风险进行了分析，其结果可为农作物种植结构调整、生产管理，水利工程规划提供参考。气象资料，包括研究区

1961—2010年青海省50个气象台站月平均气温(℃)、月平均最高气温(℃)、月平均最低气温(℃)、月降水(mm)、月平均相对湿度(%)、月日照百分率(%)、月平均风速(m/s)等要素资料，气象台站海拔、经纬度资料来源于青海省信息中心。三江源区地理信息、高程(1∶25万)等资料来源于青海省气象科学研究所。本文中利用干燥度指数(Aritidy Index)来表征干旱程度，其定义为潜在蒸散与降水的比值。

$$AI = ET_0/P \tag{3.1}$$

ET_0为参考作物蒸散量(mm)，P为月降水量(mm)。潜在蒸散发量是指在一定气象条件下水分供应不受限制时，陆面可能达到的最大蒸发量(见本书第二章)。利用潜在蒸散确定的干燥度指数与其他干燥度指数相比，此公式中包含了气温、辐射、风速等因素对水分的影响，物理意义明确，能更好地表达水分的耗散程度。应用《青海省气象灾害地方标准》土壤水分干旱指标，进行回归分析，结合干燥度在气候类型划分中的标准，确定青海气象干燥度干旱指标(表3.1)。

表3.1　青海省干燥度干旱指标

干旱类型	干燥度指标
无旱	<1.7
轻旱	1.7～3.0
中旱	3.0～8.0
重旱	>8.0

一、干旱发生趋势

从20世纪60年代到2010年，按照干燥度干旱指标，青海省全省(50个站)出现重旱、中旱、轻旱、无旱，分别是13661，5899，4275，6165月站次，分别占总月站次的45.5%，19.7%，14.3%，20.5%，中旱以上达到65.2%，表明青海省干旱程度以重、中旱为主。50年来重旱次数呈现极显著的减少趋势，气候倾向率为10.72月站次/10年；无旱次数表现为显著的增加趋势，气候倾向率是5.90月站次/10年；轻旱和中旱无明显变化趋势(图3.1)。冬季，青海省各级干旱出现次数无明显趋势性变化，1989年出现197月站次的重旱低值，该年度为近50年冬季干旱出现月站次数最低年份，同时该年度为无旱月站次最高年份，其值为199月站次。冬季干旱总体特征表现为重旱出现次数远远高于其他级别干旱，出现月站次占所有级别干旱总月站次百分比是79.5%，无旱百分比仅为0.4%，全省水分基本是入不敷出(图3.2)。春季干旱特征是：重旱表现出极显著减少趋势($a<0.01$)，气候倾向率为4.01月站次/10年，春季轻旱则表现出显著的增加趋势($a<0.05$)，气候倾向率为2.04月站次/10年，表明春季重旱在减弱，但春季轻旱呈增加趋势(图3.2)，虽然，重旱呈现减少趋势，但春季干旱仍以中、重旱为主，出现百分比分别为23.9%，43.8%。夏季，无旱次数占总次数的百分比为49.5%，以无旱为主，同时无旱次数呈显著增加趋势，气候倾向率3.76月站次/10年($a<0.05$)，而夏季重旱以4.03月站次/10年为气候倾向率呈显著减少趋势($a<0.01$)，气候倾向率为3.76月站次/10年，总体来看青海省夏季干旱在减弱(图3.2)。秋季干旱特征是四种干旱级别出现干旱百分比分别43.1%，19.1%，14.9%，22.8%，除重旱外，其余三种级别干旱出现概率较为接近，重旱在20世纪出现次数较为离散，进入21世纪后，逐渐稳定在60月站次附近，秋季重旱呈现次数趋稳的态势(图3.2)。

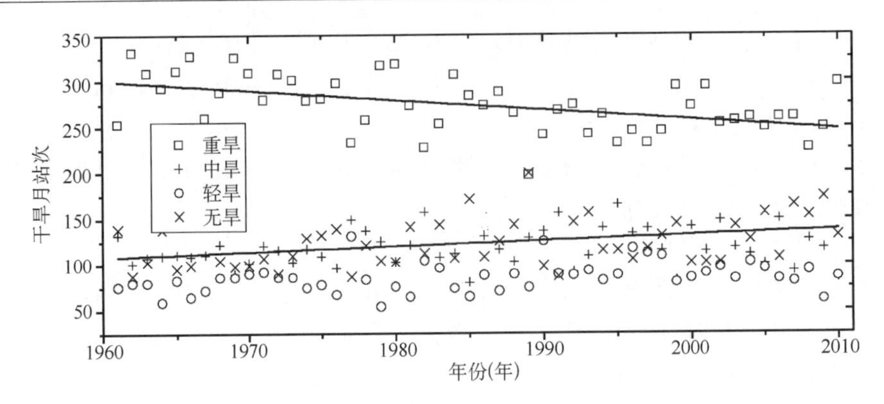

图 3.1　1961—2010 年青海省各级干旱年次数

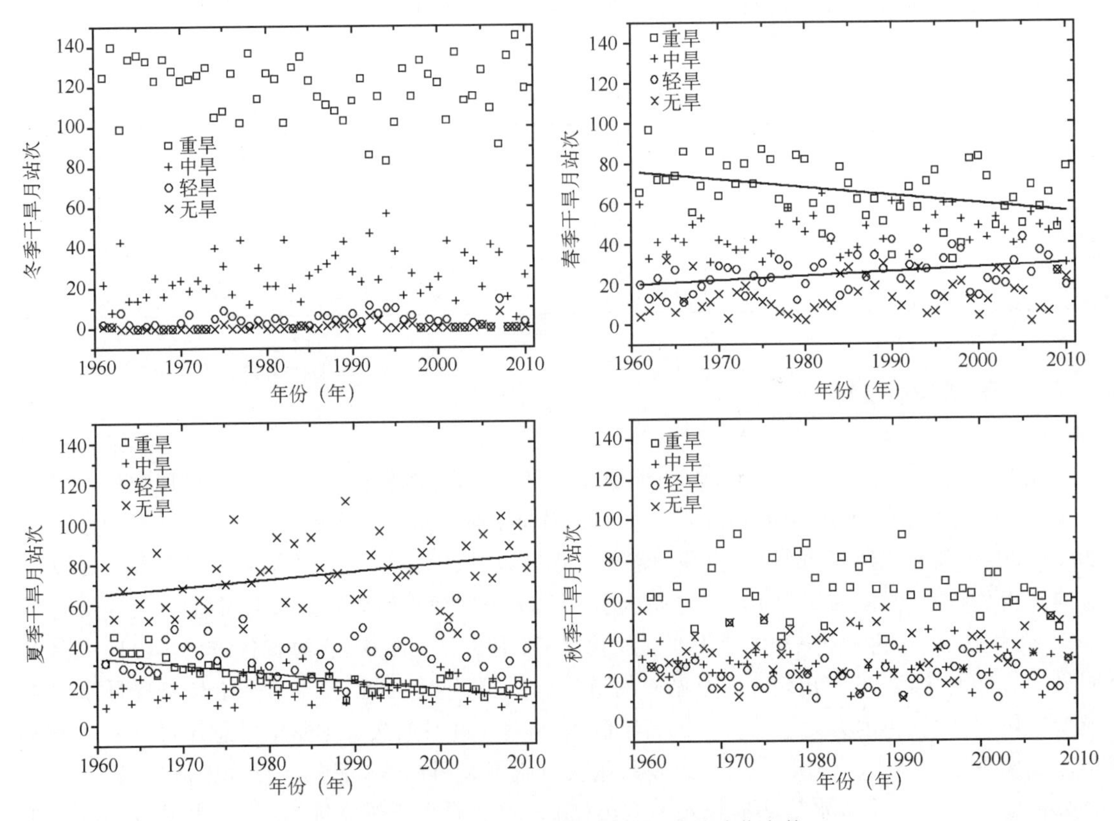

图 3.2　1961—2010 年青海省各级干旱季节次数

二、干旱空间分布

图 3.3 所示为青海省各级干旱空间分布情况。柴达木盆地是重旱高发区，从 1961—2010 年 50 年 600 个月中，该区域重旱发生月次在 535 月次以上；重旱月次较少的区域位于青南地区的班玛、达日、久治、称多、河南及祁连山区的门源，东部农业区的大通、湟中等区域，50 年重旱发生月次均低于 154 月次。都兰为中旱风险高中心，玛多、德令哈为中旱较高风险区，50 年中发生次数在 150 月次以上；柴达木盆地则为中旱发生低值区，低于 26 月次。轻旱的分布中

心主要在青海省东部农业区、环青海湖区、祁连山区，以及青海南部的玛多、称多、达日、玉树等区域，发生月次数在 75～134 月次；柴达木盆地为低值区。无旱高发区是青海南部的河南州、久治县，在 269～301 月次，次高值区有东部农业区的大通县、互助县、湟中县及三江源东南部区域及祁连山区。从以上分析可以看出，由于青海复杂的地形，造就了区域各级干旱分布的不一致性，柴达木盆地接近亚洲大陆腹地中心，南部为青藏高原，北部山体阻隔，年降水远远小于蒸散，属于全年度重旱区；青海省东南部地区，由于青藏高原南部水汽的影响，降水较多，基本能满足蒸散的需求，表现为无旱或轻旱区；全省其余地区受重旱影响较小，但降水又达不到潜在蒸散，因此，这些区域，重旱的影响较小，而受轻旱、中旱的影响较大。

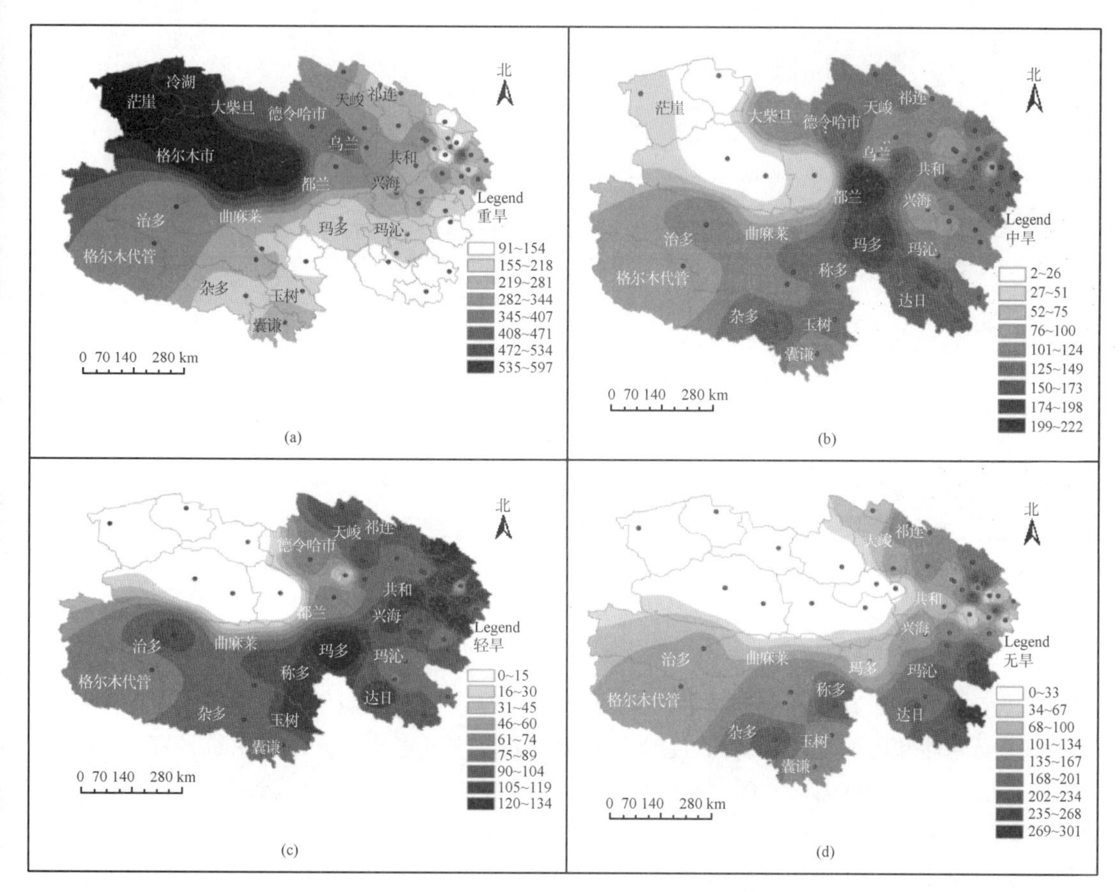

图 3.3　1961—2010 年青海省各级干旱月次空间分布
a 重旱，b 中旱，c 轻旱，d 无旱

将青海省划分为柴达木盆地、祁连山区、环青海湖区、东部农业区、三江源区，分析各个区在四季中干旱呈现的特征（表 3.2）。冬季，五个地区均表现出重旱比重最高，环青海湖区重旱甚至要高于柴达木盆地，其出现百分比达到 90.8%，而三江源地区中旱、轻旱、无旱百分比均在首位，三江源冬季较其他区域水分条件好，干旱程度低于其他地区，有可能出现水分过多的现象，即雪灾的发生。春季：柴达木盆地以重旱为主，中旱、轻旱百分比最高的是祁连山区，无旱百分比最高为东部农业区和三江源区，春季较冬季而言，轻旱和无旱比重上升，尤其是东部农业区和三江源区。夏季：重、中旱百分比柴达木盆地仍处首位，轻旱百分比祁连山区、环青海湖区、东部农业区较为接近，无旱百分比三江源最高。秋季：柴达木盆地仍以重旱为主，其余四区中旱、轻旱、无旱三级干旱分布较为均匀。总体而言,青海省五个区四季干旱特征表现为:柴达木盆地四季重旱;祁连山区冬季重旱、春季中旱、夏季无旱、轻旱为主;环青海湖区夏季轻旱、无旱,其余三季以中、重旱为主;东部农业区冬季重旱,春季轻、中、重三级干旱分布均匀,夏季以无旱、轻旱为主,秋季特征不明显;三江源区冬季重、中旱,春、秋季特征不明显,夏季以无旱、轻旱为主。

表 3.2a 青海省各生态功能区季节干旱比重分布(%)

	冬季				春季			
	重旱	中旱	轻旱	无旱	重旱	中旱	轻旱	无旱
柴达木盆地	88.1	10.5	1.1	0.2	84.8	11.5	2.9	0.6
祁连山区	83.0	15.7	1.2	0.2	28.7	39.7	22.0	9.7
环青海湖区	90.8	8.8	0.3	0.0	48.5	31.3	14.7	5.5
东部农业区	83.8	14.1	1.9	0.2	33.7	33.9	19.8	12.6
三江源区	69.0	25.9	4.0	0.9	31.5	34.7	21.2	12.7

表 3.2b 青海省各生态功能区季节干旱比重分布(%)

	夏季				秋季			
	重旱	中旱	轻旱	无旱	重旱	中旱	轻旱	无旱
柴达木盆地	63.1	23.5	9.8	3.4	84.7	11.6	3.2	0.5
祁连山区	0.0	5.5	30.2	64.3	35.2	27.5	16.3	21.0
环青海湖区	7.3	8.8	32.7	51.2	44.8	20.7	16.8	17.7
东部农业区	5.2	15.9	31.3	47.6	32.2	20.6	20.5	26.7
三江源区	2.4	5.3	20.7	71.6	30.1	20.0	16.6	33.3

三、干旱发生风险

干旱发生风险研究有别于干旱风险区划,通常干旱风险区划需要考虑致灾因子的危险性、承灾体的暴露性和脆弱性多个要素,主要是根据作物减产或者历史干旱灾情统计资料,确定干旱发生的强度或者频率,以及干旱对某种作物的影响程度即承灾体的脆弱性。而干旱风险研究是对不同等级干旱某段时间内出现的概率、发生的可能程度进行分析,给出定量的结论。具体应用于某种作物干旱风险区划时,可根据某作物的具体发育期、干旱对作物的影响以及该类作物对干旱的承受能力等要素进行综合分析。构建青海省月干旱发生风险指数模型:

$$DI_{ij} = \frac{f_{ij}}{CV_{AI}} = \frac{f_{ij} \cdot S_{AI}}{\overline{X}_{AI}} \tag{3.2}$$

其中 CV 是干燥度指数的变异系数,定义为干燥度指数标准偏差(S)和均值(X)的比值,表示该级干旱出现的不稳定性。f 为干旱出现频数。i 为月份,j 表示重、中、轻、无四级干旱。CV 指数越高表示出现某级干旱的风险越大,可能性越高,反之亦然。因篇幅问题,本书以青海省5月份干旱风险指数分布为例分析青海省该月各级干旱出现的风险,之所以选择该月,是因为5月份青海省大部分牧区牧草开始返青,农业区农作物正处于生长初期,俗称的“掐脖子旱”即指发生在该月的干旱,该月是农牧业生产的关键月份之一。

图 3.4 是青海省 5 月份干旱发生指数空间分布,其中,干旱发生风险指数分为 5 级,表示

各级干旱在5月份出现的风险，1级到5级分别表示某级别干旱出现可能性低、较低、中等、较高、高。可以看出5月重旱在柴达木盆地冷湖、茫崖及都兰地区出现的可能性最高，而在三江源的东南部、祁连山区、环青海湖区、东部农业区出现可能性低(图3.4a)。中旱高风险区位于柴达木盆地的大柴旦、德令哈、乌兰、都兰及三江源的小唐古拉山(格尔木代管)、治多区域，而柴达木盆地的冷湖和格尔木、三江源东南部及大通、门源为风险低值区(图3.4b)。轻旱高风险区域较大，包括天峻、祁连、环青海湖区域大部、东部农业区大部地区及三江源的杂多、玉树、兴海等地，低风险区在柴达木盆地、三江源久治，但这两部分地区风险的意义有所不同，柴达木盆地因重、中旱的高风险性而降低了轻旱的风险，而久治是由于降水丰富，降低了轻旱出现的风险(图3.4c)。无旱出现风险最低的是三江源东南的久治、河南、班玛、泽库及青海东部区的大通、互助、湟中、门源等地，而东部由于5月份降水的增多，大大降低了干旱出现的风险，提高了无旱风险指数。总体分析，5月份，柴达木盆地是重旱出现的高风险区，轻旱高风险区多在青海省主要农牧业区分布，是5月份青海省农牧业生产影响最大的干旱级别。

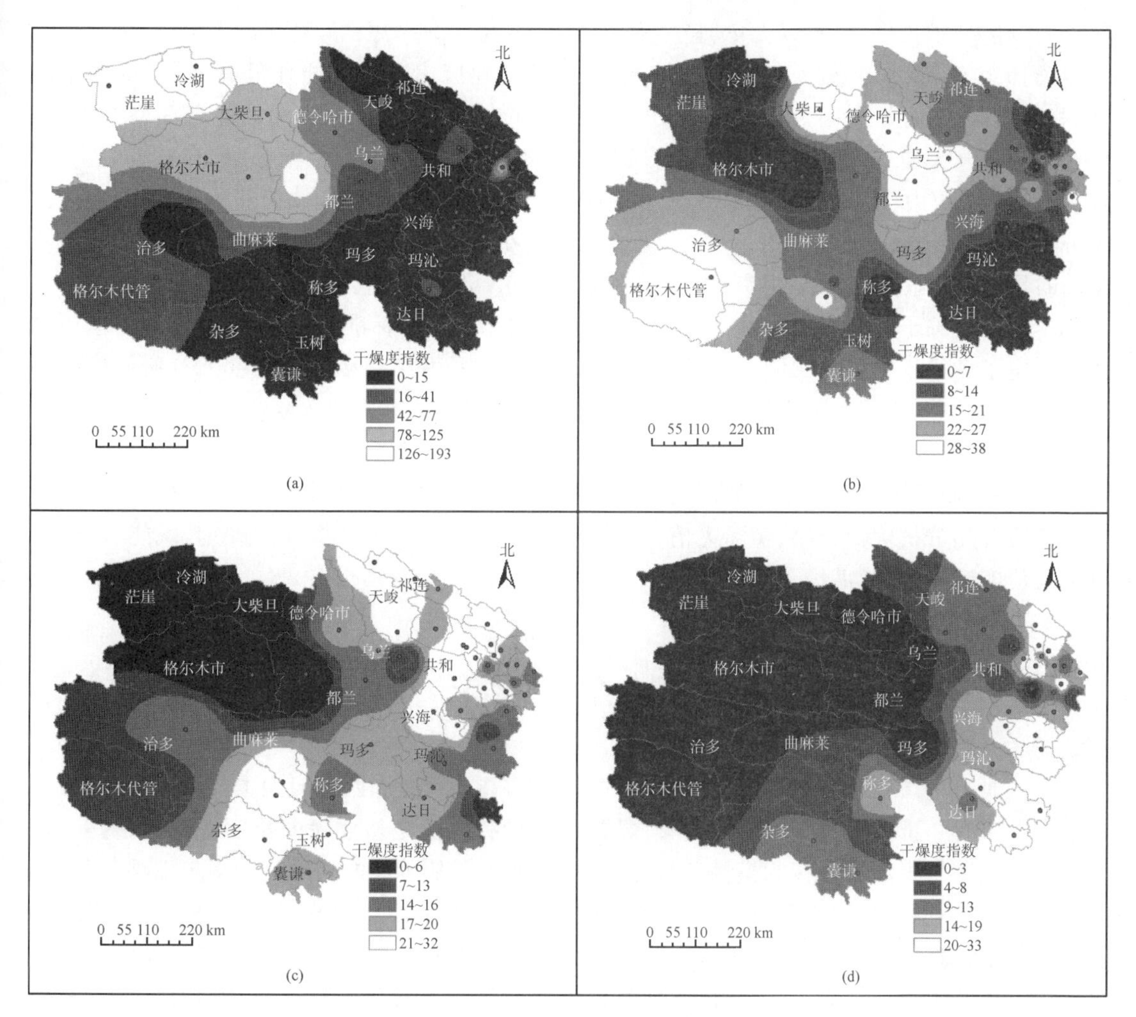

图3.4　青海省5月干旱发生风险空间分布

a重旱，b中旱，c轻旱，d无旱

四、青海省干旱发生总特征

(1)从 20 世纪 60 年代到 21 世纪 2010 年,青海省年干旱程度以重、中旱为主。50 年来重旱次数呈现极显著减少趋势,气候倾向率为 10.72 月站次/10 年。无旱次数表现为显著的增加趋势,气候倾向率是 5.90 月站次/10 年,轻旱和中旱无明显变化趋势。青海省冬季干旱特征是以重旱为主,春季重度干旱在减弱,但轻旱呈增加趋势,夏季重旱显著减少,无旱次数显著增加,总体干旱在减弱,秋季重旱出现次数为趋稳的态势。

(2)青海省干旱分布的空间格局,重旱高发区是柴达木盆地,青南高原东南的大部分地区、门源、大通、湟中等区域为重旱低发区;中旱以都兰、玛多、德令哈为较高发生区,轻旱的分布中心主要在青海省东部农业区、环青海湖区、祁连山区以及青海南部区域。柴达木盆地四季重旱;祁连山区春季中旱,夏季无旱、轻旱;环青海湖区夏季轻旱、无旱,其余三季以中、重旱为主;东部农业区冬季重旱,夏季以无旱、轻旱为主;三江源区冬季重、中旱,夏季以无旱、轻旱为主。

(3)5 月份,重旱在柴达木盆地冷湖、茫崖及都兰地区出现的可能性最高,三江源的东南部、祁连山区、环青海湖区、东部农业区出现可能性低;中旱在柴达木盆地的冷湖和格尔木、三江源东南部及大通、门源出现风险低,高风险区位于柴达木的大柴旦、德令哈、乌兰、都兰及三江源的小唐古拉山、治多区域;轻旱高风险区域包括天峻、祁连、环湖区域大部分、东部农业区大部分地区及三江源的杂多、玉树、兴海等地,低风险区在柴达木盆地和三江源久治;无旱出现风险最高的是三江源东南的久治、河南、班玛、泽库及青海东部区的大通、互助、湟中、门源等地。

本书以气象干旱为研究对象,借鉴了气候类型的干湿划分标准与青海省地方标准,应用干燥度确定了各级干旱指标阈值,与采用实际灾情确定的旱情结果在干旱程度上有所差别。两种方法各有利弊,应用实际灾情确定的干旱指标,灾情结果易接受、但确定过程主观因素过多,而干燥度指标,确定过程较为客观,但干旱结果偏重。另外,土壤湿度是表征农业干旱的客观指标,但由于缺乏长时间大范围的观测数据,用土壤湿度进行旱情分析也具有局限性。因此,如何综合应用分析农业干旱、实际灾情、干燥度等干旱指标,使干旱指标的确定,既能客观化,又能反应实际灾情,尚需进一步研究。

第二节　雪灾

我国是一个雪灾频发的国家,特别是在内蒙古、新疆、青海和西藏四大主要牧区,不同程度的雪灾几乎每年都要发生。而对于雪灾区域专项研究,主要是从危险度角度评价、预警等,采取的方法主要是主成分分析和模糊评价方法,选取的因子从单纯的气象指标逐步发展到气象、畜牧、生态等不同学科综合因子。近年来,随着各种监测手段和处理技术的进步,利用遥感(RS)、地理信息系统(GIS)技术在雪灾监测及评价方面开展了一些研究。雪灾风险区划是对区域内发生雪灾可能性大小的一种评估,其价值在于对灾害的防御重点由“灾后救援”转移到“灾前防御”上。目前,对青海高原雪灾风险度的评价和区划方面的研究较为少见。

区域气象灾害的评估在防灾减灾中具有很重要的地位,无论是在评价内容上、规模上还是评价的方法和技术上,许多专家学者从不同角度做出了重要的贡献,并为我们对气象灾害评估的进一步研究打下了坚实的基础。本书拟在前人气象灾害评估方面已经取得的成就的基础之上，以青海高原雪灾为研究对象，从灾害发生的成灾环境、灾害发生的可能性，以及承灾体的脆弱性等3个方面选取牲畜数量、可利用草场面积、牧草产量、雪灾发生频率、人口、GDP等评价因子，利用GIS空间分析方法，对区域雪灾风险评估和区划进行研究。

青海位于青藏高原东北部，平均海拔高度4000 m以上，地域辽阔、地形复杂，是长江、黄河、澜沧江源头地区，是我国著名的四大牧区之一，同时青海气候严寒、降水分布不均匀，而畜牧业基础薄弱、社会经济滞后，也是青藏高原积雪及雪灾形成的最主要的地区。

雪灾是青海最常见、危害最大、范围最广的自然灾害，也是制约牧区草原畜牧业稳定、持续发展的主要气象灾害之一。根据青海省1949—2002年的气象资料和各地雪灾发生资料统计，全省牧区共发生29次雪灾，严重的有11次，特大雪灾5次，其中南部地区发生频率最高，平均2年一次，小范围局地性雪灾基本上每年都有不同程度出现。1953年5月，达日县地区遭受特大雪灾，牲畜大量死亡；1985年10月，青南地区发生历史上特大雪灾，共减损牲畜193万头（只），其中死亡牲畜152.6万头（只），急宰牲畜40.4万头（只），直接经济损失达1.2亿元；1993年春，青南牧区连降数场中到大雪，发生严重雪灾，全省累计受灾面积达到5.7×10^5 km^2，受灾牲畜1340多万头（只）；2008年1月中下旬，持续的降雪，使高原和我国南方大部分地区遭受雪灾冻害。由此可见，雪灾对青海高原的畜牧业乃至社会经济的发展有很严重的影响。

本书应用的资料有以下几项：

（1）青海省各县（行政区）人口和国民生产总值（GDP），来自2008年青海省统计年鉴。

（2）青海省各县（行政区）牲畜数量、可利用牧草面积，其中牲畜数量以2000年统计数据为准，来自青海省统计局。

（3）青海省各县（行政区）1961—2008年发生的雪灾次数，来自青海省气候中心。

（4）青海省牧草产量，由2006—2008年8月EOS/MODIS资料16天NDVI合成资料获取，来自青海省遥感监测中心。

本书涉及的数据有标量和栅格，在分析和运算前主要做了如下处理：

（1）由于人均GDP、牲畜数量、可利用草场面积、雪灾发生次数等数据计量单位不同，取值范围变幅大，因此对以上数据进行了标准化处理，公式如下：

$$x_{it}^{*}=\frac{x_{it}-\bar{x}_i}{S_i}\qquad t=1,2,\cdots,n \tag{3.3}$$

其中，$\bar{x}_i$，S_i分别是第i个标准化因子的样本平均值和均方差。经标准差标准化后的资料x_{it}^{*}的平均值为0，均方差为1，无量纲。计算前对个别缺测及异常数据做了处理，如格尔木市管辖的沱沱河地区，与格尔木行政区隔离，故其所需数据均按格尔木市的值处理。

（2）在ArcGIS中将以上数据分别与青海省县级行政区联接，并用空间分析工具转换为栅格文件。

（3）应用栅格运算对牧草产量数据进行标准化处理。

（4）按风险度函数对以上数据进行栅格运算，并利用地理统计功能进行等级划分及分区。

本书以1∶25万数字化地理地图为基础，应用ArcGIS软件，将各评价因子数据图层处理为1000 m×1000 m的栅格数据，文件为tif格式，投影方式为阿伯斯投影（Albers）。

一、雪灾风险度模型

以往的研究中，对雪灾风险的分析有直接采用联合国风险表达式的，也有增加因子单独列出后计算的,还有用灾害风险评价指标(FDRI)等,本书在周秉荣等(2006,2007)人研究的基础上做了适当调整,选用以下模型:

$$R = \frac{\prod_i x_n^*}{\prod_j x_z^*} \tag{3.4}$$

式中,R 为综合风险度,是衡量研究区域发生雪灾可能性大小的等级函数,其值越大,表示发生雪灾的可能性越大,$\prod$ 表示对因子 x 的连乘运算,x_n^* 和 x_z^* 是风险度因子,按照对雪灾致灾影响作用,分为正向和逆向两类,正向风险度因子(x_z^*)是指对草地畜牧业和抗灾救灾有良好影响的指标,数值越大,风险度越小,而逆向风险度因子(x_n^*)则相反。

在参照气象灾害模型的同时,以往的研究中对于各个因子是通过乘以权重系数,再进行相加,考虑到因子的权重是由人为确定,主观因素对计算结果有较大影响。本书中采取各风险度因子相乘的模型,可以避免主观因素的影响,同时能准确地反映各因子对风险度的贡献量,并通过放大数据利于风险度的分级区划,在模型(3.4)的基础上最终得到雪灾风险度评价模型如下:

$$R = \frac{x_{scsl}^* \times x_{xzcs}^*}{x_{mcmj}^* \times x_{rjGDP}^* \times x_{mccl}^*} \tag{3.5}$$

模型(3.5)中 x_{scsl}^*,x_{xzcs}^*,x_{mcmj}^*,x_{rjGDP}^*,x_{mccl}^* 分别代表牲畜数量、雪灾次数、牧草面积、人均GDP、牧草产量,前两者为逆向因子,后三个为正向因子。

本书选用了与雪灾相关的气象、畜牧、社会经济因子,其中气象因子作为致灾因子涉及的资料较多,若应用或处理不当反而影响研究,故用多年雪灾发生次数;畜牧方面的牧草面积、载畜量、牧草产量则反映了孕灾环境情况,体现的是畜牧业本身对雪灾的承受能力;而人口和GDP则是承灾体最主要的两项参数,表征灾区抵御灾害能力、牧区抗灾主观能动力的大小,考虑到青海特殊情况,用人均GDP比较合适。以上因子综合反映了风险度分析中雪灾的危险度、易损度。

二、雪灾风险度分析

空间分析是基于地理对象位置和形态的空间数据分析技术,其目的在于提取和传输空间信息。雪灾风险研究中采用空间分析的方法包括:空间量算、叠加分析、空间信息再分类。空间分析进行的依据是雪灾风险度评价模型。

将雪灾风险度各因子标准化后的数据赋予各县级行政区,作为空间属性值,再由空间分析工具处理为栅格文件,利于按行政区域查询和空间分析。经过处理后的各因子图层见图3.5。

从图3.5(a)可以看出青海省牲畜数量较多为泽库、河南、共和,其次为刚察、祁连、天俊、玛沁、久治、玉树,而牲畜数量较少的地区为平安、大柴旦、冷湖,其中西宁、茫崖为最少。

从图3.5(b)可知青海省雪灾发生次数较多为称多、达日、久治,其次为泽库、德令哈、都兰、杂多,而雪灾发生次数较少的地区为贵德、尖扎、冷湖、茫崖,其中循化、平安为最少。

从图3.5(c)可以了解青海省可利用牧草面积较多为格尔木市、玛多、杂多、曲麻莱,其次为治多、都兰、达日、称多,而牧草面积较少的地区为茫崖、冷湖和青海东部农业区,其中平安、西宁为最少。

从图3.5(d)可知青海省人均GDP较高的为茫崖、大柴旦、格尔木、天俊,其次为西宁、海晏、德令哈，而青南地区称多、囊谦、达日的人均 GDP 较低，其中甘德、玉树为最低。

从图 3.5(e)可以看出青海省牧草产量最高的地区为河南、海晏、刚察，其次为甘德、久治、囊谦，同德，而青海柴达木盆地牧草产量较低，其中冷湖、茫崖为最低。

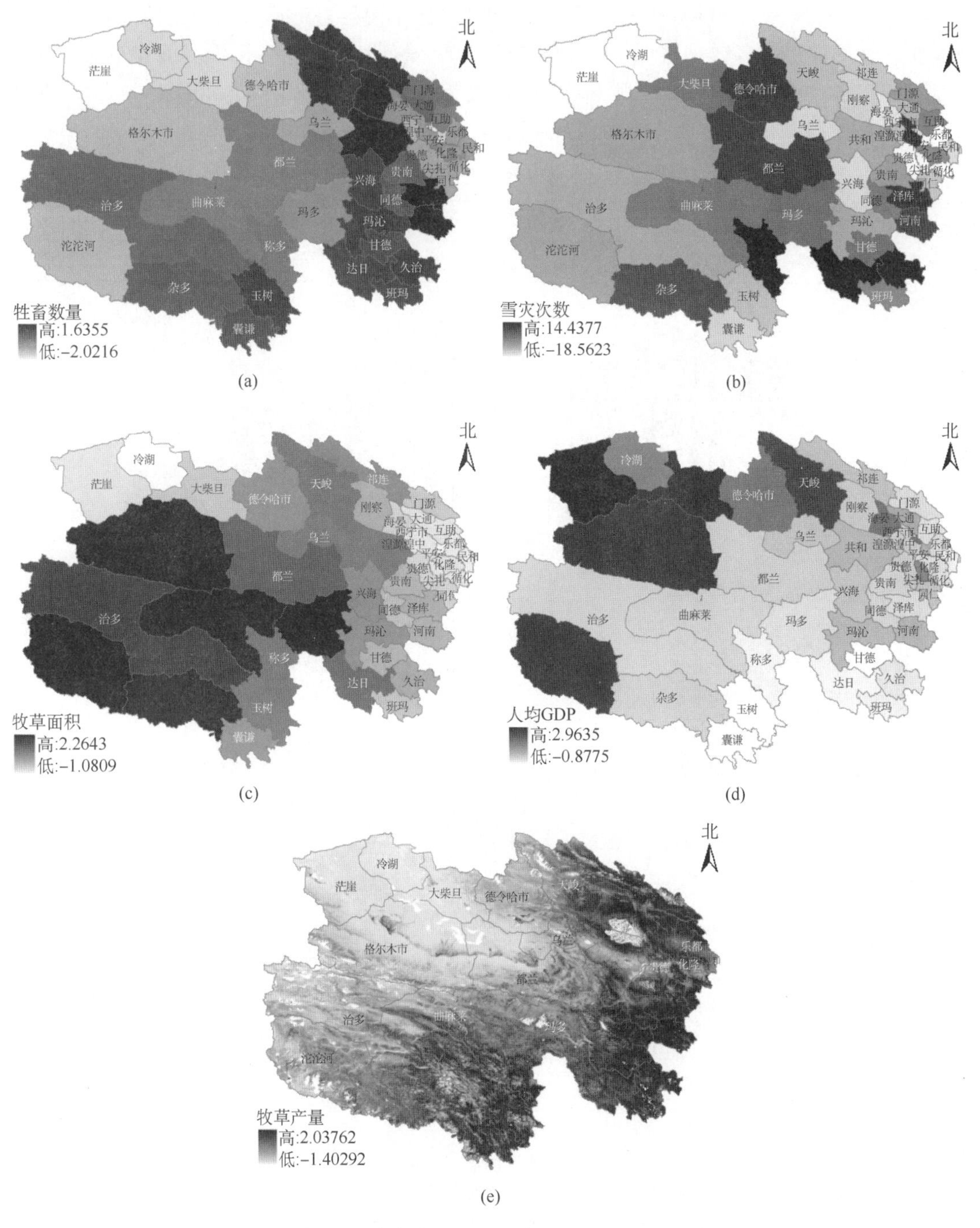

图 3.5　青海高原雪灾风险度因子空间分析

(a)牲畜数量分布　(b)雪灾次数分布　(c)牧草面积分布　(d)人均 GDP 分布　(e)牧草产量分布

三、青海省雪灾风险区划

应用 ArcGIS 中的空间分析功能，先将上述评价因子图层进行最大归一化处理，然后按照模型进行各图层栅格运算，得到青海高原雪灾风险度分布图层，再利用 ArcGIS 中的地理统计功能，分析风险度数据分布情况，根据雪灾风险度综合值 R 的特征，将风险度分为七级（见表 3.3），最终将青海划分为 7 个等级的雪灾风险区（如图 3.6）。

表 3.3　青海省雪灾风险区划分级

R 值	$R \geqslant 80.0$	$80.0 > R \geqslant 50.0$	$50.0 > R \geqslant 15.0$	$15.0 > R \geqslant 7.5$	$7.5 > R \geqslant 1.75$	$1.75 > R \geqslant 0.75$	$R < 0.75$
风险等级	最高	较高	高	中	低	较低	最低

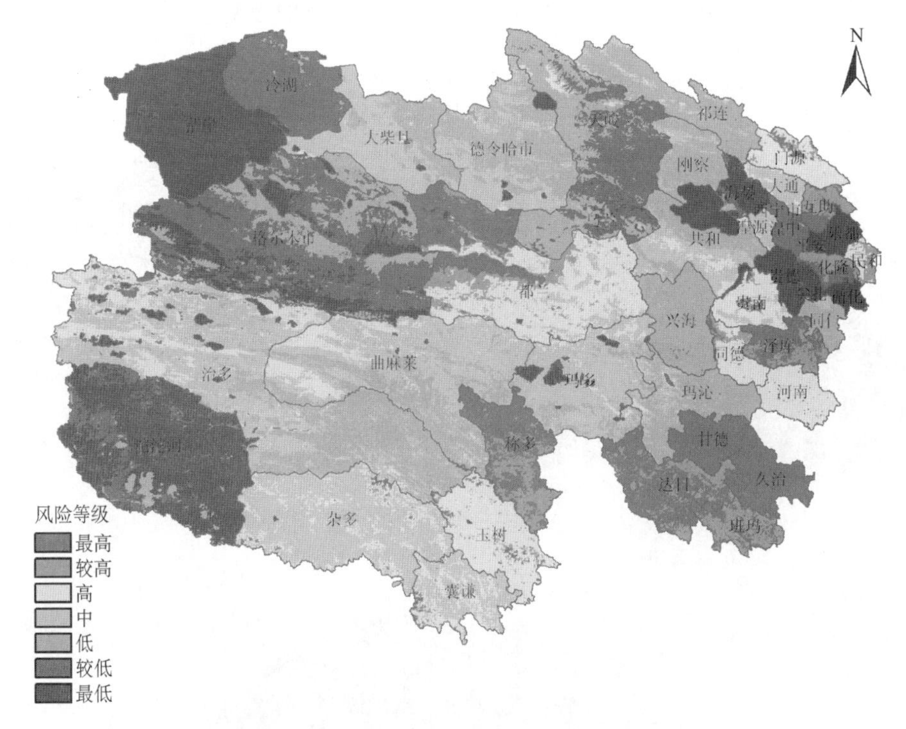

图 3.6　青海高原雪灾风险度分区（见彩图）

从图 3.6 中看出，青海省雪灾风险最高的地区主要在青南高原的甘德县、久治县、称多县、达日县以及玉树市、班玛县、泽库县的部分区域，另外集中在都兰县西北部和门源县及化隆县的部分地区，湟中县及互助县的部分地区也在最高危险级别中，风险等级较高和高的地区为玉树、河南、同德、贵南、都兰、门源以及囊谦、杂多、治多、曲麻莱等县（市）。全省雪灾风险最低的地区主要为茫崖、循化、乐都、平安、尖扎、贵德、海晏等县，以及格尔木和沱沱河等地的部分地区，风险较低和低的地区为格尔木、兴海、玛沁、同仁、共和、刚察、祁连等县（市）。

从各因子分析图看，甘德、久治、称多地区雪灾出现次数最多、人均 GDP 最低，而牲畜数量、牧草面积和产量处于与 GDP 相对应的级别，故为青海雪灾风险度最高；茫崖镇等地雪灾次数最少、人均 GDP 最高，而牲畜数量、牧草面积和产量处于相对应的级别，故风险度最低。最终的雪灾风险度分区结果与此前相关研究及青海省雪灾发生的实际情况吻合较好，青南高原的甘德县、久治县、称多县、达日县以及玉树市、班玛县、泽库县的部分区域为青海雪灾高发中心的结论基本一致。

青海高原雪灾风险高的地区主要集中在青南高原地区，其中以甘德县、久治县、称多县、达日县以及玉树市、泽库县的部分区域为最高；雪灾风险低的地区主要在柴达木盆地和东部农业区，其中以茫崖镇、循化县、乐都区、平安县、尖扎县等地为最低；其余地区处于风险等级从高到低的不同分区上。

第三节 霜冻

IPCC 第 5 次评估报告主要的内容之一就是风险与适应对策。随着灾害科学研究的不断深入及经济建设的日益发展，从风险角度分析灾害已成为灾害分析的一种新视角，这有助于决策者进行灾害管理和制定减灾策略时有针对性地选择最优技术政策，防患于未然。在全球变暖，极端气候事件增多背景下，霜冻是我国发生范围广、危害作物种类多、造成经济损失大的一种气象灾害。低温、霜冻是青海省的主要气象灾害，一直制约着青海省农业生产潜力，霜冻灾害影响严重且频繁，极大地影响了作物生长季对热量资源的充分利用。近年来随着极端气候事件风险增大，以及对霜冻灾害缺少思想和物质准备，导致灾害损失加重的事例增多。进行霜冻灾害风险区划和制定综合管理对策，对霜冻灾害高风险地区进行风险管理和制定相应的应对措施，是防灾减灾的最新理念。王晾晾等(2012)针对水稻、玉米和冬小麦等作物开展了霜冻灾害发生规律分析及风险区划，积累了宝贵的借鉴经验。目前青海省开展了有关冰雹、干旱和雪灾方面的灾害风险区划研究，而关于霜冻灾害的研究主要着眼点在霜冻灾害指标、霜冻灾害对主要农作物的影响及霜冻日变化特征等方面，有关霜冻灾害风险区划方面的文章尚未得见。本书在参考相关文献的基础上，初步开展青海省霜冻灾害风险区划研究，确定其风险等级，为有效规避及防范霜冻灾害风险，促进青海气象安全服务保障体系建设提供技术支撑。

一、霜冻灾害指标选择及等级划分

研究所用霜冻灾害 1961—2000 年资料来源于《中国气象灾害大典・青海卷》，2001—2010 年资料来源于省气象台“青海省气象灾害公报”。日最低气温来源于青海省 50 个常规气象观测站点，农作物种植面积来源于 2012 年的《青海统计年鉴》。

将青海省各地主要农作物及果树发生霜冻灾害的详细记录进行整理(表 3.4)，并分析其所在地台站最低气温，结果显示，青海省主要大田作物霜冻灾害发生时，台站最低气温大部在 0℃以下，台站温度在 0～6.1℃时，乡镇也发生霜冻灾害。可见将台站最低气温 2℃作为霜冻灾害发生指标是合理的。考虑到青海省 4 月份气温≤2℃是常态化，另外果树只分布在循化、民和、西宁、化隆、同仁和尖扎等水热条件好的谷地，因此，本书不考虑果树霜冻灾害，以青稞、油菜、马铃薯、春小麦、豌豆和蚕豆等大田作物为受灾对象，研究时段为 5—9 月。

表 3.4　青海省霜冻灾害发生概况

受灾对象	发生时段(月.日)		最低气温(℃)	发生频次(次)		
	终霜	初霜		终霜	初霜	合计
果树	4.3～5.13	无	−12.1～−0.3	9	0	9
青稞	5.10～6.15	7.3～9.14	−11.6～2.1	14	9	23
马铃薯	5.1～6.10	7.12～9.24	−7.1～1.8	15	9	24
油菜	5.1～6.21	7.3～9.14	−11.6～2.1	50	13	63
春小麦	5.1～6.16	7.22～9.14	−9.7～2.1	23	8	31

根据青海省气象局 27 个农业气象站作物观测资料表明，3—4 月份作物播种，5 月份大部分作物处于幼苗期、生殖器官形成及开花期出现在 6—7 月，灌浆结实期出现在 8—9 月。根据主要农作物发生霜冻灾害时对应的气象资料、受灾程度及《青海省气象灾害标准(DB63/T372—2001)》指标，将小麦、油菜、青稞、豌豆、马铃薯和蚕豆等主要作物，按其中 1～2 种作物受到霜冻灾害的危害为轻度霜冻，3～4 种受到霜冻灾害的危害为中度霜冻，4 种以上作物受到霜冻灾害的危害为重度霜冻进行受灾等级划分，同时考虑到作物在不同的发育期对日最低气温的敏感性不同，将青海省作物生长季(5—9 月份)按照 5 月份作物幼苗期、6—7 月生殖器官形成及开花期和 8—9 月灌浆结实期来划分等级(表 3.5)。

表 3.5　青海省霜冻发生等级日最低气温指标

受灾等级	幼苗期(5 月)	生殖器官形成期及花期(6 月、7 月)	灌浆结实期(8 月、9 月)
轻度霜冻	−3～0℃	−2～0℃	−2～0℃
中度霜冻	−6～−3℃	−3～−2℃	−4～−2℃
重度霜冻	<−6℃	<−3℃	<−4℃

二、霜冻灾害风险评价指数构建

选择青海省农作物种植总面积和 5—9 月份不同等级霜冻灾害出现日数、历年霜冻灾害实际发生次数、海拔高度和积温 5 个要素作为构建青海省霜冻灾害风险评价指数的因子，用以进行青海省霜冻灾害风险区划。根据青海省 50 个测站 1961—2010 年日最低气温资料，结合表 3.5 霜冻等级划分指标，统计出青海省各测站出现不同等级霜冻灾害发生次数，并进行最大最小法归一化。各地实际发生的霜冻灾害也进行归一化，按照权重求和方案计算致灾因子危险性指数，实际发生次数权重取 0.6，基于日最低气温霜冻出现日数权重取 0.4 作为补充。青稞的种植区域最广，在海拔高度 4200 m 以上的农田，青稞是唯一种植作物。青海省年平均气温在−1.5℃以上，在海拔高度 4200 m 以下，≥0℃积温为 1601.7～3510.0℃・d，0℃初日至 0℃终日天数为 191～266 天的大部分地区都能种植青稞。青海省青稞种植区域主要分布在玉树州的玉树市、称多和囊谦，环青海湖地区门源、祁连、海晏和刚察，海南州的共和县、同德县、贵德县、贵南县和兴海县，柴达木绿洲的德令哈市、格尔木市、都兰县和乌兰县，东部农业区各地均有种植。因此，将海拔高度大于等于 4000 m 或大于等于 0℃积温不高于 1602.0℃・d 的条件作为不能种植作物的依据，结合青海省各地农作物种植面积，计算各地农作物种植面积归一化指数，两者乘积作为霜冻灾害风险区划指标，其值域为[0,1]，各级霜冻灾害评价指数如下：

$$FI = \frac{FID_i - FID_{\min}}{FID_{\max} - FID_{\min}} \times P_i \times 100\% \tag{3.6}$$

式中，FI 为霜冻灾害风险评价指数；FID_i，$FID_{\min}$ 和 $FID_{\max}$ 分别为青海省 50 个气象站 1961—2010 年 50 年霜冻灾害日数或实际霜冻灾害发生日数及其最大值和最小值；P_i 为青海省各地农作物种植面积归一化数据；i 表示青海省各地区。

三、霜冻灾害时空分布特征

1. 时间分布特征

根据 1961—2010 年霜冻灾害发生实况表明，青海省霜冻灾害发生总次数为 191 次，主要发生在 4—9 月，7 月、4 月、9 月、时间记录不明确、6 月、8 月和 5 月为按发生次数从小到大的排列，其值分别为 7 次、11 次、15 次、21 次、33 次、35 次和 69 次。计算各月发生频率(图 3.7)，5 月发生频率最高，占发生总次数的 36%，其次为 8 月，占发生总次数的 18%，其余从高到低依次为 6 月、9 月、4 月和 7 月，分别占发生总次数的 17%，8%，6%和 4%，时间记录不明确的占 11%。

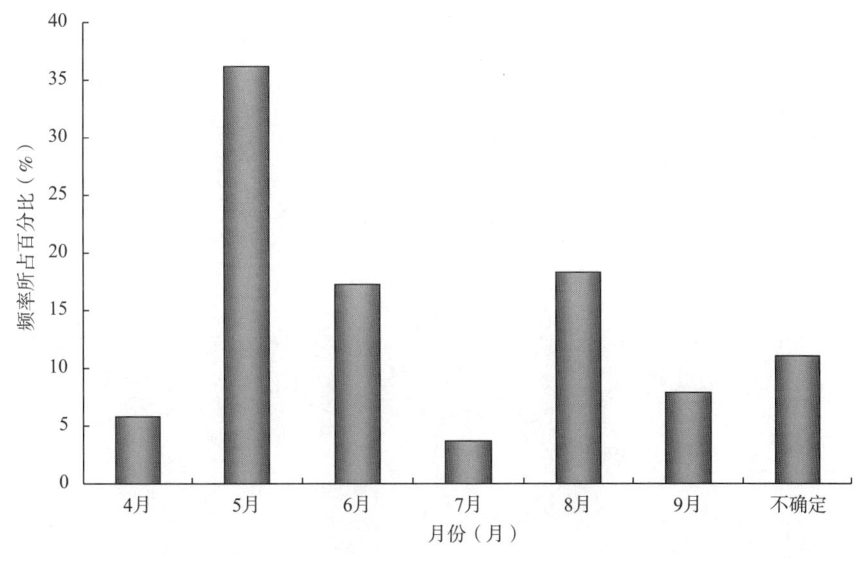

图 3.7　青海省 1961—2010 年各月霜冻灾害发生频率图

2. 空间分布特征

根据 1961—2010 年霜冻灾害发生实况表明，青海省作物种植区均有霜冻灾害，其中都兰县、互助县、大通县、诺木洪乡、门源县、德令哈市和湟源县霜冻发生次数最多，为 10～16 次，分别占全省发生总次数的 5%～8%，祁连县、湟中县、乐都县、同德县、西宁市、循化县、刚察县、贵南县、海晏县和乌兰县霜冻灾害发生次数 5～9 次，占全省发生总次数的 3%～5%，其余地区发生次数 4 次以下，占全省发生总次数的 2%以下。见图 3.8

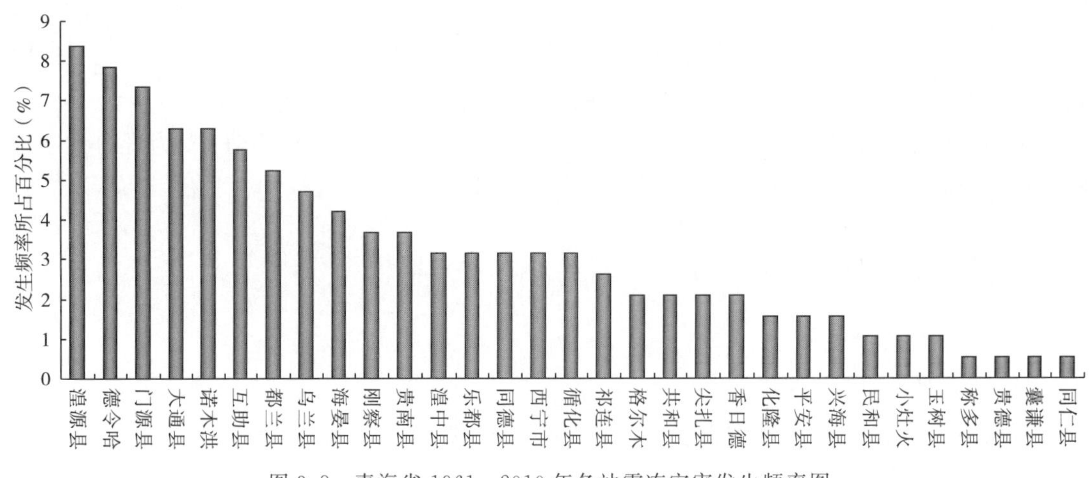

图 3.8　青海省 1961—2010 年各站霜冻灾害发生频率图

根据全省各地霜冻灾害发生次数利用 Surfer（三维图绘制软件）进行空间插值，选用克里金插值法（图 3.9）。可以看出，青海省霜冻灾害发生中心有两个，即柴达木盆地和东部农业区，中心集中在柴达木盆地东部的德令哈县、都兰县和乌兰县，东部农业区的门源县、大通县、互助县、湟源县和湟中县，以及贵南县和共和县。

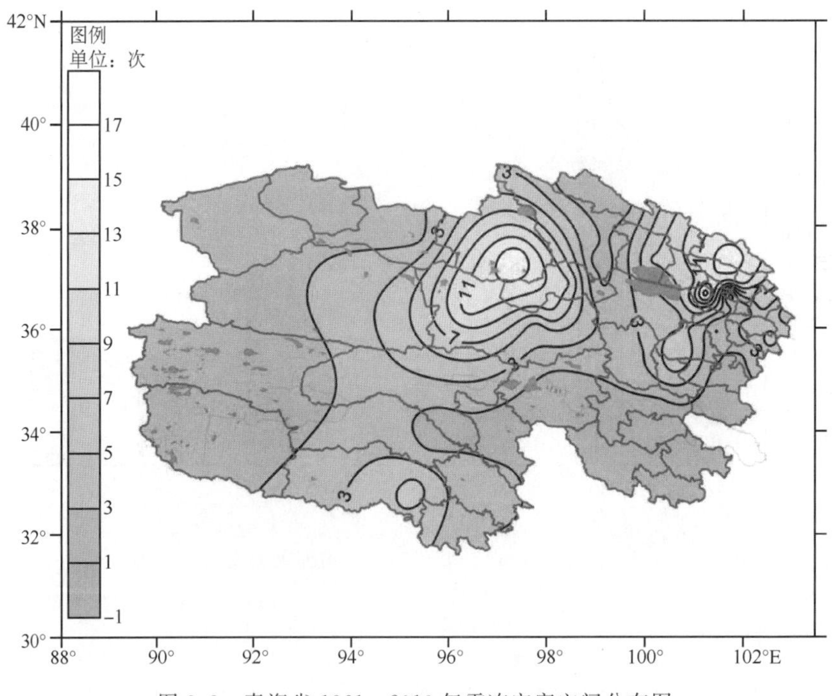

图 3.9　青海省 1961—2010 年霜冻灾害空间分布图

四、霜冻日数空间分布

分析近 50 年基于最低气温的青海省不同等级霜冻出现总日数空间分布图（图 3.10、图 3.11 和图 3.12）表明，轻度霜冻、中度霜冻、重度霜冻分布日数呈现出相同的明显的区域特征，高值区均有三个，主要分布在青南高原和东北部，北部主要为祁连西部的托勒和天峻、南部在治多、曲麻莱交界地区和玛多、称多和玛沁等地。而柴达木盆地、东部农业区却是基于最低气温的霜冻灾害出现低值区。分析不同等级霜冻出现日数显示，轻度霜冻灾害发生日数最多，为15天/年，其次为中度，为8天/年，重度为6天/年。

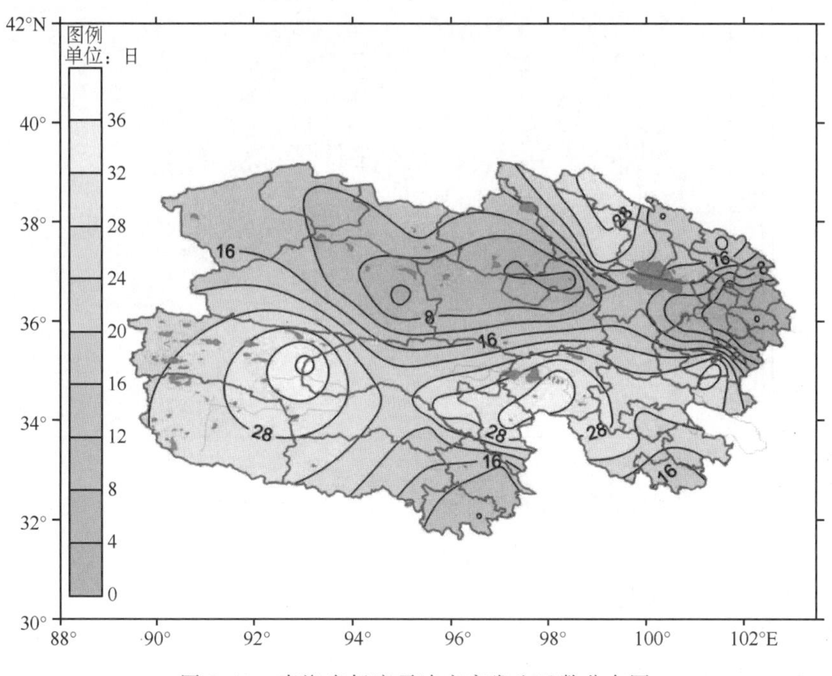

图3.10　青海省轻度霜冻灾害发生日数分布图

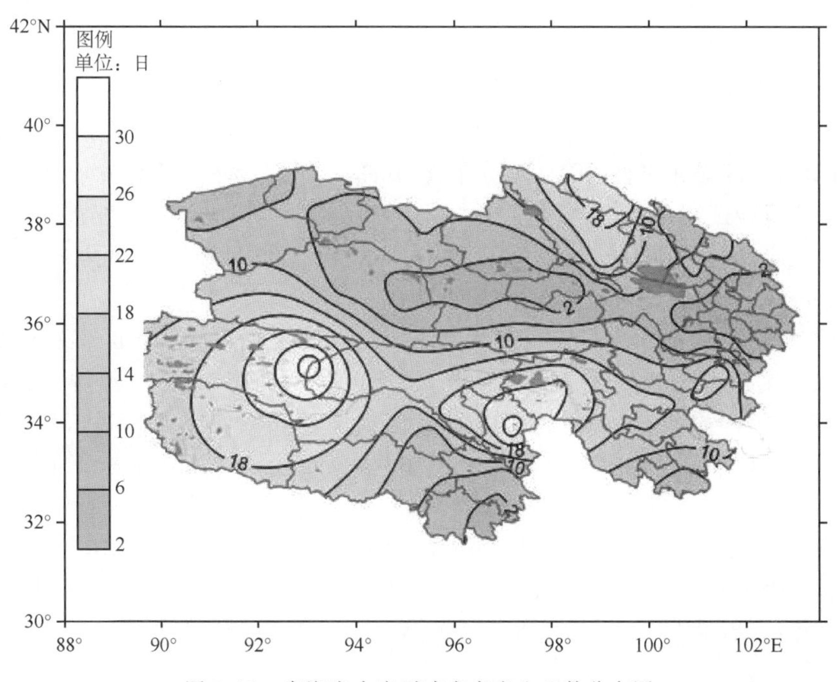

图3.11　青海省中度霜冻灾害发生日数分布图

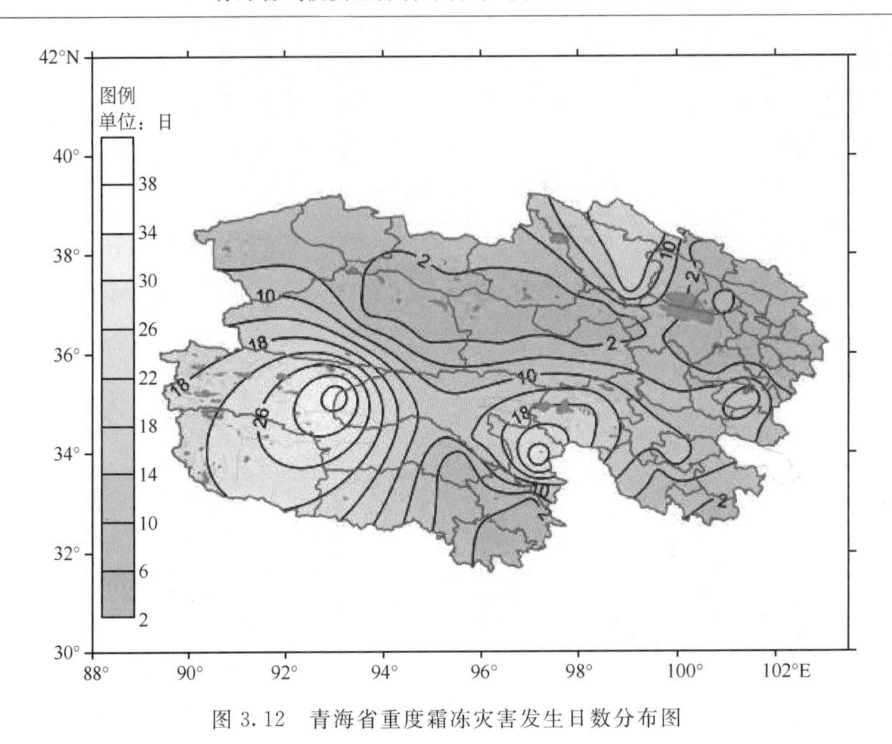

图 3.12　青海省重度霜冻灾害发生日数分布图

五、霜冻灾害风险区划

鉴于青海省东西部地域跨度大，气候条件也相差很大的客观事实，而实际发生霜冻灾害可能统计不全等因素，霜冻灾害风险指数构建考虑 5 个因素，包括基于最低气温的不同等级霜冻出现日数、历年实际发生霜冻灾害日数、海拔高度、≥0℃积温及青海省各地农作物种植面积。基于 5 要素计算不同等级霜冻灾害风险指数，在 suffer 软件中绘制不同等级霜冻灾害风险指数图(图 3.13、图 3.14 和图 3.15)。

分析青海省轻度霜冻灾害风险区划分布表明(图 3.13)，青海省轻度霜冻灾害风险中心主要有三个，最高风险区在东部地区，风险度从低到高为湟中、湟源、大通、祁连东部、互助和门源，霜冻发生风险度达到 20%～50%；次高值中心柴达木盆地东部，风险度为 7%～16%；在共和和贵南也分布一个风险相对较高区，风险度为 1%～13%。

分析青海省中度霜冻灾害风险区划分布表明(图 3.14)，青海省中度霜冻灾害风险中心也有三个，风险度最高区域依然是东部地区，风险度从低到高为湟中、湟源、大通、互助、祁连东部和门源，为 1%～12%。次高值中心偏移到同德和兴海及其周边，风险度为 1%～9%；第三个风险相对高值区分布地域发生了变化，分布在柴达木盆地东部的德令哈，风险度为 3%。

分析青海省重度霜冻灾害风险区划分布表明(图 3.15)，青海省重度霜冻灾害风险中心也有三个，最高风险中心也在兴海和同德及其周边地区，风险度为 1%～6%；次高风险区在东部地区，风险度较小，为 1%～3%；柴达木盆地东部的德令哈，风险度只有 1%。

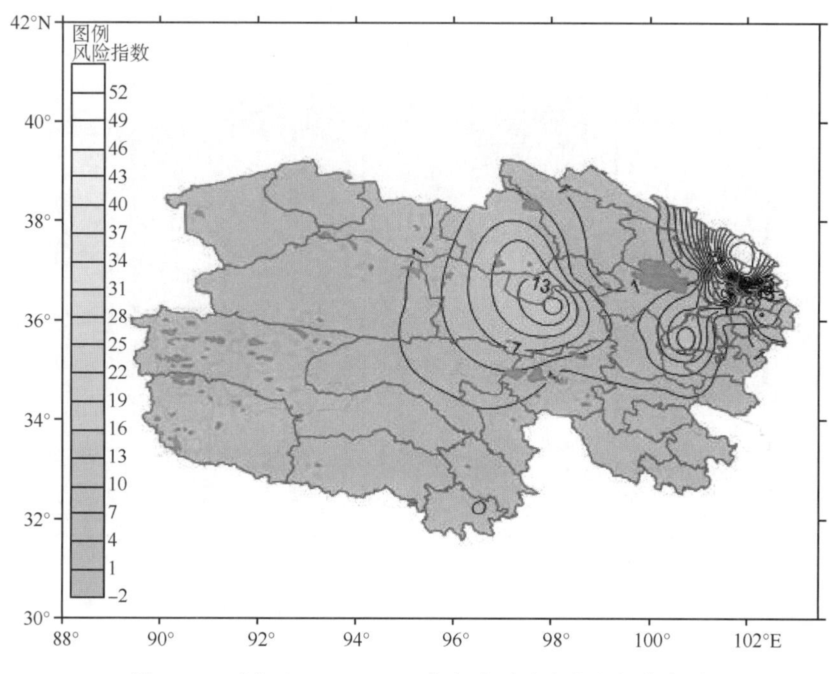

图 3.13　青海省 1961—2010 年轻度霜冻灾害空间分布图

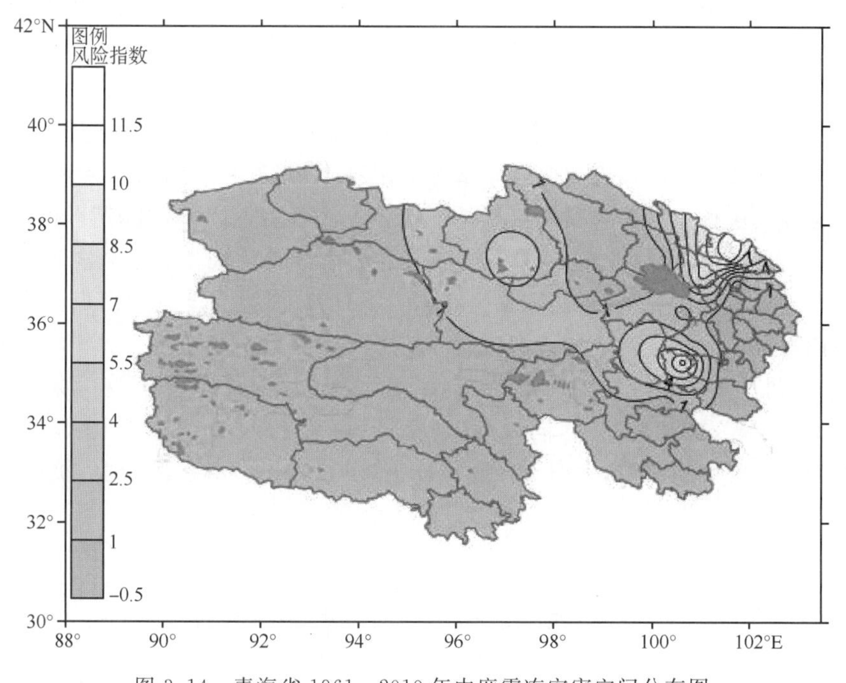

图 3.14　青海省 1961—2010 年中度霜冻灾害空间分布图

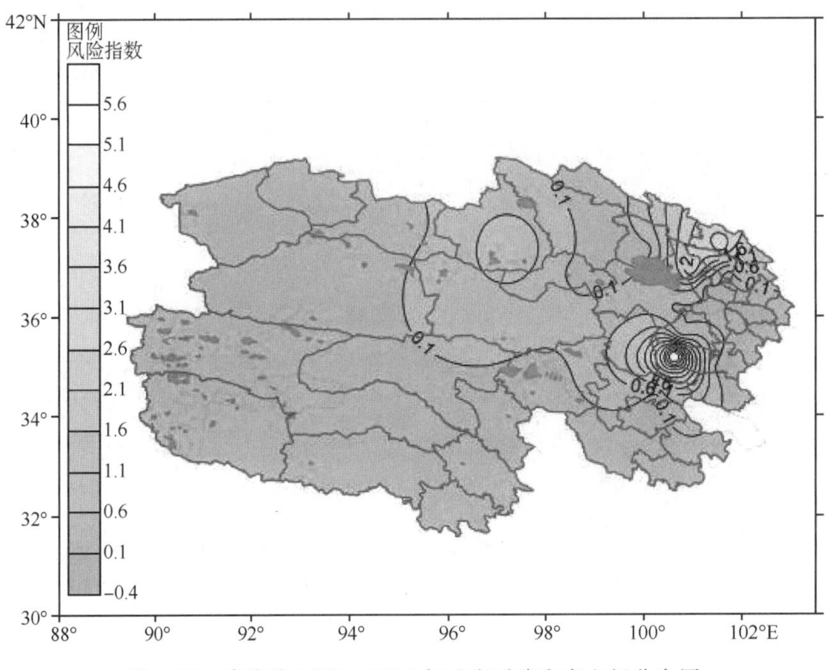

图 3.15　青海省 1961—2010 年重度霜冻灾害空间分布图

六、青海省霜冻主要特征

青海省霜冻灾害主要发生在 4—9 月，5 月发生频率最高，占发生总次数的 36%，其次为 8 月，占发生总次数的 18%，其余月份占发生总次数的 4%～17%。青海省作物种植区均有霜冻灾害，高风险中心集中在柴达木盆地东部的德令哈市、都兰县和乌兰县，东部农业区的门源县、大通县、互助县、湟源县和湟中县，以及贵南县和共和县等地。基于最低气温的青海省不同等级霜冻灾害出现日数与实际霜冻灾害发生情况出现基本相反的分布格局，表明用基于最低气温的霜冻灾害等级进行霜冻灾害风险区划是不符合青海省农业生产实际情况的，这与青海省农业结构有关，青海省属于牧业省，农业区主要分布在东部农业区和柴达木盆地。基于最低气温的不同等级霜冻出现日数、历年实际发生霜冻灾害日数、海拔高度、≥0℃积温及青海省各地农作物种植面积等 5 大要素构建的青海省霜冻灾害风险指数分析表明，青海省霜冻灾害高风险区为 3 个，包括东北部的门源县、互助、祁连东部、大通、湟源和湟中，其次为柴达木盆地东部地区的德令哈市、都兰县和乌兰县，同德县、兴海县和贵南县也分布着一个风险相对高值区。从不同等级霜冻灾害比较来看，青海省轻度霜冻灾害风险最大，其次为中度，重度霜冻灾害发生的风险较小。

第四节　连阴雨

连阴雨是由降水、日照、气温等几种气象要素异常共同引起的，连阴雨可导致推迟作物的发育或生殖生长，在农业区造成作物不能成熟或发芽霉变，影响产量，在牧区会造成牧草发育迟缓、长势较差和提前枯黄。虽然四季都可能出现，但不同连阴雨对农业造成的影响不同，其中以夏、秋两季的连阴雨对农业生产影响较大。

韩荣青等(2009)发现，近57年来中国2—5月低温连阴雨日数呈现由长江以南向黄河流域逐渐增加且范围扩大的特征；各月低温连阴雨日数20世纪50年代较少，1997年以后呈现显著减少的趋势。项瑛等(2012)确定了江苏省连阴雨过程的标准，得出江苏省连阴雨空间分布存在着明显的北少南多的特征，江苏沿江苏南地区为连阴雨的频发地区。江益等(2012)发现四川秋季连阴雨的发生次数、降水量和持续天数总体上均呈减少趋势，这种突变发生在20世纪80年代中后期，连阴雨在地域上呈西部增多、东部减少的趋势，EOF(经验正交函数)分析的结果表明连阴雨主要以东西反向型分布为主。张智等(2010)选用宁夏20个气象站的观测资料发现1990年以后宁夏全年和汛期连阴雨发生了明显变化，连阴雨发生次数均呈减少的趋势，年际变化和年代际变化特征明显，南部山区连阴雨明显多于北部地区。甘肃春季连阴雨次数从20世纪70年代到90年代变化不大，但夏秋季连阴雨次数，70年代明显偏多，80年代后总体次数减少幅度较大。

青海省地处青藏高原的东北部，地势复杂，大陆性气候特征显著，是中国气候和生态环境脆弱区之一，加之经济落后，农牧业生产经常遭受气象灾害，赵强(2001)和马占良(2008)分别对青海省年和秋季连阴雨发生次数做了相关研究，结果表明青海省连阴雨呈现显著减少趋势，秋季连阴雨次数出现多少交替特征非常明显，而且全省连阴雨次数出现年代际变化，年内变化呈现6月、7月、8月、9月、5月连阴雨次数依次减少。作为青海省的主要气象灾害，目前对青海省连阴雨的时空分布特征分析的研究还不够深入，缺乏更多方法的研究，基于此，本书采用青海省48个台站的52年观测数据，通过经验正交分解得到青海省连阴雨的平均空间分布状况以及变化分布状况，用以了解青海省连阴雨的时空分布及变化，以期为连阴雨的认识和防灾减灾工作提供科学依据。

选用1961—2012年青海省48个台站4—9月的降水和总云量逐日资料，台站位置分布见图3.16。资料长度为52年。连阴雨标准采用青海省气象灾害地方标准(DB 63-2011)，即连续阴雨5天或5天以上，期间日平均总云量不少于8成，且不能出现两个无雨日(即日降水量不少于0.1 mm)，过程总降水量不少于10 mm，称为一次连阴雨过程。

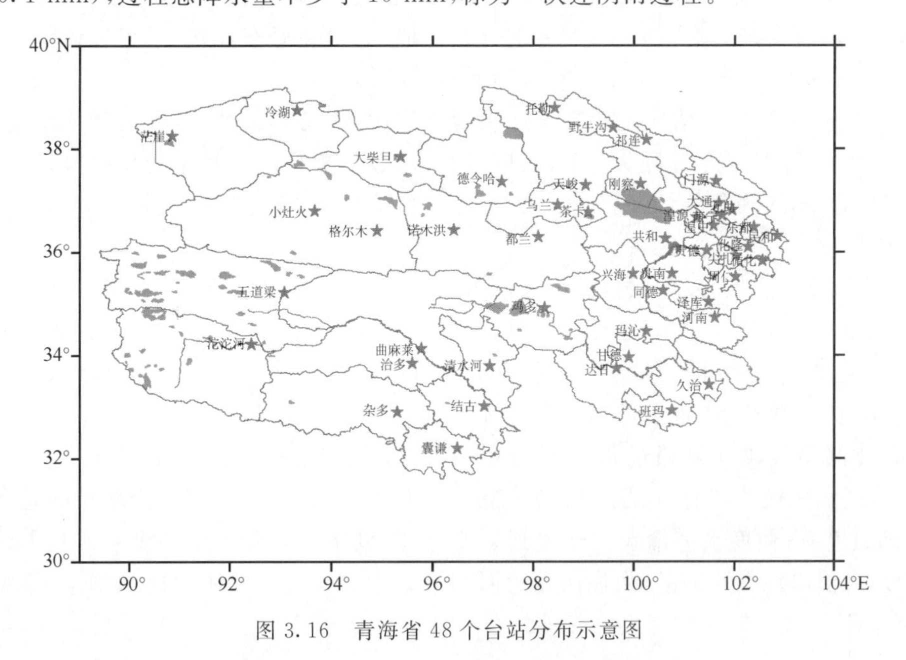

图3.16 青海省48个台站分布示意图

首先统计各站每年4—9月连阴雨发生次数、连阴雨持续天数和连阴雨过程总降水量等数据，这样所有台站和时间序列可以组成48站次×52年的资料矩阵，资料矩阵包括原始资料矩阵和距平资料矩阵两类，再利用Fortran软件进行经验正交函数分解(EOF)得到典型空间分布模态以及对应的时间系数，空间分布模态的显著性检验采用North检验；将所有台站的连阴雨发生次数相加得到青海省4—9月的连阴雨发生次数，采用Mann-Kendall法进行突变检验。

一、连阴雨空间分布及变化

近五十年来，青海省平均4—9月连阴雨发生次数为4次，持续天数为28 d，过程累计降水量为127.2 mm。通过9年滑动平均变化曲线可知，连阴雨的发生次数、持续天数和过程累计降水量在20世纪60年代至80年代比较稳定，90年代至2014年明显出现一次波动，具体表现为90年代至21世纪初期减少而后增加，考虑到本书篇幅有限，图表省略。

从空间分布来看，将青海省每个站52年的4—9月的连阴雨发生次数、持续天数和过程累计降水量求平均可知，久治县连阴雨最为严重，发生次数为8次，持续天数为69天，过程累计降水量为397.7 mm；班玛县次之，发生次数为8次，持续天数为64天，过程累计降水量为334.3 mm。通过相似系数发现，发生次数分布图与持续天数、累计降水量的分布图的相似系数趋近于1，三者基本具有相同的分布结构。从图3.17a可以看出，青海省4—9月的连阴雨发生次数东部农业区基本为3～4次；青南地区在4～7次，特别是黄南州南部、果洛州南部和玉树州东南部基本都在6次以上；海西州大部在3次以下，尤其是柴达木盆地基本没有出现连阴雨过程，总体上呈现出明显的从东南向西北逐渐减少的态势。这是因为青海省东南部受西南季风影响明显，加上高原产生的热力和动力抬升作用，导致其成为降水和连阴雨天气最多地区，而海西州柴达木盆地四周高山环绕，多见下沉气流，加之远离海洋、水汽较少，因而成为省内降水和连阴雨最少的地区。图3.17b表示连阴雨持续天数的分布状况，4—9月东部农业区连阴雨发生天数基本为20～30天，青南大部地区在30天以上，特别是果洛州东南部基本都在60天以上；海西州大部在20天以下，尤其是柴达木盆地基本没有出现连阴雨过程。连阴雨过程累计降水量空间分布基本与发生次数的分布类似，只是在海东地区，过程累计降水量较少，不足100 mm，其他东部农业区为100～150 mm(图3.17c)。

图3.17中，(a)～(c)依次是青海省连阴雨发生次数、持续天数、过程累计降水量分布图；(d)～(f)依次是青海省连阴雨发生次数、持续天数、过程累计降水量年变化趋势系数分布图；实线为正趋势，虚线为负趋势，浅灰区域为趋势系数通过0.05信度水平检验的区域，深灰则为通过0.01信度水平检验的区域。

相似系数结果表明，发生次数趋势系数图与持续天数、过程累计降水量的趋势系数图的相似系数分别为:0.96和0.92，三者之间相似度很高，各站的连阴雨持续时间和过程累计降水量与连阴雨发生次数具有相似的变化趋势，由图3.17(d)，3.17(e)和3.17(f)可以看出，青海省连阴雨呈现出西部增加，而东部减少的态势。连阴雨发生次数的趋势系数有12个站通过0.05信度水平检验，7个站通过0.01信度水平检验；连阴雨持续天数的趋势系数有16个站通过0.05信度水平检验，9个站通过0.01信度水平检验；连阴雨过程累计降水量的趋势系数有15个站通过0.05信度水平检验，7个站通过0.01信度水平检验。东部农业区基本处于负趋势，其中最大值出现在互助县，发生次数的回归系数为−0.072，连阴雨次数每10年平均减少

0.72 次;持续天数的回归系数为－0.554,每 10 年平均减少 5.54 天,过程累计降水量的回归系数为－2.650,每 10 年平均减少 26.5 mm;海西州东西部、玉树州西部、唐古拉乡以及果洛州东部处于正趋势,最大值在治多县,发生次数的回归系数为 0.056,降水次数每 10 年平均增加 0.56 次,持续天数的回归系数为－0.335,每 10 年平均增加 3.35 天,过程累计降水量的回归系数为－1.294,每 10 年平均增加 12.94 mm。

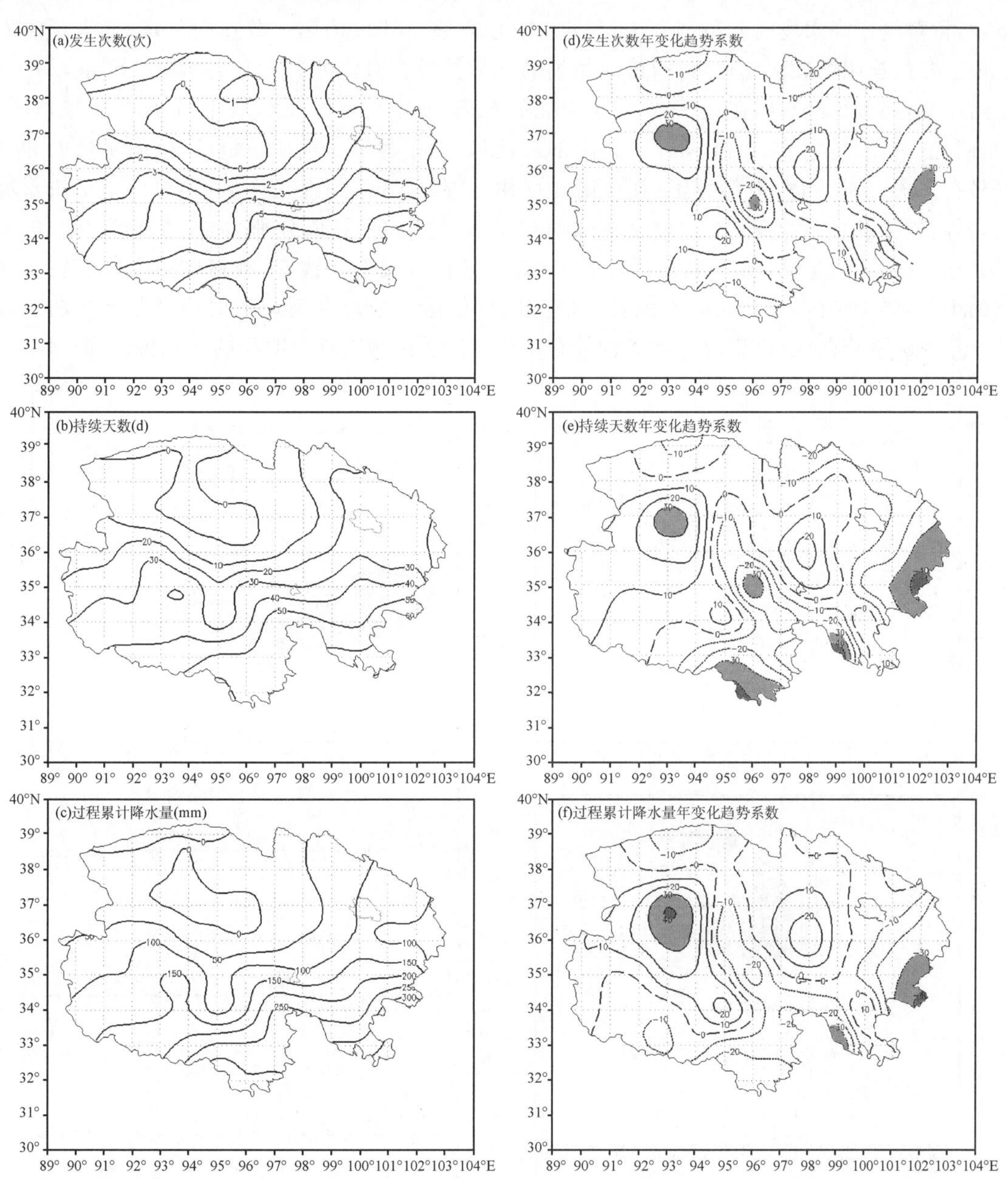

图 3.17　青海省 4—9 月连阴雨发生空间分布及变化图

二、连阴雨发生次数的空间分布型

连阴雨发生次数的第一载荷向量的方差贡献为23.3%，前3个载荷向量的累积方差贡献为38.6%。由前3个旋转向量场(RLV)得到青海省连阴雨发生频次的3个主要空间分布类型，与青藏高原降水场的分布型十分相似。东北区：图3.18a为第一载荷向量场，代表了高原上最主要的连阴雨频次变化特征，该向量场的分量符号在青海西部为负，东部为正，表示存在东西反相，高载荷区集中在正区域，位于海北的东部、西宁大部以及海东北部，属半干旱地区，中心在湟中县，对应RLV值达0.74。南部区：图3.18b为第二载荷向量场，该向量场的分量符号在青海北部为负，南部为正，存在南北反相，高载荷区集中在正区域，主要位于玉树州境内，属高原上相对湿润区，中心位于清水河和杂多，对应RLV值分别为0.74和0.78。中部区：由第三载荷向量场(图3.18c)可以看出，各分量符号大部一致，高载荷区主要集中在海西州的中部，属干旱区，中心在诺木洪乡，对应RLV值达0.79。从对应的时间系数变化曲线及其9年滑动平均曲线可以看出，这3种分布结构的连阴雨频次具有明显的年际振荡和年代际

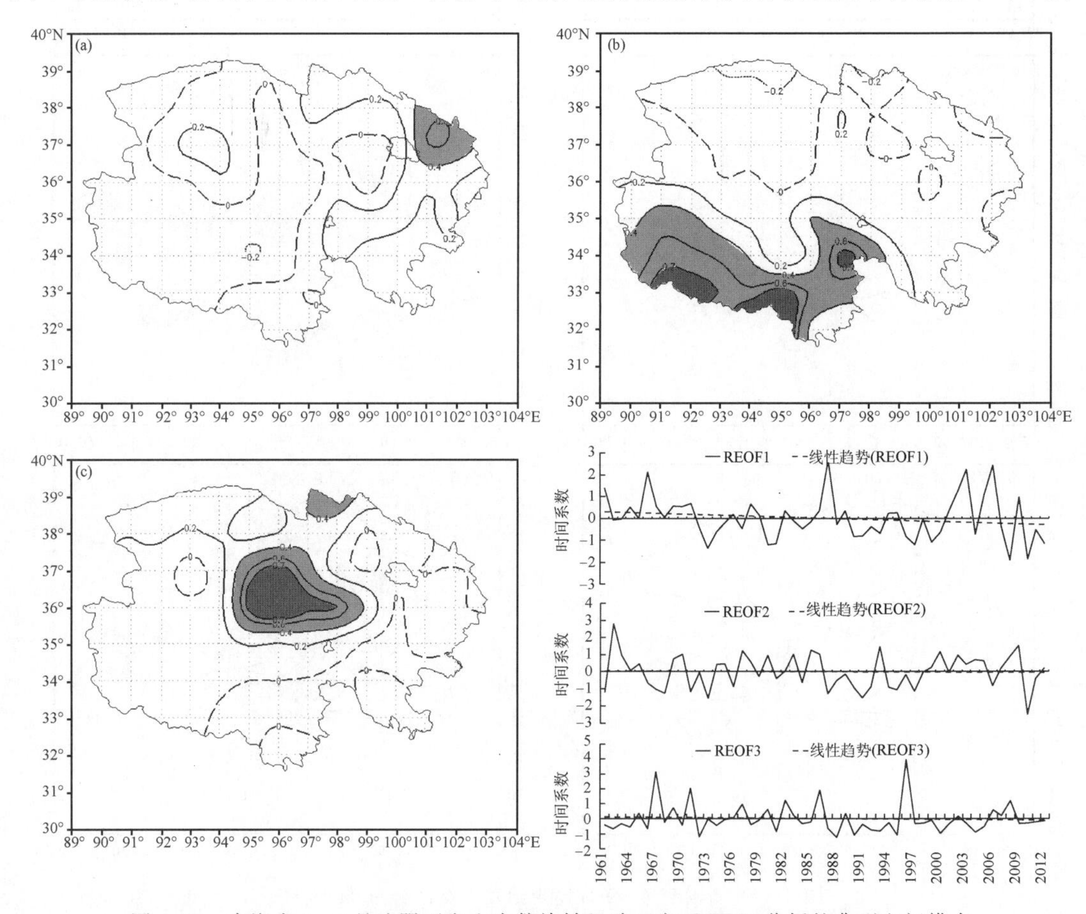

图3.18　青海省4—9月连阴雨发生次数旋转经验正交(REOF)分析的典型空间模态

(a)第一载荷向量场(b)第二载荷向量场(c)第三载荷向量场

右下图为三种载荷向量场对应的时间系数

变化特征。第一时间系数呈微弱减少趋势，反映青海东北部地区连阴雨过程频次逐年减少，同时具有明显的年代际特征，20 世纪 60 年代及 21 世纪以来东北部地区连阴雨过程出现较为频繁的时段；第二时间系数年际振荡比较明显，表明长江源区连阴雨过程受局地系统影响较多，年际间波动明显；第三时间系数变化相对较平稳，体现柴达木盆地东部连阴雨过程年际变率较小。

三、各站 4—9 月连阴雨持续天数空间分布型

连阴雨持续天数的第一载荷向量的方差贡献为 29.3%，前 3 个载荷向量的累积方差贡献为 44.9%。由前 3 个旋转向量场（RLV）得到青海省连阴雨持续天数的 3 个主要空间分布类型，与连阴雨发生频次的空间分布型有很大区别。西南区：图 3.19(a)为持续天数第一载荷向量场，代表了高原上最主要的连阴雨持续天数变化特征，分量符号基本一致，连阴雨的持续天数具有相同变化，高载荷区集中在格尔木市的南部，玉树州西部、唐古拉乡、海南州大部以及海北州西部，中心在五道梁，RLV 值达 0.81。南部区：图 3.19(b)为第二载荷向量场，其中西北部分量符号为负，与其他分量符号相反，证明西北区和其他地区存在反相分布，高载荷区集中

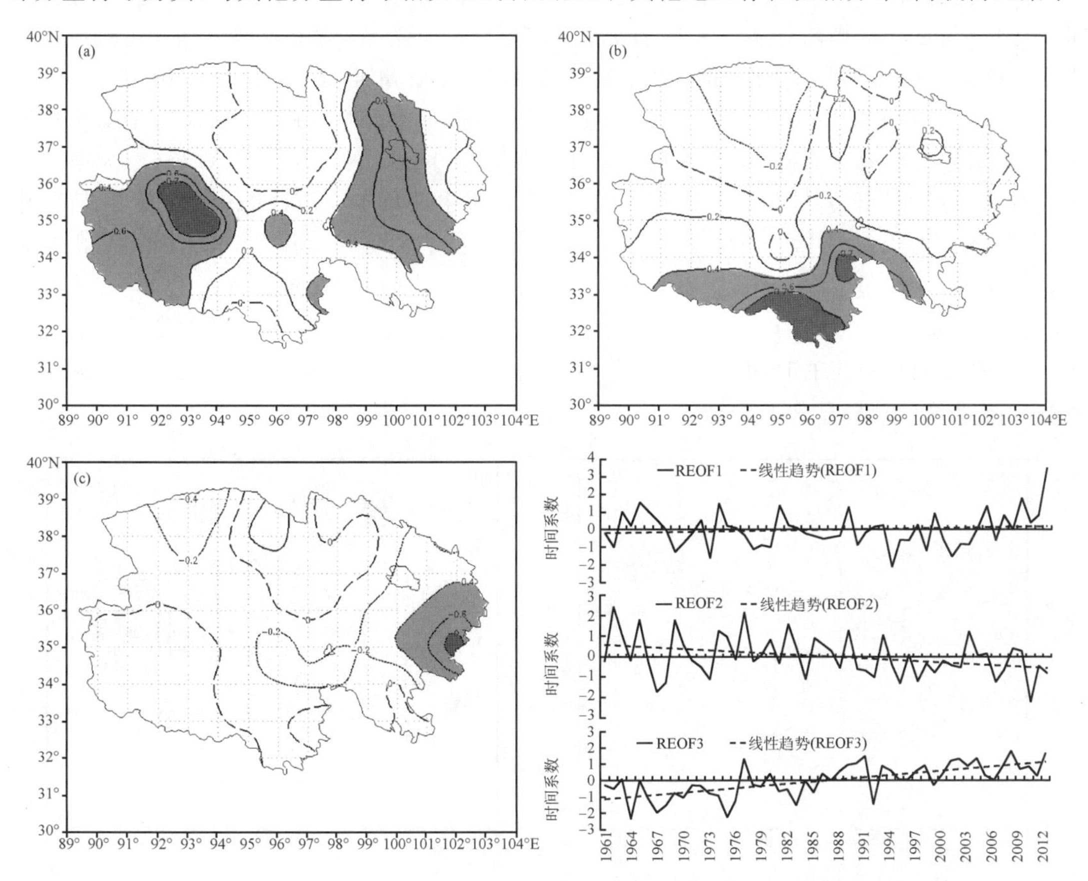

图 3.19　青海省 4—9 月连阴雨持续天数旋转经验正交(REOF)分析的典型空间模态
(a)第一载荷向量场(b)第二载荷向量场(c)第三载荷向量场
右下图为三种载荷向量场对应的时间系数

在正区域，主要位于玉树州东南部和果洛州的西南部，中心位于杂多，RLV 值为 0.81。东部区：图 3.19(c)为第三载荷向量场，可以看出，各分量符号基本一致，高载荷区主要集中在黄南州和海东州大部，中心在同仁，RLV 值达－0.77。从对应的时间系数变化曲线可以看出，这 3 种分布型的连阴雨持续天数具有明显的年际振荡特征，西南区对应的时间系数呈微弱增加趋势，但是近 20 a 来西南区连阴雨持续天数呈现极显著上升趋势；第二载荷向量场对应的时间系数减少速率为－0.224/10a，通过 0.05 信度水平检验，表明南部区 52 a 连阴雨持续天数呈一致的下降趋势；第三载荷向量场对应的时间系数增加速率为 0.444/10a，通过 0.001 信度水平检验，表明东部区 52 a 连阴雨持续天数呈极显著上升趋势。

四、各站 4—9 月连阴雨过程累计降水量空间分布型

连阴雨累积降水量的第一载荷向量的方差贡献为 30.8%，前 3 个载荷向量的累积方差贡献为 47.5%。由前 3 个旋转向量场(RLV)得到青海省连阴雨过程累计降水量的 3 个主要空间分布类型，第一、三分布型与连阴雨发生频次对应的分布型相似。东北区：图 3.20(a)为过程累计降水量第一载荷向量场，代表了高原上最主要的连阴雨过程累计降水量变化特征，该向量场的分量符号在青海西部为负，东部为正，存在东西反相，高载荷区集中在正区域，位于海北州的东部、西宁市大部以及海东州北部，中心在湟中，RLV 值达 0.74。东部区：图 3.20(b)为第二载荷向量场，各分量符号基本一致，高载荷区主要集中在黄南、海南东部和海东大部，中心在同仁，RLV 值达－0.83。中部区：图 3.20(c)为第三载荷向量场，可以看出，各分量符号大部一致，高载荷区主要集中在海西的中部，属于旱区，中心在诺木洪乡，RLV 值达 0.79。从对应的时间系数变化曲线可以看出，东北区连阴雨过程累计降水量具有明显的年际振荡特征，第二载荷向量场对应的时间系数增加速率为 0.321/10a，通过 0.001 信度水平检验，表明东部区 52 a 连阴雨持续天数呈极显著的上升趋势，第三载荷向量对应的时间系数呈微弱增加趋势，但是近 20 a 柴达木盆地东部连阴雨过程累计降水量呈现极显著上升趋势。

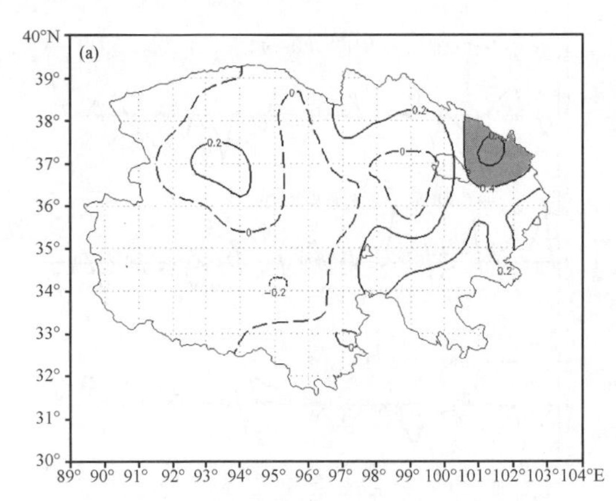

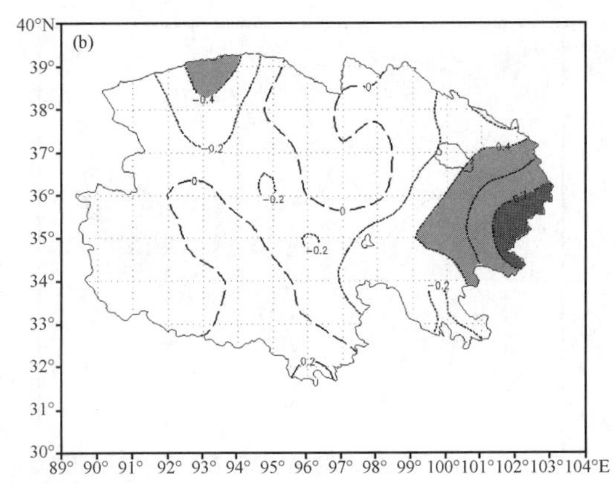

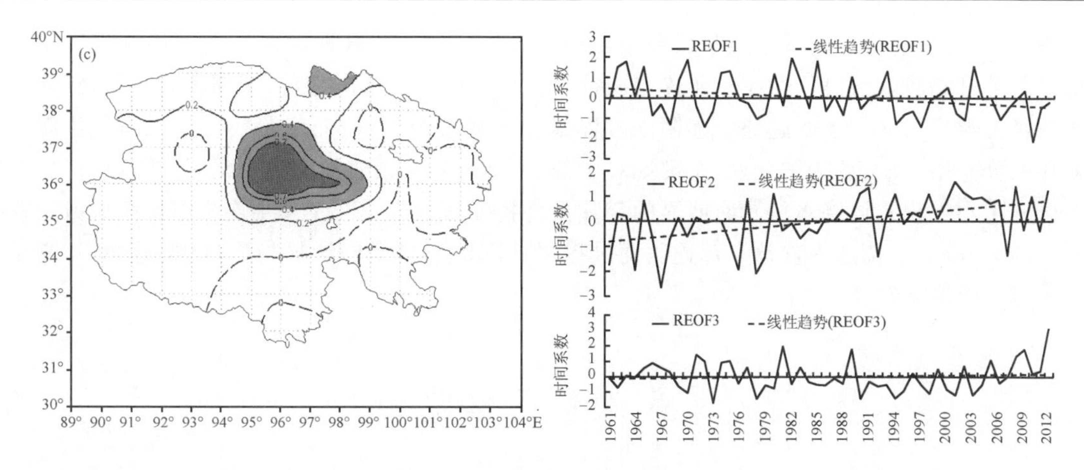

图 3.20　青海省 4—9 月连阴雨过程累计降水量旋转经验正交(REOF)分析的典型空间模态
(a)第一载荷向量场(b)第二载荷向量场(c)第三载荷向量场
右下图分别为三种载荷向量场对应的时间系数

五、结论

(1)青海省平均 4—9 月连阴雨发生次数为 4 次,持续天数为 28 天,过程累计降水量为 127.2 mm。

(2)从空间分布来看,发生次数分布图与持续天数、过程累计降水量的分布图的相似系数趋近于 1,三者基本具有相同的分布结构。久治县连阴雨最为严重,发生次数为 8 次,持续天数为 69 天,过程累计降水量为 397.7 mm;班玛县次之,发生次数为 8 次,持续天数为 64 天,过程累计降水量为 334.3 mm;柴达木盆地基本没有出现连阴雨过程;总体上呈现出明显的从东南向西北逐渐减少的态势。

(3)发生次数趋势系数图与持续天数、过程累计降水量的趋势系数图的相似系数分别为:0.96 和 0.92,三者之间相似度很高,各站的连阴雨持续时间和过程累计降水量与连阴雨发生次数具有相似的变化趋势,呈现出西部增加,而东部减少的态势。东部农业区基本处于负趋势,其中最大值出现在互助县,发生频次的回归系数为−0.072,连阴雨次数每 10 年平均减少 0.72 次,持续天数的回归系数为−0.554,每 10 年平均减少 5.54 天,累积降水量的回归系数为−2.650,每 10 年平均减少 26.5 mm;海西州东西部、玉树州西部、唐古拉乡以及果洛州东部处于正趋势,最大值在治多县,发生次数的回归系数为 0.056,降水次数每 10 年平均增加 0.56 次,持续天数的回归系数为−0.335,每 10 年平均增加 3.35 天,过程累计降水量的回归系数为−1.294,每 10 年平均增加 12.94 mm。

(4)连阴雨发生次数的 3 个主要空间分布类型分别为东北区、南部区和中部区;这 3 种连阴雨频次的分布结构具有明显的年际振荡和年代际变化特征。结合时间系数可以看到,青海东北部地区连阴雨过程频次逐年减少,20 世纪 60 年代及 21 世纪以来东北部地区连阴雨过程出现较为频繁的时段;长江源区连阴雨过程受局地系统影响较多,年际间波动明显,柴达木盆地东部连阴雨过程年际变率较小。连阴雨持续天数的 3 个主要空间分布类型与连阴雨发生频次的空间分布型有很大区别,分为西南区、南部区和东部区;结合对应的时间系数变化曲线可以看出，西南区对应的时间系数呈微弱增加趋势，但是近20年来西南区连阴雨持续天数呈现极显著上升趋势，南部区52年来年连阴雨持续天数呈一致的下降趋势，东部区52年来年连阴雨持续天数呈极显著上升趋势。连阴雨过程累计降水量的第一、三分布型与连阴雨发生频次对应的分布型相似，分为东北区、东部区和中部区；结合对应的时间系数变化曲线可以看出，东北区连阴雨过程累计降水量具有明显的年际振荡特征，东部区52年来年连阴雨持续天数呈极显著的上升趋势，柴达木盆地东部连阴雨过程累计降水量呈微弱增加趋势，但是近20年来呈现极显著上升趋势。

第五节　冰雹

中国是世界上冰雹灾害最严重的国家之一，每年因冰雹造成的经济损失达几亿元甚至几十亿元。与干旱、雨涝等其他气象灾害相比，冰雹灾害虽然范围小、持续时间短，但突发性强、破坏性大，因此引起了各级政府和专家学者们的高度重视。青海省位于青藏高原东北部，由于高原地形起伏大，高山众多，沟壑相连，使得青藏高原局地的强对流天气频频发生，青藏高原成为我国雹日最多、范围最广的地区，冰雹灾害因此成为影响青海经济发展的重要因素之一。

青海省位于青藏高原主体的东北部，冰雹频繁、冰雹灾害严重。在《西宁府志》《大通府志》《丹葛尔厅志》早有冰雹灾害的记载。赵仕雄等(1991)曾于20世纪80年代末对青海省的冰雹发生的频次及时空分布有较为详细的研究，其研究结果表明：青海省冰雹高发区有3个，即青南区、环青海湖区及东部农业区，低值区出现在柴达木盆地；形成高原多于盆地，山区多于河谷，阳坡多于阴坡的特点。

利用青海省气象局1962—2013年冰雹降雹次数资料对冰雹发生日数进行时空分析，这有助于对青海省冰雹发生机理进行探讨，也有助于对冰雹灾害的研究。由于青海省地势复杂，且农牧业分布较为明显，因此造成冰雹灾害的地方主要是东部农业区而不是发生冰雹降雹次数最多的青南地区。

一、冰雹日数的时空分布

1. 冰雹日数的年变化趋势

自1962年至2013年有灾情记录的冰雹降雹次数为290次，将每一年冰雹发生降雹次数列于图3.21，其中1976年以850次为最高值，而最低年份仅有8次；雹灾发生频次自20世纪60年代逐渐上升，1980年左右出现高峰值，其后逐渐减少。将青海省分为青南区、东北部区和柴达木区，对各区的降雹发生次数分析其年际变化(图3.22)；由于柴达木区降雹次数少，对其年际间变化不做分析；青南区降雹次数1962至1980年代呈上升趋势，1980年代至2010年代又呈下降趋势；东北部区则基本呈下降趋势。

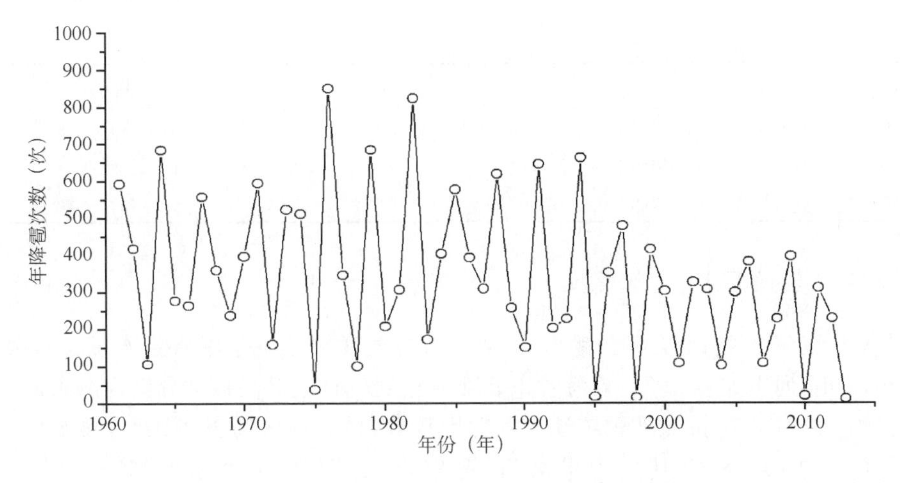

图 3.21　青海省 1962—2013 年逐年降雹次数

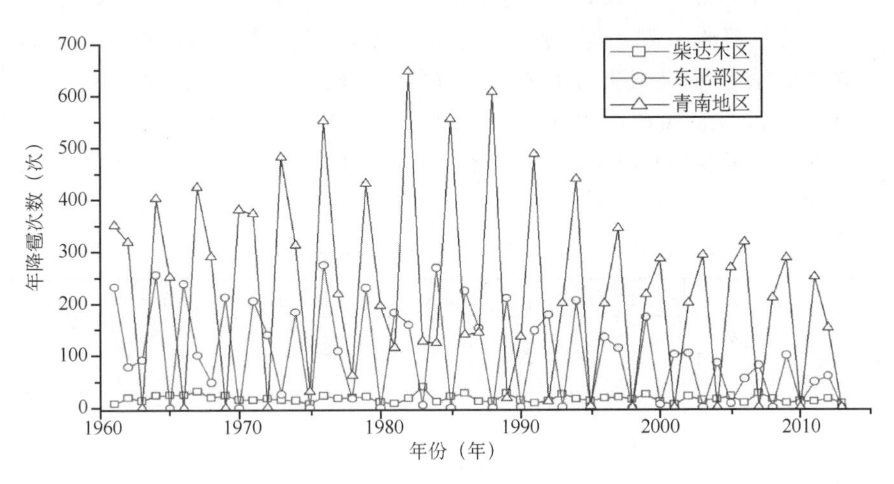

图 3.22　1962—2013 逐年东北部区、青南地区和柴达木区降雹次数

2. 冰雹日数的月际变化

将青海省发生冰雹灾害的频数按照各月统计，青海省冰雹灾害发生的时间为 5—10 月，一年当中，冰雹灾害最多的是 6,7,8 三个月，占总雹灾频数的 89.83%。一般在 3 月份以前和 11 月份以后没有冰雹出现，与王瑛等(2002)，刘全根等(1966)分析的结论一致，青海省的冰雹灾害属夏季多雹区类型；明显地呈单峰型变化，各月中基本以 7 月最高，占总发生日数的 23.1%，6 月次之，为 22.6%，8 月为 19.3%，9 月为 19.1%，5 月为 11.7%，10 月最低，为 4.2%。按照各区分别统计降雹次数的月际变化，由表 3.6 可以看出：东北部区 7 月份发生冰雹次数最多，青南区 6 月份发生最多，柴达木区 9 月发生次数最多，各个地区均有各自的特点，可能是由于其生成的水汽条件不同而导致的。

表 3.6　青海省各区降雹次数的月际变化(次)

月份(月)	5	6	7	8	9	10	合计
东北部区	714	1210	1344	1040	714	134	5156
青南区	1363	2745	2621	2147	2405	464	11745

续表

月份(月)	5	6	7	8	9	10	合计
柴达木区	8	75	153	248	276	151	911
全省	2085	4030	4118	3435	3395	749	17812
百分比(%)	11.7	22.6	23.1	19.3	19.1	4.2	

3. 降雹次数的区域分布情况

依据各县级气象站以及部分镇级气象站历史气象资料，将各个县冰雹累计发生日数(1961—2013 年)列出如表 3.7。青海省东北部冰雹发生日次最高地区分别为海东地区循化县和化隆县，均为 521 次。按照地区统计冰雹发生日数，最高地区为玉树地区，共发生 3690 次，占总冰雹频数的 61.28%，其次为果洛州、海东州，分别为 3068 次、2660 次，占总频数的 14.35%，10.72%；海北州 1956 次，占总频数的 5.2%；海南州 1496 次，占总频数的 2.5%；黄南州 1280 次，占总频数的 4.7%；海西州最少为 999 次，占总冰雹次数的 1.25%。冰雹发生区大部分集中在青南地区，而造成灾害地区主要为东北部区。这与东北部的下垫面集中种植了青海省的绝大部分粮食和油料作物有关，青南区则主要以畜牧业为主，柴达木区大部分为荒漠、戈壁，有少量的种植业和畜牧业；因此冰雹发生在东北部区会形成灾害，而在青南区则不会形成灾害。

表 3.7　1961—2013 年全省各县累计冰雹日数　(单位:d)

海东州 2660	地区	化隆县	乐都区	湟源县	循化县	大通县
	冰雹日数	521	97	250	521	355
	地区	西宁市	民和县	平安县	互助县	湟中县
	冰雹日数	134	87	37	390	268
海北州 1956	地区	门源县	海晏县	刚察县	祁连县	野牛沟乡
	冰雹日数	376	228	639	269	444
海南州 1496	地区	同德县	贵南县	贵德县	共和县	兴海县
	冰雹日数	447	262	76	305	406
黄南州 1280	地区	尖扎县	同仁县	河南县	泽库县	
	冰雹日数	66	157	627	430	
果洛州 3068	地区	班玛县	玛多县	久治县	玛沁县	甘德县
	冰雹日数	644	446	902	551	525
玉树州 3690	地区	囊谦县	玉树市	治多县	曲麻莱县	杂多县
	冰雹日数	576	579	758	898	879
海西州 999	地区	都兰县	乌兰县	天峻县	格尔木市	诺木洪乡
	冰雹日数	86	218	300	25	20
	地区	茫崖县	冷湖镇	小灶火	大柴旦镇	德令哈市
	冰雹日数	84	39	23	80	124

二、冰雹直径与受灾面积及成灾率的关系

王静爱等(1999)认为冰雹与冰雹灾害是两个不同的概念。赵仕雄等(1991)的研究认为直

径在 4 mm 以下的冰雹基本不会对任何发育期的农作物产生损害，并且统计得出青海省大约 40%的冰雹直径在这个区间内；由于本书资料来自于灾情，20 世纪 80 年代前的灾情资料往往只有受灾情况，而无雹径资料，所以对 20 世纪 80 年代以来的有雹径记录的 167 次雹灾的冰雹直径 D 进行了统计得出表 3.8，由表 3.8 可以看出直径小于 10 mm 的冰雹出现的频数较少；出现频数最多的的是直径为 20～30 mm 的冰雹，其次为 10～20 mm，小于 30 mm 的雹灾超过了 80%。表 3.9 为冰雹直径与冰雹灾害面积及成灾率，受灾面积随冰雹直径的增加而增加，成灾率也随之增大，冰雹直径超过 40 mm 后，受灾面积增幅非常大，而且成灾率达到 100%，对作物的破坏是毁灭性的。

表 3.8　各直径段雹灾出现频数

冰雹直径（mm）	$D<10$	$10\leqslant D<20$	$20\leqslant D<30$	$30\leqslant D<40$	$40\leqslant D<50$	$50\leqslant D<60$	$D\geqslant 60$
出现频数（%）	13.2	24.6	42.5	9.6	6.0	2.4	1.8

表 3.9　冰雹直径与冰雹灾害受灾面积及成灾率

冰雹直径（mm）	$D<10$	$10\leqslant D<20$	$20\leqslant D<30$	$30\leqslant D<40$	$40\leqslant D<50$	$50\leqslant D<60$	$D\geqslant 60$
受灾面积（mm）	1125	1095	2116	2551	8134	68333	185000
成灾率（%）	60.2	62.6	70.1	91.1	100	100	100

三、三江源区冰雹灾害的分布及其成因

三江源地区地处青藏高原腹地，平均海拔高度 4200 m 以上，区域东北部和西南部地区大起伏的高山和极高山发育，主要山脉有昆仑山脉、唐古拉山脉、巴颜喀拉山等，该区南邻横断山区、东北接黄河、湟水谷地，受西南季风、东南季风尾翼的双重影响，在高山峡谷往往由于受热不均而导致大气上升运动强烈，对冰雹天气的形成和发展极为有利，是青海省冰雹天气多发的地区之一。刘峰贵等(2013)对三江源地区 126 个乡 1950—2011 年的冰雹灾害进行了统计，并通过气象监测数据进行了补充和订正，建立相应的数据库，以此为基础，对三江源地区冰雹灾害时空分布及其成因进行探讨。通过对三江源地区冰雹灾害、地形、居民点密度对比发现，在三江源地区的东北部和中南部，由于地形起伏较大，属于大起伏高山、中山地貌区，降雹天气发生概率较大，同时该地区人类活动相对强烈，居民点密度较大，降雹灾情突出，因此这两个地区成为三江源地区雹灾的高发区。

四、青海省冰雹发生特征

青海省青南地区降雹次数 1962 年至 20 世纪 80 年代呈上升趋势，1980 年至 2010 年又呈下降趋势；东北部区则基本呈下降趋势。

青海省东北部区 7 月份发生冰雹次数最多，青南地区 6 月份发生最多，柴达木区 9 月发生

次数最多。

冰雹发生区大部分集中在青南地区，而造成灾害地区主要为东北部区。这与东北部的下垫面集中了青海省的绝大部分粮食和油料作物生产面积有关，青南区则主要以畜牧业为主，柴达木区大部分为荒漠、戈壁，有少量的种植业和畜牧业；因此冰雹发生在东北部区会形成灾害，而在青南区则不会形成灾害。

冰雹与冰雹灾害是两个不同的概念，形成冰雹灾害的冰雹直径小于 10 mm 的频数较少；出现频数最多的是直径为 20～30 mm 的冰雹，其次为 10～20 mm，直径小于 30 mm 的雹灾超过了 80%。受灾面积随冰雹直径的增加而增加，成灾率也随之增大，在冰雹直径超过40 mm后，受灾面积增幅非常大，而且成灾率达到 100%，对作物的破坏是毁灭性的。

三江源地区的东北部和中南部，由于地形起伏较大，属于大起伏高山、中山地貌区，降雹天气发生概率较大，同时该地区人类活动相对强烈，居民点密度较大，降雹灾情突出，因此两地成为三江源地区雹灾的高发区。

第六节　青海省雪灾风险区划(以玉树市为例)

一、研究背景

青藏高原作为气候变化的“启动区”和“敏感区”，在全球变暖背景下，高原气候也会随之发生变化。主要表现在降水的增加、气温的升高，极端气候事件发生的次数和严重程度增加。青海省玉树市地处青藏高原腹地，为典型的大陆性高寒气候，区域内地形复杂，境内气候差异较大、气象灾害多发。主要的气象灾害为雪灾、干旱、低温霜冻、冰雹、暴雨洪涝等，其中雪灾最为严重，雪灾的频发对全市支柱性产业—畜牧业，造成了较大影响。如 1995 年至 1996 年的雪灾，危及玉树州 6 县(含玉树市)43 乡 11.93 万人和数百万头(只)牲畜。近年来，在全球气候变化等大环境影响下，气候极端事件频发，严重制约着农牧业生产和社会发展。随着社会经济的建设和发展，交通、通讯等基础设施的日益改善、防灾减灾保障体系的逐步建立，抗灾自救的能力也有了较大提高。特别是玉树 4·14 特大地震后，举国之力抗灾救灾、恢复重建工作取得阶段性胜利，使玉树的基础设施有了极大改善，生态环境发生了明显好转，经济社会有了全面发展。但是，畜牧业作为全市经济支柱产业的格局基本未变，经济社会发展仍然滞后、防灾减灾能力脆弱的状况在短期内也难有改观，雪灾仍然是玉树市危害最大的气象灾害，也是制约全州农牧业乃至国民经济发展的重要因素之一。

农业气象灾害是指大气变化产生的不利气象条件对农业生产和农作物发育等造成的直接和间接损失。尽管农业气象灾害是人类无法避免的自然现象，但可以科学地认识它，并且通过风险分析和合理规划来尽可能地减小农作物受灾损失。气象灾害风险是指气象灾害发生及其给人类社会造成损失的可能性。气象灾害风险既具有自然属性，也具有社会属性，无论自然变异还是人类活动都可能导致气象灾害发生。气象灾害风险区划指对孕灾环境敏感性、致灾因子危险性、承灾体易损性、防灾减灾能力等因子进行定量分析评价的基础上，为了反映气象灾害风险分布的地区差异性，根据风险度指数的大小，将风险区划分为若干个等级。

1. 研究进展及目的

对于雪灾，主要研究集中在雪灾预警、监测、雪灾风险区划、灾害评估等。周陆生等(2001)、董文杰等(2001)、王勇等(2006)、郭晓宁等(2010)，以青海或青海南部为研究区域，重点分析了雪灾的气候特征、时空分布规律，讨论雪灾预报预测技术，认为高原雪灾发生频次基本呈上升趋势、玉树东部(含玉树市)为雪灾发生的高频区、青南雪灾是一种危害极大的灾害性天气。伏洋等(2003，2010)、周秉荣等(2007)、何永清等(2010)、李红梅等(2013)以青海雪灾为研究对象，研究了雪灾对当地农牧业及整个社会的影响，从多个方面评估雪灾危害及其风险程度。其特点是：将最新的自然灾害学说理论及 ArcGIS 技术方法应用到研究中，从而将过去单一天气气候为主的专业研究拓展到经济、安全等社会研究中，使雪灾研究的深度和广度有了明显的提高。这些研究多以青藏高原或青海省雪灾为研究对象，范围较广，区划精度较粗，缺少对县级雪灾风险区划的研究，确定灾害风险时技术手段多是定性与半定量化，在具体到实际应用时存在一些问题。

本书根据玉树市雪灾形成的机理和成灾环境的区域特点，在前期研究的基础上，借鉴各专家研究成果，搜集和分析玉树市气象、畜牧、社会方面的数据，建立雪灾评估数字模型，分别从雪灾致灾因子的危险性、孕灾环境的敏感性、承载体的易损性、防灾减灾能力等方面进行综合评估，利用 GIS 技术形成各因子评价图层，最终形成雪灾风险区划成果。研究结果为政府及防灾减灾部门指导农牧业规划、防灾减灾、经济发展提供决策依据和参考，把灾害造成的损失降低到最低限度，促进农牧业稳定可持续发展，具有一定实际指导意义。

2. 研究区域基本情况

玉树市位于青藏高原东部，青海省南部，地处玉树藏族自治州最东部，东和东南与西藏自治区接壤，西南与昂欠县为邻，西和杂多县毗连，西北与治多县联境，北和东北与曲麻莱县、称多县以及四川省相望。西起东经 95°41′40″，东至 97°44′34″，经差为 2°02′54″，南起北纬 32°41′34″，北至北纬 33°46′44″，纬差为 1°05′10″。东西最宽 189.5 km，南北最长 194.3 km(见图 3.23)。

图 3.23　研究区域(深色区)在青海的位置

玉树市为青海省玉树藏族自治州辖县，人口11.05万(2013年)，有藏、汉、回等民族，以藏族为主，占总人口的95%。面积1.57×10^4 km^2，辖3镇、5乡，共62个村(牧)委会。市政府与州政府同驻结古镇，是全市全州的政治、经济、文化中心，历史上唐蕃古道的重镇，也是青海、四川、西藏交界处的民间贸易集散地。境内交通便利，国道G214、省道S308，S309横贯全境，市政府所在地距巴塘机场20 km，向东距省会西宁市约810 km，向北距格尔木市约730 km，向南距西藏昌都市约480 km。见下表3.10。

表3.10 玉树市行政区划统计数据

序号	乡镇名称	驻地	村牧委会个数	村(牧)委会名称
1	结古镇	结古	11	团结、红卫、解放、民主、先锋、胜利、前进、东风、甘达、果青、跃进
2	隆宝镇	杂涅	10	措多、措桑、措美、君勤、德勤、杂涅、哇陇、甘宁、云塔、岗日
3	上拉秀乡	多拉麻科	7	加巧、多拉、玛龙、沙宁、日玛、曲新、玻荣
4	安冲乡	拉则	5	吉拉、拉则、叶吉、莱叶、布郎
5	下拉秀乡	龙西寺	9	钻多、苏鲁、塔玛、白玛、高强、尕麻、当卡麻、野吉尼玛、拉日
6	仲达乡	曾达	4	电达、塘达、歇格、尕拉
7	巴塘乡	铁力角	7	岔来、档拖、相古、老叶、上巴塘、下巴塘、铁力角
8	小苏莽乡	长春可	9	西扎、本江、扎秋、让多、多陇、协新、江西、莫地、草格
合计			62	

注明：结古镇下辖三个居委会，分别为镇东、镇北、镇南；

玉树市地形西北和中部最高，东南与东北最低，地貌以高山峡谷和山原地带为主，间有许多小盆地和湖盆。最高山峰海拔高度5752 m，最东部正达金沙江水面海拔高度3350 m，境内平均海拔高度4449.4 m，海拔高度5000 m以上的山峰有951座，大部分终年积雪。地形地势：东临川西山地，南接横断山脉北段，西近高原主体，北靠通天河，全县纵跨长江与澜沧江两大水系，地势高耸，地形复杂，由唐古拉山余脉勾吉嘎牙—格拉山构成的地形骨干从东向西横贯县境中部，蜿蜒曲折，形成树枝山地，是两大流域的分水岭。

玉树市属于高原大陆性季风气候，高寒是气候的主要特点。全年冷季7～8个月，暖季4～5个月，四季不分明，没有绝对无霜期，气温低、温差大、冻土时间长；降水集中分布不均，雨季降水日数多；紫外线辐射强，日照时间较同纬度地区多；风速相对较小，大风日数多；气压和含氧量低；主要气候指标：年平均气温为3.8℃(近30年平均)，最冷月(1月)平均气温为－7.3℃，最热月(7月)平均气温为13.3℃，气温年较差达20.2℃；极端最高气温达29.6℃，极端最低气温达－27.6℃，气温日较差大。年日照时数为2479.7 h(60年平均)，日照百分率为56%～60%，年太阳总辐射量为623.5～654.0 KJ/cm^2；≥0℃积温为1897.3℃(60年平均)；年降水量为481.8 mm(60年平均)，5—9月降水量约占全年总降水量的85%，日降水量最大值为38.8 mm；年蒸发量为1110 mm。各要素具体值见表3.11。

表 3.11　玉树市结古镇近 30 年气候要素值

项目	平均气温(℃)	平均降水(mm)	平均最高气温(℃)	平均最低气温(℃)	平均本站气压(hPa)	平均水汽压(hPa)	平均日照时数(h)	日降水量大于0.1 mm天数(天)	平均风速(m/s)	地面平均温度(℃)
1月	−6.8	3.7	2.7	−14.2	646.9	1.4	187.0	4	1.1	−8.9
2月	−3.9	4.5	4.8	−10.9	645.7	1.7	177.6	4	1.4	−3.1
3月	0.5	9.0	8.8	−6.1	646.8	2.3	214.3	6	1.6	2.8
4月	4.3	16.6	12.5	−2.3	649.2	3.5	227.0	10	1.5	8.8
5月	8.2	55.2	16.0	1.9	650.6	5.6	233.0	17	1.3	13.4
6月	11.5	99.6	18.7	6.0	650.6	8.2	204.0	22	1.0	16.0
7月	13.3	97.2	20.7	7.6	651.3	9.6	227.8	21	0.9	17.8
8月	12.5	87.3	20.4	6.6	652.7	9.2	218.4	19	0.8	16.6
9月	9.6	72.8	17.7	4.2	653.5	7.8	194.6	19	0.8	12.5
10月	4.2	30.3	12.6	−1.5	653.4	4.9	200.5	12	0.9	6.2
11月	−2.2	3.4	7.3	−8.9	652.2	2.3	203.5	4	0.9	−1.9
12月	−6.2	2.1	3.6	−13.6	650.0	1.5	192.2	2	0.9	−8.6
年统计值	3.8	481.8	12.2	−2.6	650.2	4.8	2479.7	140	1.1	6.0

玉树市主要气象灾害及其衍生灾害有：雪灾、干旱、低温霜冻、暴雨、雷电、冰雹及泥石流、山体滑坡、草原火灾等。玉树市属高原地带性土壤，全部为高山土类，其总的特征是：土层薄，一般不超过 50 cm，层次分化不明显。土壤可分为 6 大类，13 个亚类，其中以高山草甸土壤分布的面积最大，是该地区的代表土壤，分布在 3800～4700 m 之间，面积约 1.059×10^6 hm^2（占全市 67%）。玉树市植被跨寒温性针叶林带、高温灌丛草甸带和高寒草甸带三个植被带，其海拔高度与土壤分布基本一致。玉树市有许多青藏高原特有经济植物，全市植被类型的系统中，共有植被类型组 8 个、植被型 10 个、植被亚型 9 个、群系组 12 个。2013 年玉树市国民生产总值完成 90380 万元，其中第一产业完成 41731 万元，第二产业完成 38539 万元，第三产业完成 10110 万元。玉树市土地面积为 1.572×10^6 hm^2，可利用草场面积为 1.372×10^6 hm^2，占总面积的 87.2%。2013 年玉树市农牧作物播种面积为 2.854×10^3 hm^2，大棚个数为 656 个（栋）。2013 年末存栏各类牲畜 51.0819 万头（只、匹）。见表 3.12，表 3.13，表 3.14。

表 3.12　玉树市各乡镇人口及户数统计表

乡镇名	2013 年末人口（人）	总户数（户）	农村经济收入（万元）
结古镇	9153	2772	5361.88
结隆乡	8493	2128	4456.29
下拉秀镇	17950	4524	4687.02
仲达乡	5957	1551	4842.28
巴塘乡	9088	2531	4808.00
小苏莽乡	11795	3035	4987.76
上拉秀乡	12368	2729	5362.77
哈秀乡	4968	1365	4923.70
安冲乡	5928	1637	4706.40
非农	24864	9309	
合计	110564	31581	44136.10

表 3.13 玉树市各乡镇土地资源统计表

单位:hm^2

乡镇名	土地面积	可利用草场面积	农作物播种面积
结古镇	80773.2	74469	225
结隆乡	185656.2	166175.2	
下拉秀镇	282650.2	237692.2	
仲达乡	71064.2	62533.5	1187.1
巴塘乡	254412.5	211190.3	466
小苏莽乡	214773.2	190295.9	248
上拉秀乡	253176.2	230332.2	
哈秀乡	136310.2	121895.2	
安冲乡	92764.2	77051.6	728.4
合计	1571580.1	1371635.2	2854.5

表 3.14 玉树市各乡镇牲畜数量统计表

乡镇名	2013年末存栏头数(头)	牛(头)	马(匹)	山羊(只)	绵羊(只)
结古镇	21367	15131	98	2730	3408
隆宝镇	71525	67000	583	1270	2672
下拉秀镇	100003	97066	1815		1122
仲达乡	36217	21757	414	13961	85
巴塘乡	77680	72838	2135	2514	193
小苏莽乡	72517	70159	1649	217	492
上拉秀乡	42710	41382	130	545	653
哈秀乡	37833	34760	204	642	2227
安冲乡	45873	24671	112	19352	1738
牧场	5094	2958	87		2049
合计	510819	447722	7227	41231	14639

二、资料及方法

1. 资料

基础地理信息数据：数字高程、水系、行政边界、交通干线等，来自青海省遥感中心；社会经济资料：总人口、人均收入、土地面积、可利用草场面积、农业播种耕地面积、牲畜数量、GDP等，来自2010年玉树州统计年鉴、2013年玉树县统计年鉴；气象资料：玉树站近30年整编资料(1981—2010年)、青南地区积雪遥感监测资料、青南地区牧草产量遥感资料，来自青海省信息中心；气象灾情资料：1961—2008雪灾数据等，来自青海省气象灾害统计年鉴、玉树州气象局灾情调查记录历史存档。

根据《灾害救助管理术语表征》的定义，雪灾指因降雪形成大范围积雪，严重影响牧区人畜和野生动物生存，以及因降大雪造成交通中断，毁坏通信、输电等设施的灾害。雪灾一方面主要表现为人畜受低温雪冻难以生存，尤其冬、春季节，冰雪覆盖草场，牲畜无法采食，成批的牲畜受饥寒所迫，成片死亡，甚至连人也难逃厄运，另一方面，由于深厚的积雪，交通严重受阻，通信中断。雪灾的发生和强度，与降雪量、积雪深度、积雪持续时间、积雪掩埋草丛程度，以及草场优良状况、牲畜膘情、雪后降温程度等诸多因素有关，主要取决于降雪量的多少。

2. 雪灾气象分级指标

由于各地气候、地理等条件的差异，相同的积雪量所造成的灾害程度是不同的，因而对雪灾的定义和划分缺乏一个完全统一的标准。根据有关研究，将我国雪灾分为 4 类：轻度雪灾、中度雪灾、严重雪灾和特大雪灾，并给出了相应的雪盖面积、积雪深度、积雪日数和受灾面积的统计指标。见表 3.15

表 3.15　牧区雪灾等级指标

雪灾等级	积雪状态			家畜受灾情况
	积雪掩埋牧草程度(%)	持续日数(d)	积雪面积比(%)	
轻度雪灾	0.30～0.40	≥10	≥20%	影响牛的采食，对羊的影响尚小。而对马则不影响。
	0.41～0.50	≥7		
中度雪灾	0.41～0.50	≥10	≥20%	主要影响牛、羊的采食，对马的影响尚小。
	0.51～0.70	≥7		
严重雪灾	0.51～0.70	≥10	≥40%	影响各类家畜的采食，牛、羊损失较大，出现死亡。
	0.71～0.90	≥7		
特大雪灾	0.71～0.90	≥10	≥60%	严重影响各类家畜的采食，如果御防不当将造成大批家畜死亡。
	＞0.90	≥7		

根据青海省地方标准(DB 63/T 372—2001)，雪灾的气象指标一般以积雪深度和积雪持续时间为参量来确定，分为前冬(10 月 15 日至 12 月 31 日)、后冬(1—2 月)雪灾气象分级标准和春季(3—5 月)雪灾分级标准。(见表 3.16，3.17)

表 3.16　前冬、后冬雪灾气象分级标准

雪灾分级	积雪状态	
	积雪深度(cm)	积雪持续时间(d)
轻度雪灾	2～5	11～20
	5～10	5～10
中度雪灾	2～5	21～40
	5～10	11～20
	11～20	5～10
严重雪灾	2～5	＞40
	5～10	21～40
	11～20	11～20
特大雪灾	5～10	＞40
	11～20	＞15
	＞20	＞15

表 3.17 春季雪灾分级标准

雪灾分级	积雪状态	
	积雪深度(cm)	积雪持续时间(d)
轻度雪灾	2～5	6～10
	5～10	3～5
中度雪灾	2～5	11～20
	5～10	6～10
	11～20	3～5
严重雪灾	2～5	>20
	5～10	11～20
	11～20	6～10
特大雪灾	5～10	>20
	11～20	>10
	>20	>8

三、雪灾时空分布特征

1. 时间分布特征

有关研究提到:在雪灾发生的年份,不同地区的灾情轻重程度也是不同的,以前高原牧区群众对雪灾有“十年一大灾,五年一中灾,三年一小灾”的说法。进入 20 世纪 80 年代以后,青南高原地区降水量呈明显增多趋势,造成青南高原冬、春季雪灾增多,使得青南高原地区雪灾逐渐演变为“五年一大灾,三年一中灾,年年有小灾”。青南地区春季发生大雪灾的次数比冬季多,其原因是青南高原春季雪灾往往是前一年冬季雪灾的延续,或是前一年冬季大范围降雪后,近地面长期低温,原有积雪未融又续新雪,多次累积的结果。这两种情况就造成了青南高原春季发生雪灾的概率比冬季大。根据郭晓宁等(2010)对青海高原雪灾的研究,1961—2008 年间玉树市出现雪灾共计 7 次,其中轻度雪灾 5 次、中度雪灾 1 次、严重雪灾 1 次,特大雪灾 0 次。见图 3.24。

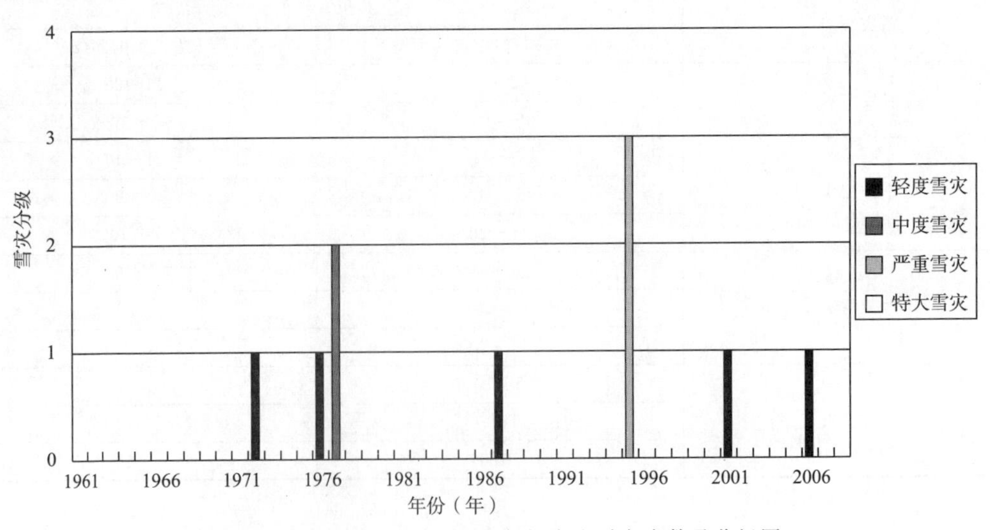

图 3.24 玉树市 1961—2008 年间发生雪灾次数及分级图

2. 空间分布特征

有关研究表明:高原东部牧区雪灾大致有两个高发区,且都在川青交界地区:一个在巴颜喀拉山以南、通天河以北、青海清水河至四川石渠一线的区域。具体到玉树市,雪灾除受大气环流、水汽输送通道及季节变化的影响外,局地受山谷走向、拔海高度、地貌植被不同,在空间分布上呈现不同的降水(雪)及成灾特点。从历史灾情记录和调查来看,玉树市北部相比其他地区易出现雪灾,而结古镇红土山以南河谷、巴塘盆地不易出现雪灾。

3. 历年雪灾损失

玉树州雪灾信息记录较粗略,多为全州灾情汇总数据,部分灾情记录还不完整、不准确。虽如此,尝试从现有气象灾害资料中摘选出玉树市相关的雪灾信息,以期从整体上分析雪灾对玉树市农牧业及经济社会所产生的影响,如下:1989 年冬至 1990 年春,玉树州部分地区出现 3 次较大的降雪,降雪量大,覆盖面广,持续时间长,其中曲麻莱、治多、杂多、玉树、称多 5 县,以及 18 个牧业乡遭受中度雪灾,其中比较严重的有:玉树县的哈秀、巴塘乡,称多县的清水河、珍秦、扎多、尕多乡,杂多县的阿多、扎青、结多乡,曲麻莱县的麻多、秋智、叶格、巴干乡,治多县的治渠、多采、当江、扎河、索加乡。这次雪灾全州牲畜死亡 58.2 万头(只),直接经济损失达 8730 万元。1989 年底至 1990 年 4 月中旬,玉树地区连续降雪五十多次,6 县 32 乡的 89641 人 217.73 万头(只)牲畜受灾,因灾损亡牲畜近 50 万头(只),出现无畜户 585 户,少畜户 887 户。1992 年,2 月上旬的一次降雪使玉树县上拉秀乡部分地区遭受了不同程度的雪灾。1993 年,1 月结古地区降水偏多,气温偏低,对畜牧业生产带来一定危害。1995 年 10 月—1996 年 4 月,玉树州降雪 48 场,累计降水量 139.9 mm,气温剧降,积雪长期不化,降雪区平均积雪深度达 60 cm。这一跨年度的雪灾,危及全州 6 县 43 乡 11.93 万人和数百万头(只)牲畜,畜牧业损失惨重,死亡牛 60.44 万头,羊 67.73 万只,马 1.07 万匹。雪灾造成绝畜户 2198 户,少畜户 13178 户,冻伤 14462 人,患雪盲症 13032 人,患流感和其他疾病的人有 15481 人。1998 年冬至 1999 年春,全州共降大雪、中雪 20 场,降水量达 281.2 mm,6 县 17 乡 94.46 万头(只)牲畜受灾,死亡牲畜 20.24 万头(只),冻伤 1552 人,患雪盲症 2481 人。

四、雪灾风险分析与区划

气象灾害风险是指气象灾害发生及其给人类社会造成损失的可能性,其既具有自然属性,也具有社会属性,无论自然变异还是人类活动都可能导致气象灾害发生。气象灾害风险性是指若干年(10 年、20 年、50 年、100 年等)内可能达到的灾害程度及其灾害发生的可能性。根据灾害系统理论,灾害系统主要由孕灾环境、致灾因子和承灾体共同组成。在气象灾害风险区划中,危险性是前提,易损性是基础,风险是结果(图 3.25)。气象灾害风险区划指在孕灾环境敏感性、致灾因子危险性、承灾体易损性、防灾减灾能力等因子进行定量分析评价的基础上,为了反映气象灾害风险分布的地区差异性,根据风险度指数的大小,对风险区划分为若干个等级。

玉树市雪灾风险研究,就是分析当前条件下雪灾孕灾环境的敏感性、致灾因子的危险性、承载体的脆弱性和抗灾减灾能力,选取能够表征雪灾的一些指标,经量化处理、代入雪灾评价模型运算,进而评估雪灾对玉树市经济社会,尤其对畜牧业的风险、造成的损失及其大小的可能性等。

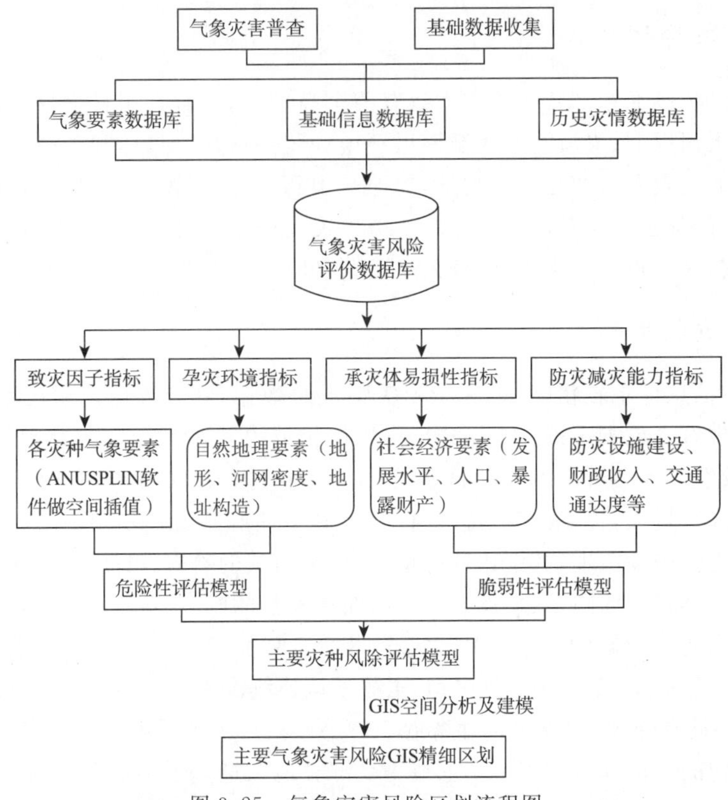

图 3.25　气象灾害风险区划流程图

1. 雪灾孕灾环境敏感性分析

雪灾主要发生在稳定积雪地区和不稳定积雪山区，偶尔出现在短时积雪区，其中秋末冬初大雪形成的所谓“坐冬雪”危害最重。在青海牧区，受所处大气环流影响雪灾有局地性、稳定性，具体来说，受地形、地貌及植被条件的影响，积雪覆盖及掩埋牧草的程度不一，从而影响牲畜觅食。一地的环境状况很复杂，其敏感性很难有一个明确的指标来准确表述，就牧区雪灾而言，为分析简便，用牧草产量作为孕灾环境敏感性的指标（见图 3.26）。

2. 雪灾致灾因子危险性分析

青海省西部地区及高海拔地区气象站点分布稀疏、气象资料缺乏，单纯用站点观测记录不易表述降水及雪灾的区域、强度、频次等特征，以此进行的雪灾风险区划不能完全反映雪灾危害程度，也难以实现空间上的精细化。根据李红梅等(2013)研究，利用遥感资料反演的25 km×25 km逐日雪深资料，较好地表征了雪灾在空间和时间上的持续及影响程度。据青海省 50 个气象台站所在位置的经纬度，提取 50 个气象台站遥感逐日雪深资料，计算 1981—2005 年 1 月、2 月、3 月、4 月、11 月和 12 月有效积雪量，经验证实测值和格点值之间具有较好的一致性。

在青海地区当积雪深度超过 2 cm 且持续一段时间后，就会出现雪灾。《青海省地方灾害标准(DB 63/T 372—2001)》，将积雪深度不低于 2 cm 及其持续时间作为划分灾害大小的标准，因此选择不低于 2 cm 的积雪深度(h)和持续时间(d)的乘积（简称有效积雪量）来表示致灾因子危险性(VH)的大小，即：

$$VH = h \times d$$

由青海省有效积雪遥感资料计算、裁剪得到玉树市雪灾致灾因子危险性分布，见图 3.27。

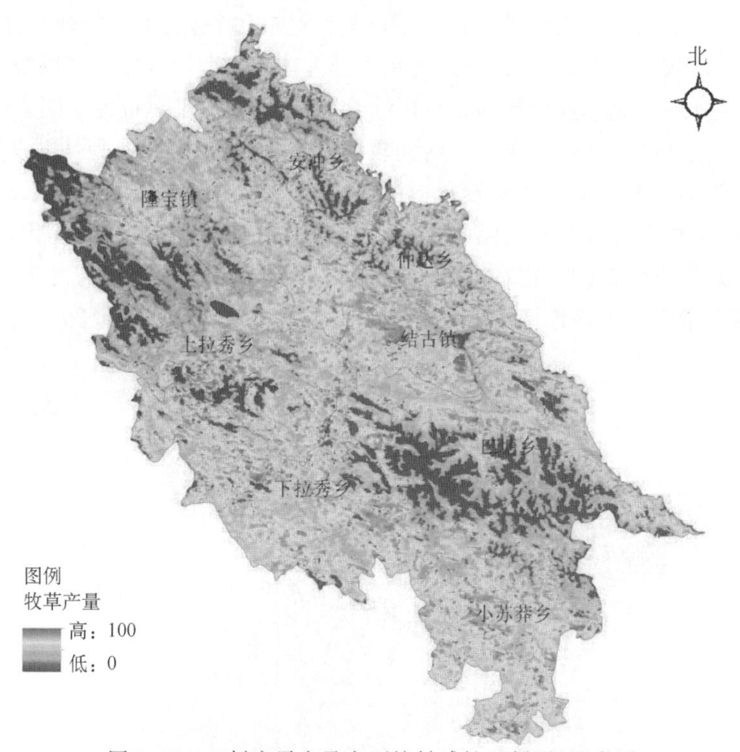

图 3.26　玉树市雪灾孕灾环境敏感性区划图(见彩图)

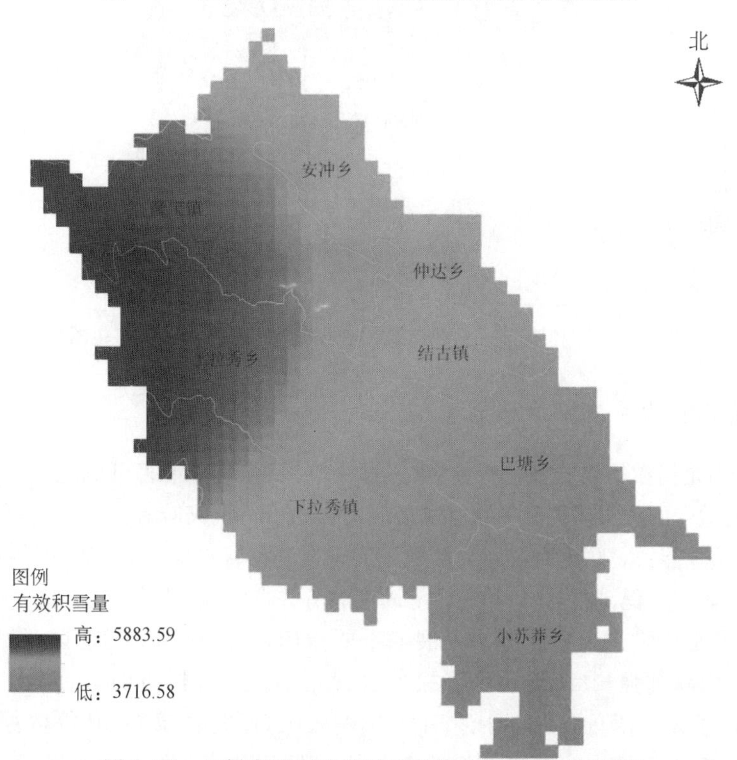

图 3.27　玉树市雪灾致灾因子危险性区划图(见彩图)

3. 雪灾承载体易损性分析

易损性评价是对灾害的社会属性进行分析，即对承灾区当前及未来的社会经济水平及其抗灾能力进行分析。雪灾发生后，由于评价区内具体受灾体数量和价值分布难以统计，无法体现评价区域的实际承灾水平。易损性分析为多目标综合分析，其实质是对抗雪灾能力的综合性评价。

青海省牧区由于地广人稀、社会经济活动较弱，雪灾对畜牧业带来巨大损失，相对而言，对人的生活等影响较小。玉树市经济欠发达，对畜牧业依赖性强，同时又处于青海省的雪灾多发区，长期的气候环境和生活习惯使牧民能够从容地应对雪灾时生活、出行等困境，相对地雪灾最直接的影响就是造成牲畜的死亡，而牲畜的数量、可利用草场的面积与之密切相关。因此，选择一乡镇的载畜量来表示该地区承灾体易损性的大小。见图 3.28，3.29。

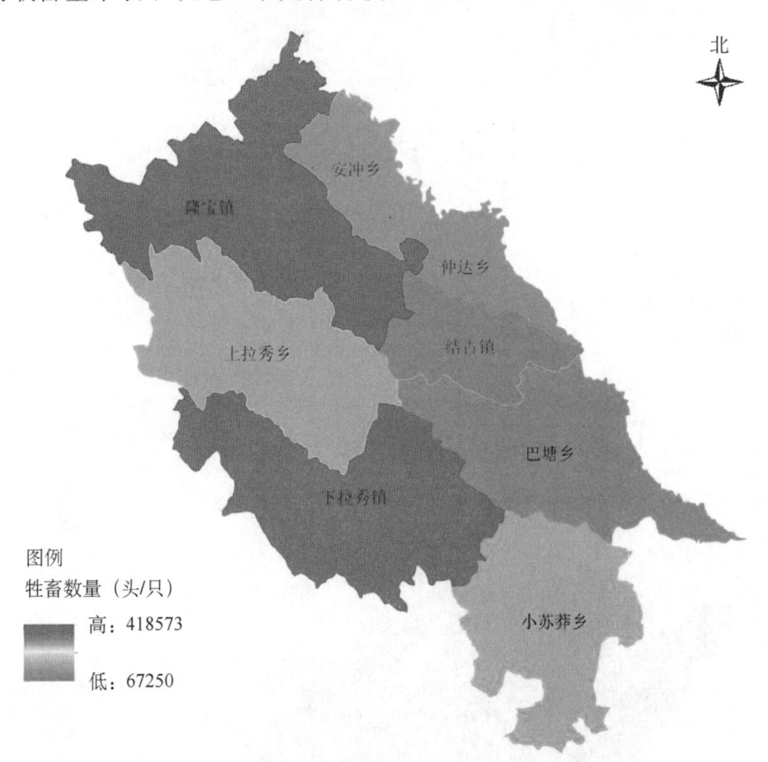

图 3.28　玉树市雪灾承载体易损性区划图(牲畜数量)(见彩图)

4. 抗灾减灾能力分析

防灾减灾能力是指在气象灾害发生前后，通过采取措施，减轻灾害可能造成损失的能力，抗灾减灾能力强，可能遭受的灾害损失就低，反之则高。具体地说，抗灾减灾能力又包括抗灾能力、救灾能力和灾后恢复重建能力。防灾减灾能力涉及到灾害监测预警水平，抗灾保畜联席会、应急队伍管理等软实力，也与防灾工程、救灾储备和资金等硬实力有关，这一切又受当地经济发展状况的影响。

人均 GDP 值是衡量一个地区经济发展的重要指标，经济越发达的地区，发生气象灾害时，其抗灾减灾的能力就越强，其所受的经济损失也就越小。就玉树市而言，防灾工程、救灾贮储备等既无详细数据又不便量化，但均受 GDP 影响较大，而各乡镇 GDP 等数据尚无法准确获取。经分析和调查，人口稠密的城镇由于工业生产、商贸活动拉动了经济发展，其经济总量很大，而乡镇基层人口稀少，经济上多依赖畜牧业，其经济总量较小，也就是说，人口与经济总量间存在一定关联，且为正相关。因此，用各乡镇的人口数量表征该地的抗灾减灾能力。见图 3.30。

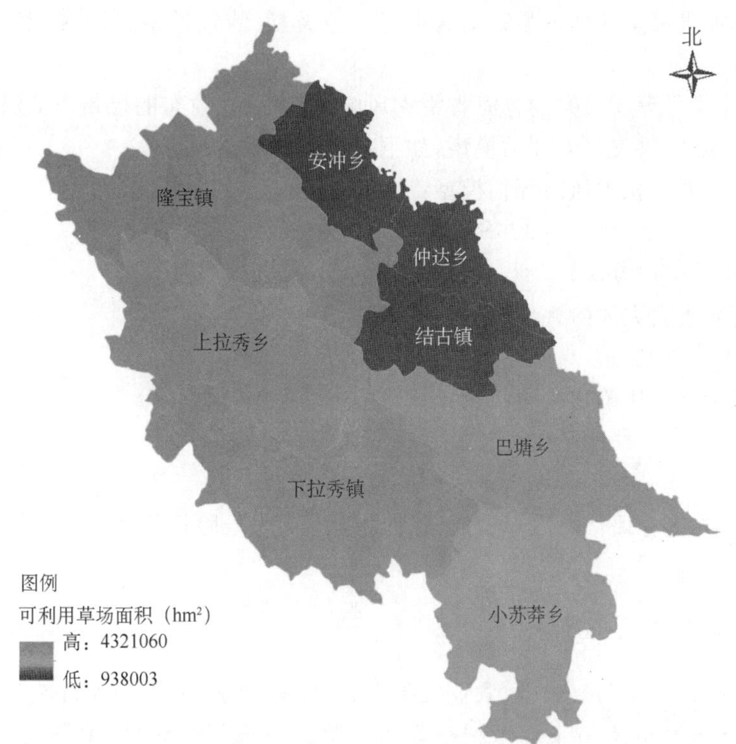

图 3.29　玉树市雪灾承载体易损性区划图(可利用草场面积)(见彩图)

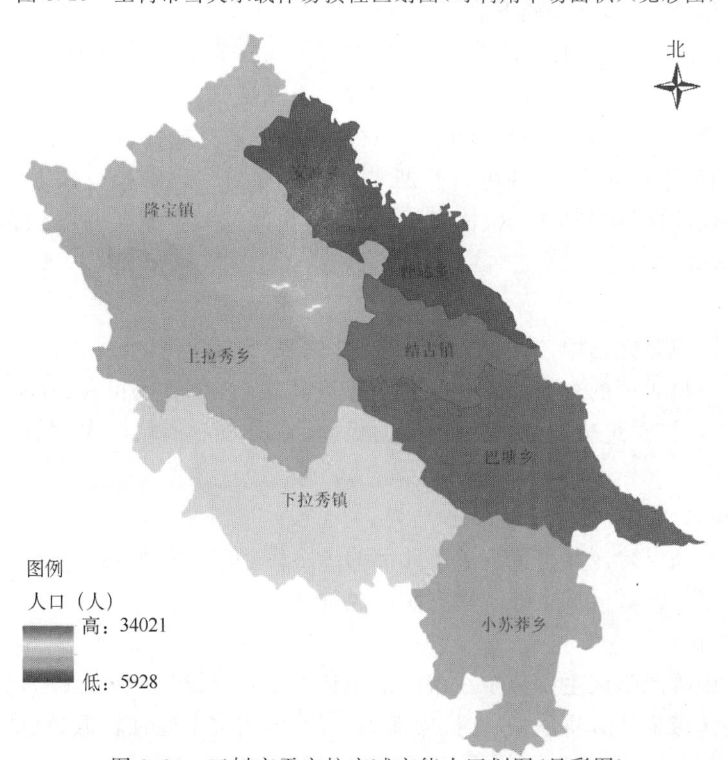

图 3.30　玉树市雪灾抗灾减灾能力区划图(见彩图)

5. 雪灾风险评估模型

国内外自然灾害风险评估模型归纳起来有三种类型：线性模型、指数模型、基于灾害预报的风险评估模型。

本书中，借鉴伏洋等(2010)的青海省雪灾风险评估模型、俞布的杭州市低温积雪风险评估等研究成果，最后确定雪灾风险评估模型，如下：

俞布关于杭州低温积雪风险评估模型：

$$E = 0.26S + 0.30H + 0.29V + 0.18R$$

(文中未提权重选取方法)

伏洋关于青海省雪灾风险评估模型：

$$E = 0.40S + 0.36H + 0.24V$$

采用了类间标准差法确定三者权重

最终采用了：

$$E = 0.24S + 0.32H + 0.29V + 0.15R$$

式中：E 为雪灾风险综合评估指数；S 为敏感性指数；H 为危险性指数；V 为易损性指数；R 为防灾减灾能力

6. 雪灾风险区划分区评述

本区划主要根据气象与气候学、农业气象学、自然地理学、灾害学和自然灾害风险管理等基本理论，在 GIS 技术的支持下对玉树市雪灾风险进行分析和评价，编制雪灾风险区划图。根据以上分析和研究，具体操作如下：

在 ArcInfo 软件(地理数据管理专用系统)中将玉树市雪灾敏感性分析(区划)图、危险性区划图、易损性区划图以及防灾减灾能力区划，按以上雪灾风险评估模型进行空间运算操作，最后得到 4 个指数的叠加图件，即乡级单元雪灾区划图。通过属性数据库操作，可获知每个栅格点上的雪灾风险指数，利用 GIS 中自然断点分级法将雪灾风险指数按 5 个等级分区划分(高风险区、次高风险区、中等风险区、次低风险区、低风险区)，并基于 GIS 绘制玉树市雪灾风险区划图(见图 3.31)。

(1)高风险区

玉树市雪灾高风险区集中在北部的安冲乡、仲达乡、隆宝镇三个乡镇，以及下拉秀镇的西北部和巴塘乡与下拉秀镇的交界处。这些地区海拔高度高、易形成积雪、牧草产量低、载畜量高，同时所处地区经济总量较低、抗灾减灾能力极差、对畜牧业依赖性大(载畜量高)，因此，雪灾风险高。

(2)次高风险区

玉树市雪灾次高风险区几乎覆盖了市北部的隆宝镇、安冲乡、仲达乡，市境下拉秀乡大部、巴塘乡和上拉秀乡的部分区域也处于雪灾次高风险区。

(3)中等风险区

玉树市雪灾中等风险区主要分布在市南部小苏莽乡，以及巴塘乡、上拉秀乡和下拉秀乡的部分区域。这些区域虽然载畜量较高、抗灾能力一般，但雪灾危险性较低、牧草长势很好，雪灾风险属中等。

(4)次低风险区

玉树市雪灾次低风险区主要分布在上拉秀乡，以及小苏莽乡南部和结古镇部分区域。

(5)低风险区

玉树市雪灾低风险区主要集中结古镇。这些区域虽然雪灾危险性中等、牧草长势一般，但对畜牧业依赖性很低(载畜量小)、抗灾能力较高，因此雪灾风险低。

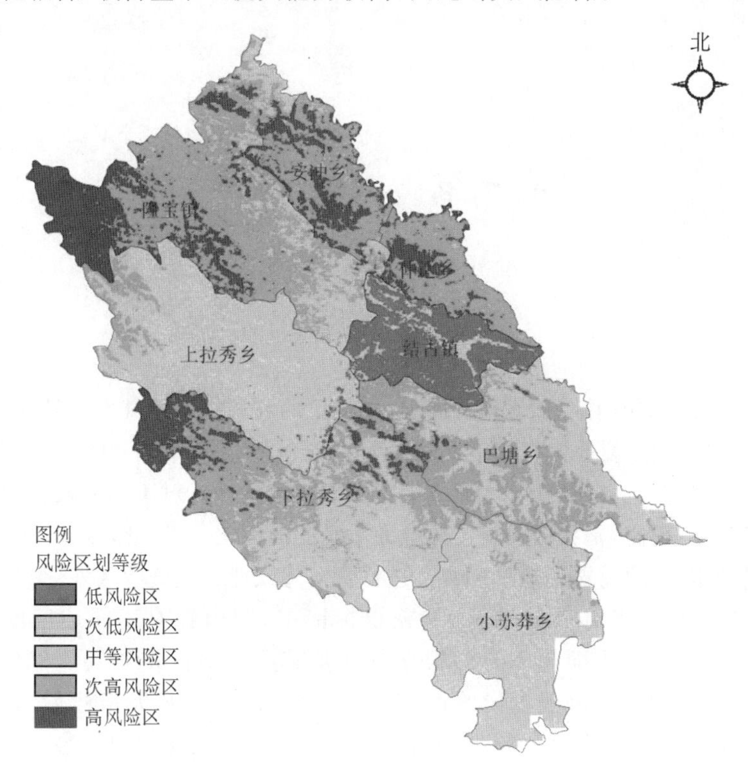

图 3.31　玉树市雪灾风险区划图(见彩图)

第四章　青海省农牧业气候资源综合区划

第一节　区划指标

一、概述

青海省远离海洋，深居内陆，加之地势高耸，是典型的高原大陆性气候。其气候特征是：日照时数长，辐射强；冬季漫长、夏季凉爽；气温日差较大，年较差较小；降水地区差异大，东部地区雨水较多，西部地区干燥多风、缺氧、寒冷，形成了特殊的气候条件。对于影响农牧业生产的光、温、水三要素，青海省总辐射高，是我国辐射资源最为丰富的地区之一，因此，制约农牧业生产的气候要素主要是热量和水分，故将选用热量和水分进行青海省农业气候资源区划。

对于热量和水分，或者二者的综合，气象指标诸多，国内针对不同地区的农作物，所选取的区划指标也不同。钟秀丽等(2008)根据黄淮及其周边地区多年农业气象资料，统计得出了计算小麦拔节后遭遇霜冻温度风险度(F)的经验方程，以 F 为指标做出黄淮麦区小麦霜冻的农业气候区划；吉中礼(1986)则提出了农业有效干燥度和农业有效湿润度指标对农业气候区划中的水分指标加以改进，取得了更加符合实际的分析结果；陈同英(2002)选取了年均气温、≥10℃活动积温以及年均降水量 3 个指标；冯晓云和王建源(2005)选用干燥度指数 K 作为气候区划的指标，并定义 $K<1.0$ 为湿润区，$1.0\leqslant K<1.5$ 为半湿润区，$K\geqslant 1.5$ 为半干燥区，以此分级标准进行一级气候区划，并按相同的方法进行二级、三级气候区划；权维俊等(2007)则采用专家分类器方法对北京市的京白梨种植区进行了农业气候区划。获取真正能够反映作物对气候条件要求的、客观的农业气候指标是进行农业气候区划的关键，它直接影响和决定着区划研究的水平以及区划结果的适用性。

青海省气候偏凉，大部分为喜凉作物和牧草，日平均气温≥0℃的开始期，是冬小麦和牧草返青的重要指标。生长季≥0℃的积温是一项很重要的农业气候指标，另外，本地作物生长发育的进程，除决定于生长期的热量外，还取决于暖季的温度高低。因此，热量指标中选取生长季≥0℃的积温和 7 月份平均气温作为热量的区划指标。划分干湿气候区的指标更是多种多样，归纳起来可分为三类：第一类是降水量与蒸散量的比值；第一类是降水量和降水距平；第三类是从降水量、土壤含水量、植物蒸腾之间的水分平衡出发，制订干湿气候指标，这对农业生产更有实际意义，由于受理论和技术条件的限制，这类指标很少，在实际应用上还有一定距离。第一类指标描述客观，但干湿阈值确定较为困难。第二类指标简便、意义明确，经实际测算，如果干湿阈值选择恰当，划分效果和第一类指标相当。本书中选择全年降水作为干湿气候区划分指标。

二、区划指标

青海省从农牧业土地利用的角度看，是以牧业为主，但从当前的农牧业产值所占比重分析，种植业稍大，所以在选取区划指标、确定阈值时，应该根据青海省的情况兼顾牧业。年日平均气温≥0℃积温既可反映农区，也可反映牧区总的热量状况，用此指标来确定区域的暖、凉、冷、寒等热量特性。结合20世纪80年代青海省农业气候区划，以500℃・d，1500℃・d，2000℃・d，3000℃・d作为寒、冷、凉、暖一级气候区的阈值（表4.1）。以年降水量为指标划分干湿气候区存在3种不同的意见：

1）年降水量＜200 mm为干旱区，200～400 mm为半干旱区；

2）年降水量＜200 mm为干旱区，200～450 mm为半干旱区；

3）年降水量＜250 mm为干旱区，250～500 mm为半干旱区。

上述三种意见中第一种较为广泛应用。结合青海省实际，将年降水50 mm，200 mm，400 mm，600 mm定位极干旱、干旱、半干旱、半湿润、湿润二级气候区的阈值（表4.2）。另外，根据青海省的实际情况，最暖月气温影响对农业生产的影响很显著，最暖月平均气温高的地方可有种植业，低的地区却只宜牧业，尤其是在农牧业过渡地带，在积温基本满足的情况下，能否种植及种植何种作物取决于最暖月平均气温，这就是将7月平均气温作为三级区划指标的主要原因。按照历史区划指标取6.0℃，11.5℃，13.5℃，18.0℃，作为种植青饲料、青稞或小油菜、春小麦、冬小麦三级气候区的阈值（表4.3）。

表4.1　一级区划指标阈值及农业意义

区号	区划名称	＞0℃积温（℃・d）	农业意义
5	暖温	≥3000	农业区，可复种，两年三熟
4	凉温	3000～2000	农业区，一熟
3	冷温	2000～1500	农牧业过渡区
2	寒温	1500～500	牧业区
1	寒冷	≤500	无农牧业生产

表4.2　二级气候区划指标及自然景观

区号	区划名称	年平均降水量（mm）	自然景观
5	湿润	≥600	森林、草甸
4	半湿润	600～400	疏林、灌丛、草甸
3	半干旱	400～200	草原
2	干旱	200～50	半荒漠
1	极干旱	≤50	荒漠、戈壁

表 4.3　三级气候区划指标及主要作物

区号	区划名称	7月平均气温(℃)	主要作物
5	农业(瓜果蔬菜)	≥18	冬小麦、瓜果蔬菜,可复种
4	农业(作物)	18～13.5	春小麦、复种杂粮、青饲料和蔬菜
3	农牧业	13.5～11.5	青稞、小油菜,宜种青饲料,宜发展人工草场
2	牧林业	11.5～6	纯牧区,部分地区尚可种青饲料;局部地区可发展林业
1	寒漠	≤6	大部分地区为无人区

第二节　区划及分区评述

依据上述指标,得到青海省综合农牧业区划结果,如图 4.1 所示。青海省全省总共分 39 类气候区,主要气候区有 12 类。

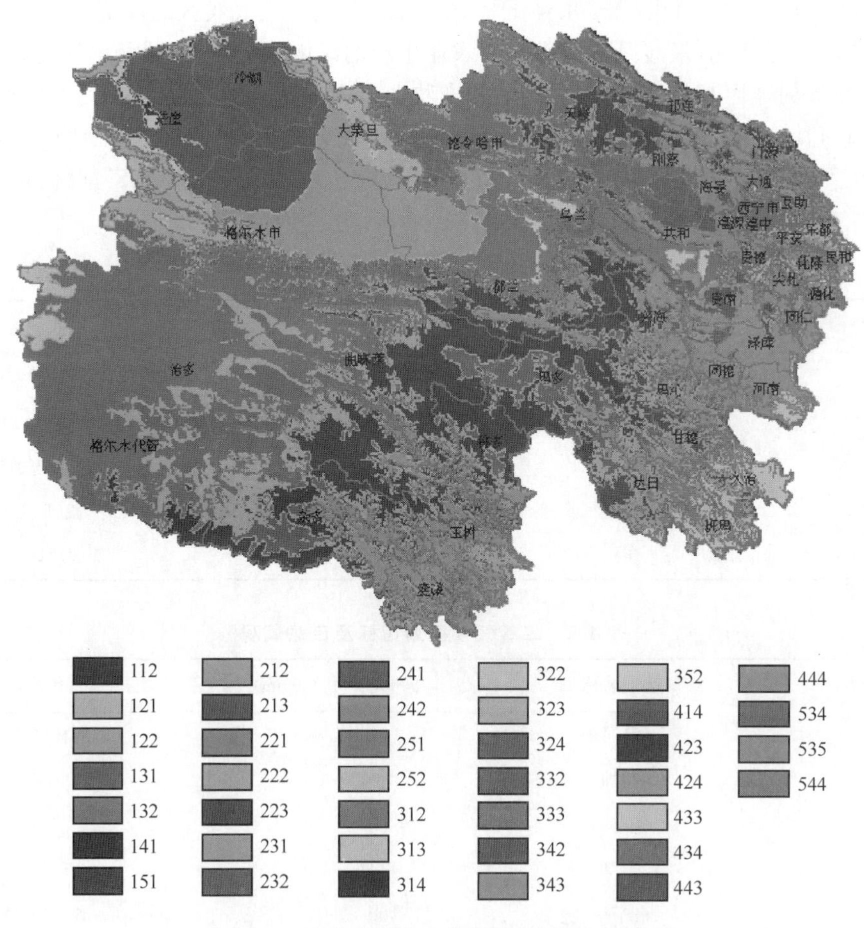

图 4.1　青海省综合农牧业区划图(见彩图)

一、暖温半干旱农业(作物)气候区

本气候区主要处在青海东部的民和县、乐都区、循化县、尖扎县、贵德县等位于湟水谷地约在海拔高度2150 m以下、黄河谷地约在海拔高度2250 m以下的河谷地区。本区面积虽不大，却是青海省的精华所在，热量条件为全省最优越，夏季温热，冬季不太寒冷。本区内黄河谷地循化县年平均气温可达8.7℃，最暖月平均气温在19.0℃以上，≥0℃的积温可高达3500℃·d；湟水谷地海拔高度2150 m附近的地区年平均气温尚在6℃以上，≥0℃的积温尚在3000℃·d左右。但本区内降水量普遍较少，普遍在360 mm以下，循化县、贵德县两地年降水量仅为250 mm左右。年降水量虽不多，然而其绝大部分集中在作物生长季内，生长季的降水量占年降水量的96%以上，水热组合就全省而言尚属较好的一种类型。本气候区历史上开发较早，种植业比较发达，长期以来以种植业为主。因有湟水和黄河流经其间，灌溉尚属便利，农作物单产较高。从热量条件看，只要抓紧农时且合理搭配作物品种，可以两年三熟甚至一年两熟。

本气候区对麦类作物温度适宜，生长季内温度不高，使作物生育期较长，利于高产高质。当前，该区作物以春小麦占绝对优势，冬小麦、玉米、油菜、豌豆、洋芋也有种植。本气候区同时是青海省的瓜果主要产地，蔬菜也有十分重要的地位，局部海拔高度较低的谷地尚能种辣子、西红柿、茄子等喜温蔬菜，此地降水虽少，但大部分地区能够灌溉，霜冻危害也较轻，主要是晚霜冻对果树和蔬菜有些影响。总之，本气候区农业的自然条件较好，宜于继续以发展种植业为主，在不放松粮食生产的前提下，扩大瓜果和蔬菜的种植面积，同时应该把牧林业放在适当的地位。区内主要气象灾害是干旱和冰雹，干旱中尤其以春旱较为严重，应积极开展春季人工增雨和夏季人工防雹工作。

二、凉温半干旱农业(作物)气候区

本气候区主要包括都兰县中北部、乌兰县西南部和德令哈市南部，贵南、贵德、化隆、尖扎、循化等县的部分地区，沿湟水谷地的西宁市大部、湟中、乐都、平安、民和等部分区县以及大通南部、互助县西南部低浅山地区，西起门源县珠固乡以东的大通河谷地，兴海县境内部分黄河谷地、共和县东南的黄河谷地及同仁县的隆务河谷地也属于本气候区。区内各地的年平均气温均在3.0℃以上，最暖月平均气温15.0℃以上，≥0℃的积温为2000～3000℃·d。但从降水资源来看，本气候区内年降水量普遍较少，除互助县、大通县、湟中县外，年降水量均在370 mm以下，贵德县、循化县两地年平均降水量仅在250 mm左右，柴达木盆地的都兰县、乌兰县、德令哈市三地的年平均降水量均不足200 mm。生长季内的降水量占年降水总量的80%以上。

热量条件能满足一熟春小麦、油菜、青饲料的正常生长，部分地区麦收后仍可种植蔬菜。区内作物以春小麦为主，青稞、油菜、蚕豆等也有种植，局地海拔高度较低的谷地尚能种植辣子、西红柿等喜温作物。区内气象灾害频繁，尤其是春旱和冰雹为主，所以提高抗旱防旱能力是发展农业生产的及其重要的措施，应积极开展春季人工增雨和夏季人工防雹工作。

区内地形较为复杂，相对高差也较大，气候各要素的垂直变化也比较明显，因而，农业结构和作物布局上有些差异。因此，习惯上根据农业类型分为川水和浅山两种农业类型。川水实际上是指能够灌溉的地区，尽管降水量不多，但热量条件充足，作物的需水依靠自然降水比例较小，农业生产比较稳定；浅山地区则不同于川水地区，浅山地区大部分属于坡地，没有灌溉条件，土层薄，土壤肥力差且自然降水难以蓄积，农业生产基本"靠天吃饭"，因此，浅山地区是退耕还林还草的重点地区。种树种草是在大面积上彻底控制水土流失、抗御自然灾害，发展多种经营的重要途径，利用植被拦截雨水，节制地表径流，盘结与改良土壤，调节气候，是改善当地生态地理环境的重要措施。

三、凉温半干旱农牧业气候区

本气候区主要分布在青海省南山南部共和盆地的沙珠玉乡、塘格木镇、恰不恰镇、铁盖乡；德令哈市宗务隆山南侧至柴达木盆地边缘和乌兰县沿青藏铁路线的柯柯镇、希里沟镇、铜普镇；都兰县境内109国道沿线；湟源县、大通县、互助县的部分中低山、丘陵地区及门源县东部浩门河谷地带。区内的年平均气温均在0.8～3.0℃，最暖月平均气温11.5℃以上，≥0℃的积温普遍多于2000℃·d。但从降水资源来看，本气候区内年降水量普遍较少，除互助县、大通县、门源县外，年降水量均在370 mm以下，柴达木盆地的都兰县、乌兰县、德令哈市三地的年平均降水量均不足200 mm。热量条件能满足一熟油菜、青饲料的正常生长。本区是农牧过渡地带，主要种植的作物为青稞、油菜。

本气候区内除西部的都兰县、乌兰县、德令哈市外，东部的地形较为复杂，相对高差也较大，气候各要素的垂直变化比较明显，因而，引起农业结构和作物布局上有些差异，习惯上分为川水、浅山两种农业类型。

本气候区气象灾害频繁，尤其是春旱，对没有灌溉条件的浅山地区的农业生产影响较大，所以提高抗旱防旱能力是发展农业生产的及其重要的措施；另外冰雹灾害也比较严重，各地应建立科学有效的防雹体系。

四、凉温干旱农业(作物)气候区

本气候区主要分布在柴达木盆地，格尔木市中东北部、都兰县的西北部及大柴旦镇西南部和德令哈市的南部的部分地区均属本气候区。本地区土地辽阔，地形平坦，区内年平均气温在2.0～5.0℃，≥0℃的积温普遍多于2000℃·d，最热月平均气温大柴旦镇为15.5℃，格尔木市为17.9℃，都兰县为14.8℃，热量条件尚可，但本区内气候干燥少雨，年平均降水量大柴旦镇为82 mm，格尔木市为43 mm，都兰县为194 mm，均在200 mm以下，柴达木盆地腹地甚至不足50 mm。日照条件充足，年日照时数均在3000 h以上，年日照率在70%以上，可见区内光能资源丰富，热量条件一般可以满足春小麦的正常生长，但水分奇缺，严重限制了对光、热资源的充分利用。

目前(2014年)，国营农场是本区农业生产的主要力量，耕地面积和粮食产量都占到75%左右，粮食作物中仍然以春小麦为主，由于本区东半部的热量稍优于西半部，而且交通又比较便利，同时可利用祁连山和昆仑山的冰雪融水来灌溉，因此国营农场主要分布在德令哈市的南部、都兰县西北部以及格尔木市等地。

本气候区农业生产的有利条件是：夏秋没有炎热高温，作物没有内地常见的“午睡”现象；春节温度回升早，但回升幅度较内地小，使麦类的分蘖—拔节期增长；夏秋温度较低，使灌浆成熟期较长，因此养分积累多，颗粒大，千粒重也高；日较差大，夜间温度较低，可以减少作物的呼吸消耗，白天日照充足，太阳辐射强，使光合作用效率增高，有利于碳水化合物和糖分的积累。本区不利的气候条件最突出的是干旱少雨，诺木洪乡、乌图美仁乡、察尔汗镇均在 40 mm 以下。若有灌溉条件则适宜种植春小麦、油菜、青稞、马铃薯和蔬菜。如果没有灌溉本区就没有农业，水资源条件制约着本区农业的发展也制约着畜产品数量，限制了牧业产值的提高。另外本区霜冻危害比较严重，尤其是北部的德令哈农场等地，早霜冻危害相当普遍，这主要是这些地区纬度比较偏北，而且地形低洼，冷空气易于集聚，所以不宜多种晚熟的春小麦。枸杞是该地区的优势经济作物。

五、凉温极干旱农业(作物)气候区

本气候区主要是柴达木盆地：格尔木市北部大部、花土沟镇除西南山区和中部的山区外的大部、冷湖镇除东北山区的大部地区及大柴旦镇的西部盆地戈壁滩均处在本气候区。本气候区地势平坦，海拔高度为 2700～2900 m。本区地处青藏高原北部，远离海洋，气候寒冷干燥，少雨多风，昼夜温差大，四季不分明，年平均气温为 1.4～2.8℃，≥0℃的积温普遍多于 2000℃·d，无绝对无霜期。年降水量稀少，冷湖镇的年降水量 17.1 mm，年蒸发量 3137.3 mm，其也是全国日照时数最长、太阳辐射最强的地区，年平均日照时数为 3574.3 h，辐射量高达 160～190 kcal/cm^2，全年日照率为 79%；冷湖镇属多风和风力较大的地区之一，年大风日数达到 61 天。总体而言本区热量条件尚可，水分资源严重匮乏，河湖平坦地区若有灌溉条件则适宜种植春小麦、油菜、青稞、马铃薯和蔬菜。

六、冷温半湿润农牧业气候区

本气候区包括兴海县、贵德县、同德县、尖扎县、化隆县、循化县、同仁县沿黄河河谷两侧山地；平安县、乐都区、民和县、湟源县、湟中县沿湟水河的河谷两侧山地；门源县大通河河谷两侧山地部分地区及大通县东南及互助县中部地区。本区主要在黄河、湟水河、大通河等流经的河谷两侧山地，海拔高度较各河谷谷地高，因此区内最热月平均气温较河谷谷地气温明显偏低，在 11.5～13.5℃，≥0℃的积温在 1500～2000℃·d。由于该区主要是山地，年平均降水量在 400 mm以上。该区农牧业生产的主要限制性气候因子是热量而不是水分，脑山地区经常多秋雨，影响作物的成熟，甚至影响收割和打碾。总体而言，本区水分条件较好，但热量条件一般，基本能满足作物生长的需要，区内气候条件垂直变化明显，农业的“立体性”比较显著，农业类型多样，大部分地区热量能满足春小麦的正常生长，但青稞、豌豆、洋芋等杂粮所占的比重比较大。

本气候区是青海省冰雹的主要危害区，加强对冰雹的防御工作，是农业稳产的重要措施。本气候区山地多，年降水量充沛，但热量水平较低，特别是海拔高度较高的山地，自然条件宜于实行农、牧、林相结合，应把三者放在同等的地位。

七、冷温半湿润牧林业气候区

本气候区自北向南包括门源县苏吉滩乡以东大通河谷地两侧的坡地；大通县各河流在海拔高度 3100～3400 m 的上游谷地及部分中山地区，互助县境内祁连山支脉达坂山中低山地区；海晏县东南部的河谷阶地丘陵及山地；湟源、乐都、平安、化隆、民和、尖扎、循化、同仁、贵德等区县的少部、共和县东北部、贵南县的中部、兴海县中部及东北部的山地和台地；同德县东部的滩地及黄河谷地两侧高地、河南县黄河谷地两侧高地；班玛县玛柯河谷地；玉树市的部分和囊谦县沿扎曲、吉曲、子曲河在县境的中下游河谷及其支流河谷大约包括海拔高度 3850～4300 m 的部分地区。本区气候冷温半湿润，为青海省农牧业的过渡地区，年平均气温在 −1.5～4.0℃，纬度靠北的门源县苏吉滩年平均气温在 −1.5℃，纬度靠南的囊谦县香达镇年平均气温在 4.1℃；区内最暖月平均气温在 6.0～11.5℃，≥0℃的积温在 1500～2000℃・d。年降水量一般在 400 mm 以上。该区多属森林及草甸草原，其水热条件十分适宜喜凉耐寒的针阔叶乔木、灌木及牧草的生长。区内地形复杂，相对高差大，热量条件垂直变化十分明显。例如，在囊谦县东南部，疏林分布在河流两岸与峡谷地带，阴坡为云杉，阳坡为园柏；到了西北部，阴坡则以线叶嵩草、粗喙苔草为主的高山草甸，阳坡变为以高山嵩草为主的高山草甸，只有阴坡陡峻处才可见有园柏灌丛分布。本气候区大部分地区降水量较多，热量条件尚不至于太差，宜于发展林业。

八、冷温半干旱农牧业气候区

本气候区主要包括共和县境内青海南山以南沿沙珠玉河河谷两侧及向西北延伸到乌兰县境内的希赛盆地、都兰县境内布尔汗布达山区北麓沿 109 国道的地区至格尔木市以东地区、以德令哈市为中心海拔高度在 3000 m 左右的南部地区、门源县东起浩门镇西至苏吉滩乡的海拔高度为 2800 m～3150 m 的浅脑山区，以及大通、湟中、湟源、祁连少部分区县也属于该气候区。区内年平均气温在 0.5～4.0℃，最暖月平均气温在 11.5～13.0℃，≥0℃的积温在1500～2000℃・d，年降水量一般少于 400 mm。本区较凉温干旱农业(作物)气候区海拔稍高，属于农牧业过渡区，农业主要分布在共和县的新哲农场、哇玉香卡农场、乌兰县的赛什克农场、查查香卡农场，都兰县的香日德农场和诺木洪农场，门源县的浩门农场等，其余基本为山地。本区热量资源及水分资源均一般，水热条件已不能满足小麦的生长，仅可种植青稞、小油菜。就门源县而言，属于本气候区日照时间长，太阳辐射强，气温日较差大，土壤肥沃，降水条件尚可，为大量种植耐寒耐水肥的小油菜提供了适宜的气候条件，从而成为青海省油料生产的主要基地。其中，海拔高度 3000 m 以下的浅山地区，热量条件相对较好，适宜发展生育期较长的小油菜、青稞和洋芋等粮油作物；海拔高度 3000 m 以上的闹市地区，热量条件较差，无霜期短，应以种植耐寒、早熟的小油菜为主。

九、冷温半干旱牧林气候区

本气候区主要包括共和县北部、刚察县南部、海晏县西南部三个县接壤的青海湖湖滨平原地区，都兰县中部、德令哈市、格尔木市、门源县西部、祁连县北部部分地区也属于本气候区。区内年平均气温在－2～4.0℃，最暖月平均气温在6.0～11.5℃，≥0℃的积温在1200～2000℃·d。年降水量一般在350～400 mm，如海晏县三角城镇、刚察县沙流河镇、共和县恰不恰镇年降水量均接近400 mm，但个别地区少于300 mm，比如海晏县的甘子河乡年降水量仅有180 mm左右。热量资源及水分资源均一般，从气候条件看，本区宜于发展农业，因为大部分地区虽然降水量在350～400 mm，对作物来说，一般年份热量往往不足，≥0℃的积温普遍在1500℃·d左右，最暖月平均气温多在11℃以下，虽在一些地区勉强种植青稞和小油菜，但频遭霜冻危害，产量普遍较低，因此本区已不适宜农耕生产。本区草场普遍退化，产草量普遍降低。青海湖东北的滨湖地区有大片沙丘和沙地，以前由于不注意防治，任其向东扩展，近年来采取了一些措施已经得到初步控制，但仍不应疏忽。

十、冷温干旱农牧业气候区

本气候区主要包括大柴旦镇大部地区（在大柴旦镇境内呈西北—东南的条形分布）及格尔木市西部小部分地区，天峻西北、冷湖镇东北也有小部分。区内年平均气温在－1～4.0℃，最暖月平均气温在11.5～13.5℃，≥0℃的积温在1500～2000℃·d。年降水量除天峻西部外一般少于100 mm。本区不利气候条件最突出的是干旱少雨，因此农业全靠灌溉，没有灌溉就没有农业，水资源条件制约着本区农业的发展。由于热量条件一般，而水分资源的缺乏，大部份地区是草原与荒漠地带。

十一、寒温湿润牧林业气候区

本气候区位于青海省的东南部，包括久治、班玛两县的大部、河南县南部大部，达日县、甘德县、泽库县、循化县部分地区。高寒、湿润是本区气候的基本特征。区内年平均气温为－5～2.0℃，局部地区高于2℃。最暖月平均气温为－6～12.0℃，≥0℃的积温在500～1200℃·d，牧草生长季大部为100～160天，牧草返青期普遍在5月中旬以后；年平均降水量多在600 mm以上，为青海省降水量最多的地区。区内地势高，海拔高度平均在4000 m以上，地形自西北向东南倾斜，河流众多，高山深谷相间，自然条件复杂，热水状况垂直变化剧烈。区内以畜牧业为主体经济，班玛县还分布有较大面积的天然森林。

本气候区最不利的气候条件是热量差、温度低，因此，牧草返青晚，青草期短，枯草期长，造成畜草的季节不平衡；西北部地区冬季严寒，多大风雪，给牲畜越冬带来很多困难。但降水量多，一般没有干旱威胁，在牧草生长季内，牧草生长比较迅速，同时日照时间较长，气温日较差也比较大，所以牧草虽然低矮，但质量高，适口性强；另外，夏季温凉，牲畜啃食时间长，有利于长膘。

十二、寒温半湿润牧林业气候区

本气候区包括玉树县、囊谦县、杂多县、河南县、泽库县、海晏县、同德县大部，刚察县东北、祁连县东南部分地区。门源、互助、大通、湟源、共和、乌兰、都兰、兴海、贵南等县也有分布。本区主要处在青海湖北部的祁连山中段及青海省东南部和南部海拔高度在 3500 m 以上的山地。区内年平均温度在−4～0℃，最暖月平均气温在 7～11℃，≥0℃的积温在500～1500℃·d。年降水量除天峻西部外一般在 400 mm 以上。牧草生长季为 120～150 天。本区地势高，气温低、暖季短暂、冷季漫长，无种植业，主要以牧业经济为主，大部作为夏季牧场放牧。区内地域辽阔，草场面积大，但热量资源贫乏，草场产草量低，造成草场季节不平衡，夏场面积大，冬场面积小，而因为夏场的气候条件差，在夏场面积大而放牧时间很短，一般为3～4 个月，而冬场面积小反而利用时间很长，从而造成本区畜草季节间的矛盾。

第三节　互助县农牧业气候资源及主要农作物种植区划

互助土族自治县位于青海省东部、海东州地区北部，北倚祁连山脉达坂山，与海北州门源回族自治县相接，东北与甘肃省天祝藏族自治县和永登县毗邻，东南与乐都区接壤，南以湟水为界，与平安县相望，西靠大通县，西南与省会西宁市相接。地处湟水谷地北侧和大通谷地西南侧山地、沟谷地，湟水河自西向东流经境南，大通河自西北向东南流经县境东部。

一、互助县农牧业气候资源区划

由青海省东部农业区气候资源区划结果，在 ArcGIS 中得到互助县的农业气候资源区划（图 4.2 所示），该区的区划类型总共分 11 类，主要气候区有 8 类。

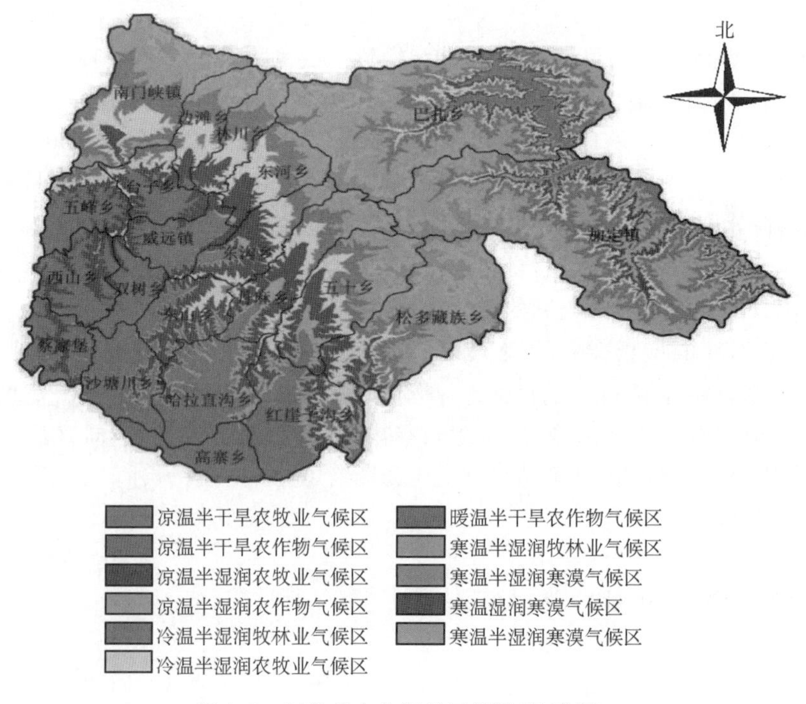

图 4.2　互助县农业气候区划图(见彩图)

1. 凉温半湿润农作物气候区

本区主要分布在互助县东北部巴扎乡、加定镇的东北部少部分地区，及互助县自东南部红崖子沟乡至中部的东沟乡各乡镇中的少部分地区(见图 4.3)。

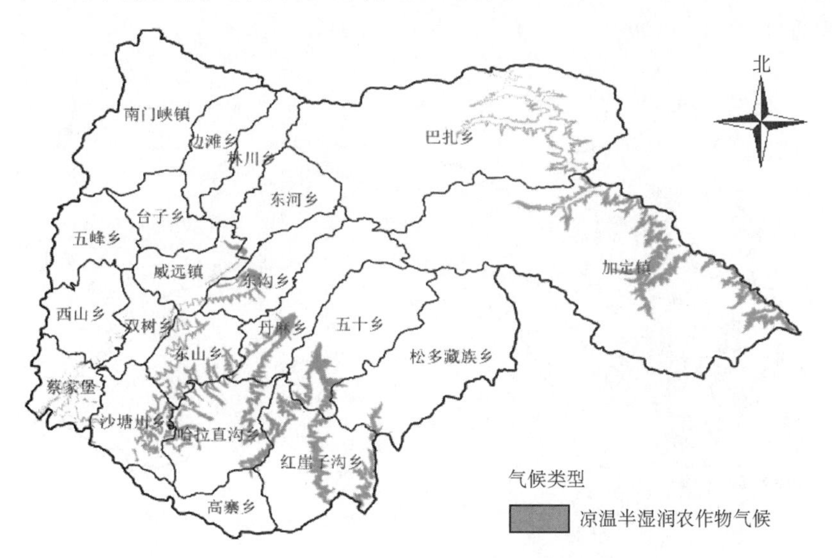

图 4.3 互助县凉温半湿润农作物气候区分布

2. 凉温半湿润农牧业气候区

本区主要分布在互助县东北部巴扎乡、加定镇的东中部少部分地区，及互助县自东南向中西部地区的五十、丹麻、东沟、东河、林川、等乡镇的部分地区。本区地处大通河谷地带，年均气温约为 2.0～4.0℃(见图 4.4)。

图 4.4 互助县凉温半湿润农牧业气候区分布

3. 凉温半干旱农作物气候区

本区主要分布在互助县巴扎乡中北部、加定镇北部极少部分地区，及互助县南部的高寨、红崖子沟、哈拉直沟、沙塘川和双树等乡镇的大部分地区。本区地处威远盆地和南部湟水河谷，年均气温在4.0～6.5℃(见图4.5)。

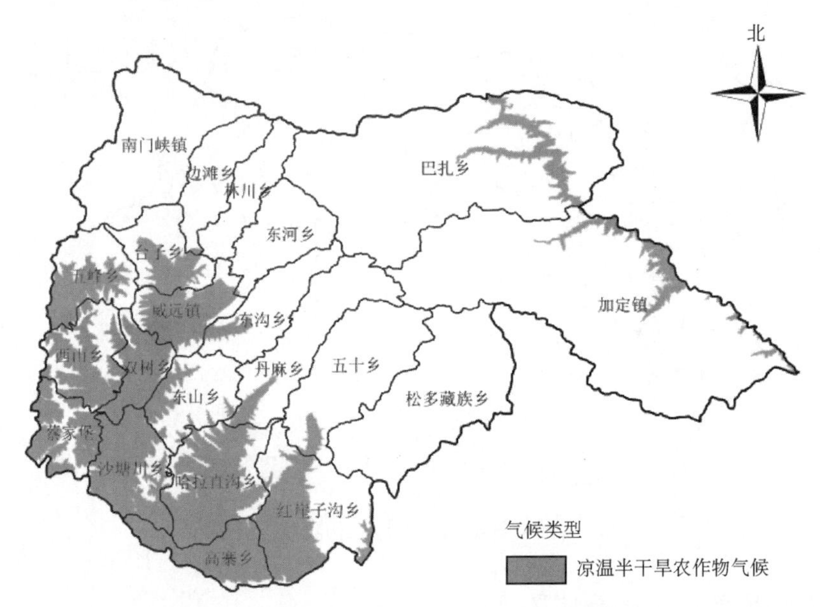

图4.5 互助县凉温半干旱农作物气候区分布

4. 凉温半干旱农牧业气候区

本区主要分布在互助县的西山乡西北部、五峰乡和台子乡中部的少部分地区(见图4.6)。

图4.6 互助县凉温半干旱农牧业气候区分布

5. 冷温半湿润农牧业气候区

本区主要包括分布在互助东北部的巴扎乡和加定镇的中部地区，自南部的红崖子沟至北部的南门峡镇之间的各乡镇，≥0℃的积温在 1500～2000℃ · d(见图 4.7)。

图 4.7　互助县冷温半湿润农牧业气候区分布

6. 冷温半湿润牧林业气候区

本区主要包括分布在互助县东北部的巴扎乡和加定镇的中部地区，自南部的红崖子沟至北部的南门峡镇之间的各乡镇(见图 4.8)。

图 4.8　互助县冷温半湿润牧林业气候区分布

7. 暖温半干旱农作物气候区

本区只分布在互助县南部高寨乡的南部，以及平安县接壤的小部分区域(见图 4.9)。

图 4.9 互助县暖温半干旱农作物气候区分布

8. 寒温半湿润牧林业气候区

本区主要分布在互助县中北部，即巴扎乡和加定镇的中西部，中部自东向西从松多藏族乡到南门峡镇之间各乡镇的北部地区。≥0℃的积温在 500～1500℃(见图 4.10)。

图 4.10 互助县寒温半湿润牧林业气候区分布

二、互助县主要作物种植气候区划

1. 春小麦

由图 4.11 可知，互助县东北部的巴扎乡、加定镇中东少部分地区，中南部的高寨、红崖子沟、哈拉直沟、沙塘川、双树、五峰乡、台子乡、威远镇等乡镇地区适宜种植春小麦，这些地区海拔高度较低，地处湟水河谷和大通河谷地带；其余地区由于海拔高度较高，热量和水分条件不能满足春小麦生长发育的要求，不适宜种植春小麦。计算得知互助县地区春小麦适宜种植面积为 1.278×10^5 hm^2，占互助县总面积的 40.2%。

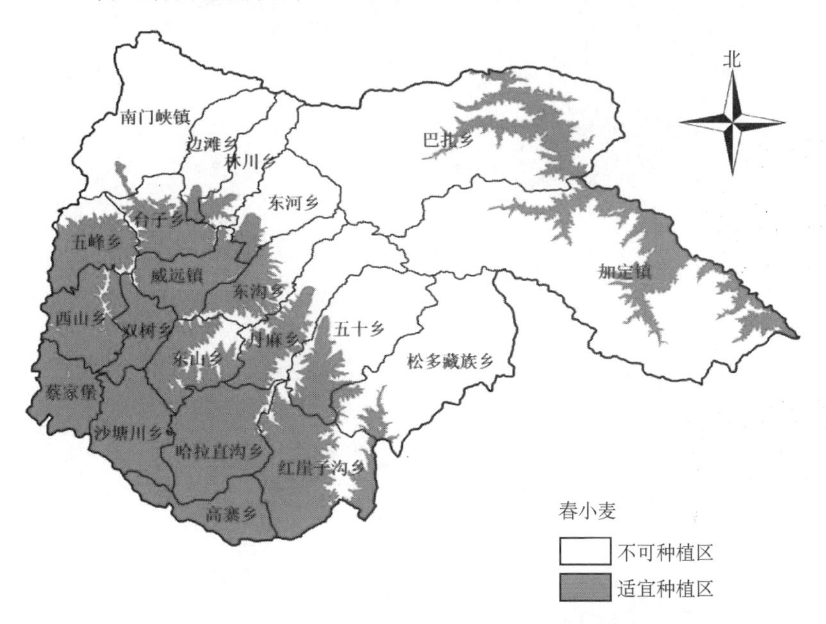

图 4.11　互助县春小麦适宜种植区气候区划图

2. 冬小麦

由图 4.12 可知，巴扎乡和加定镇极少部分地区，南部的高寨乡、红崖子沟乡西南部、哈拉直沟乡中南部和沙塘川乡、双树乡中部地区适宜种植冬小麦，这些地区海拔高度较低，沿着湟水河谷地；其余地区由于海拔高度较高，热量和水分条件不能满足冬小麦生长发育的要求，不适宜种植冬小麦。计算得知互助县冬小麦适宜种植面积为 3.0×10^4 hm^2，占互助县地区总面积的 9.5%。

3. 青稞

由图 4.13 可知，互助县中西南部的蔡家堡、西山、五峰、台子、威远镇、双树乡、红崖子沟乡、哈拉直沟等各乡镇大部分地区，及巴扎乡、加定乡的少部分地区适宜种植青稞。计算得知互助县青稞适宜种植面积为 1.058×10^5 hm^2，占互助县地区总面积的 33.3%。

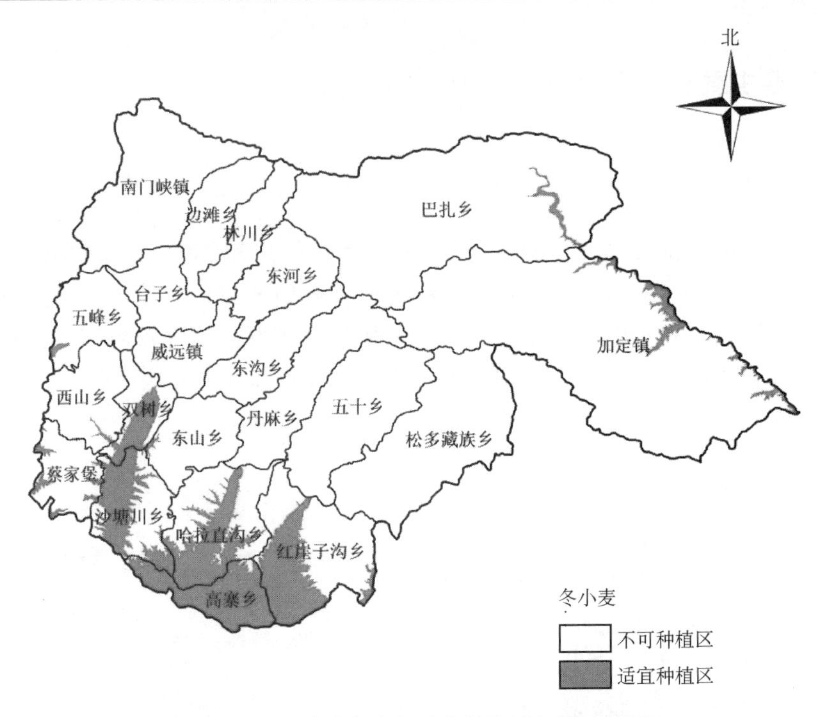

图 4.12　互助县冬小麦适宜种植区气候区划图

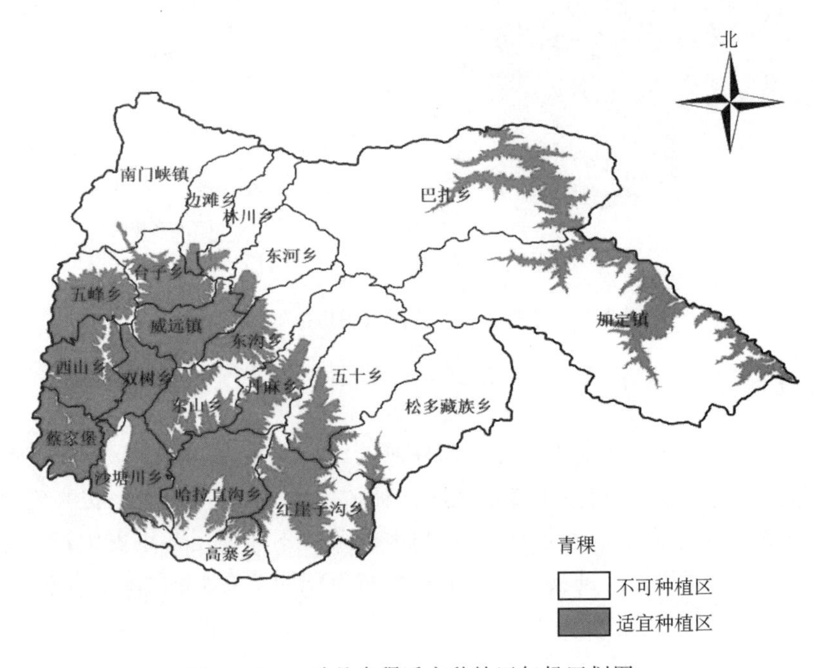

图 4.13　互助县青稞适宜种植区气候区划图

4. 油菜

由图 4.14 可知，互助县西南部大部分乡镇和巴扎乡、加定镇的少部分地区适宜种植油菜，该地区海拔高度较低，沿着湟水河或者北川河谷地；其余地区由于海拔高度较高，热量和水分条件不能满足油菜生长发育的要求，不适宜种植油菜。计算得知互助县油菜适宜种植面积为 1.388×10^{5} hm^{2}，占互助县总面积的43.6%。

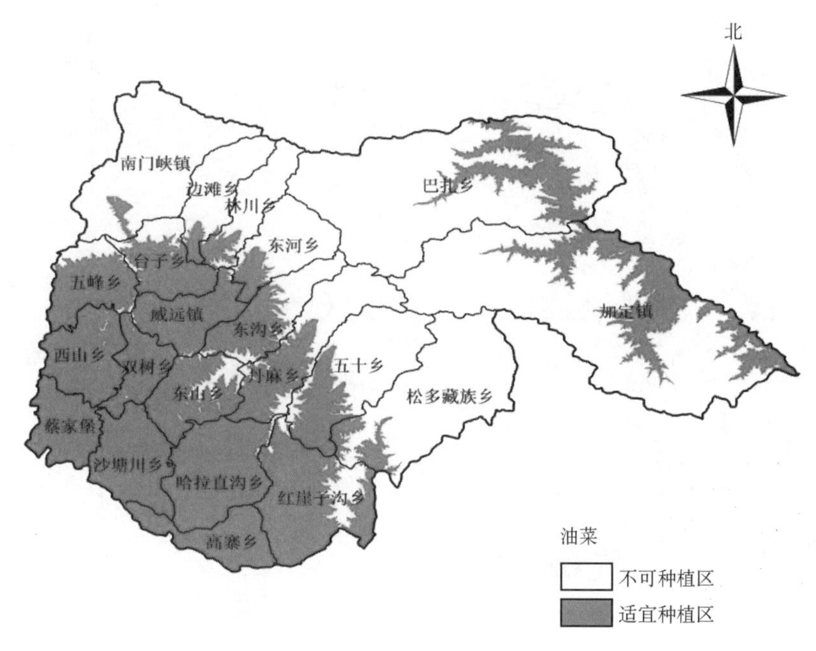

图4.14　互助县油菜适宜种植区气候区划图

5. 玉米

由图4.15可知，只有在互助县南部与平安县接壤的高寨乡、红崖子沟乡南部少量区域适宜种植玉米，该地区海拔高度较低，热量条件满足玉米生长要求；其余地区由于海拔高度较高，热量和水分条件不能满足玉米生长发育的要求，不适宜种植玉米。计算得知互助县玉米适宜种植面积为 5.0×10^{3} hm^{2}，占互助县总面积的1.6%。

6. 马铃薯

由图4.16可知，互助南部的高寨乡、红崖子沟乡西南部，沙塘川乡与哈拉直沟乡大部分地区，中西部的威远镇、双树乡、西山乡和五峰乡的部分地区，东北部巴扎乡、加定镇的少部分地区适宜种植马铃薯，该地区海拔高度较低，沿着湟水河谷地；其余地区由于海拔高度较高，热量和水分条件不能满足马铃薯生长发育的要求，不适宜种植马铃薯。计算得知互助县马铃薯适宜种植面积为 7.15×10^{4} hm^{2}，占互助县总面积的22.5%。

7. 蚕豆

由图4.17可知，互助县中南部的高寨乡、红崖子沟乡西南部，沙塘川乡、哈拉直沟乡、威远镇、双树乡的大部分地区，西部的西山乡和五峰乡的部分地区，东北部巴扎乡、加定镇的少部分地区适宜种植蚕豆，该地区海拔高度较低，地处湟水河谷地和威远盆地；其余地区由于海拔高度较高，热量和水分条件不能满足蚕豆生长发育的要求，不适宜种植蚕豆。计算得知互助县蚕豆适宜种植面积为 7.76×10^{4} hm^{2}，占互助县总面积的24.4%。

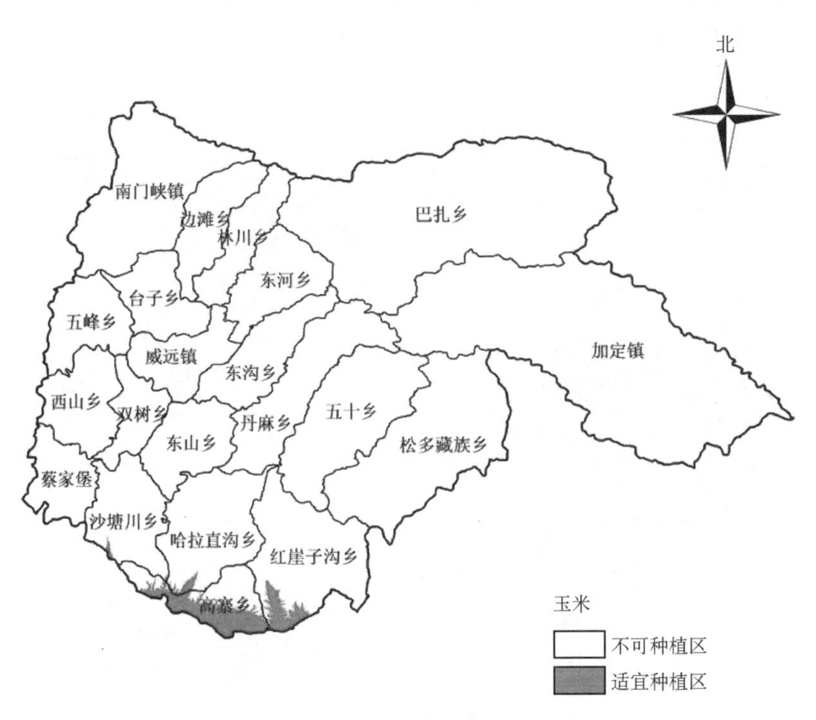

图 4.15　互助县玉米适宜种植区气候区划图

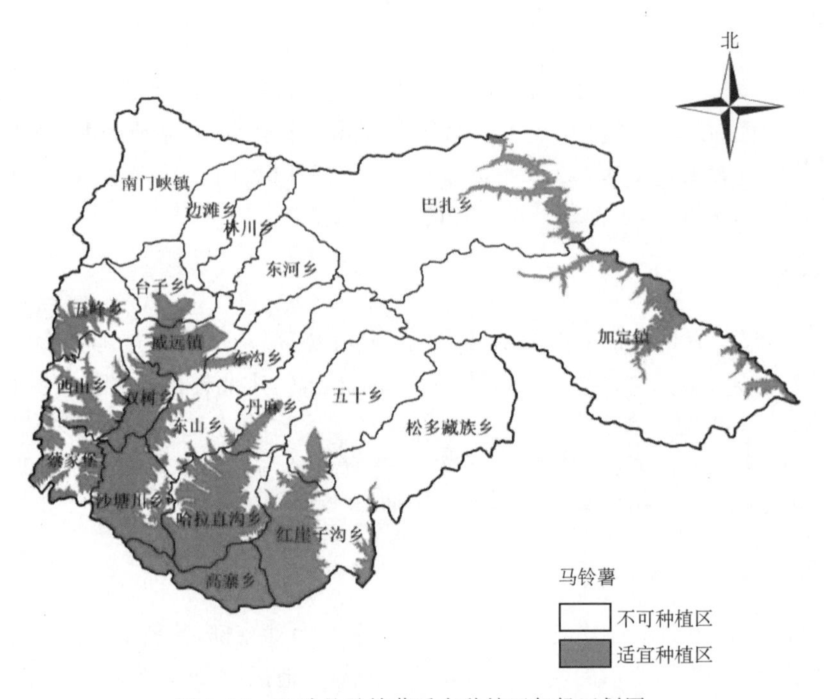

图 4.16　互助县马铃薯适宜种植区气候区划图

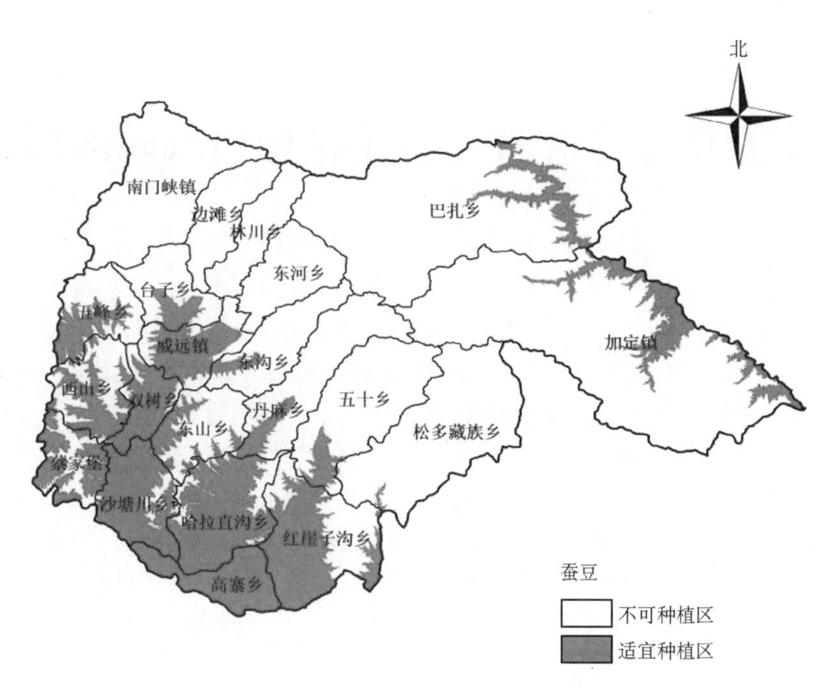

图 4.17 互助县蚕豆适宜种植区气候区划图

第五章　青海省主要作物种植气候区划

青海省东部农业区的主要作物主要包括春小麦、冬小麦、青稞、油菜、玉米、蚕豆、马铃薯和线椒等。本文在借鉴甘肃、陕西、宁夏马铃薯、蚕豆和线椒等农作物生态气候区划和西藏农业气候资源区划的基础上，结合已有观测资料，从春小麦、冬小麦、青稞、油菜、玉米、蚕豆、马铃薯和线椒的发育期（春小麦、青稞、马铃薯、油菜、玉米、蚕豆和线椒的完整发育期为4—9月，冬小麦的完整发育期为10月至第二年7月）的各种影响气候因素中，挑选作物发育期积温（≥0℃积温或≥10℃积温）、发育关键期降水量和气温为主要区划指标，通过统计、分析主要作物生长发育的农业气象条件，给出基于GIS的青海省东部农业区主要作物区划分布图，确定各种主要作物适宜种植的气候区域。

第一节　春小麦种植气候区划

一、春小麦种植农业气象指标

1. 热量条件

春小麦早、中、晚熟种发育期需要≥0℃积温分别为1700～2100℃・d，2100～2300℃・d，2200～2400℃・d。小麦拔节期最适温度为12～16℃，最低温度为10℃，抽穗期最适温度为15～20℃，最低温度为9～11℃。青海省春小麦以早、中熟种为主，春小麦抽穗期在6月份。

2. 水分条件

拔节、抽穗期降水量是小麦产量的限制因子，灌浆期降水量对产量影响较小，一般在拔节、抽穗期降水较多的情况下，产量较高，而灌浆期降水较多时产量较低。参考冬小麦水分条件，春小麦需水量约350 mm，拔节期和灌浆期为需水关键期，拔节—孕穗期作物需水量为132.3 mm，抽穗—乳熟期作物需水量为118 mm，拔节—乳熟期需水量占全生育期需水量的70％。

热量条件中选取≥0的积温和6月春小麦抽穗期平均气温为主导指标，水分条件中选取4—9月全生育期降水量指标，并结合春小麦种植区观测资料，将东部农业区划分为四个种植气候区，即最适宜种植区、次适宜种植区、可种植区和不可种植区。

表 5.1　青海省春小麦适宜种植区气候分区指标

分区指标＼气象要素	≥0℃积温(℃・d)	6 月平均气温(℃) (春小麦抽穗期)	4—9 月 累计降水量(mm)
最适宜种植区	≥2100	≥15	≥350
次适宜种植区	≥2100	13～15	300～350
可种植区	1700～2100	11～13	250～300
不可种植区	<1700	<11	<250

二、春小麦种植气候区划结果

由图 5.1 可知，河湟谷地以及民和县大部适宜种植春小麦，高海拔山区不适合种植春小麦。通过计算得知青海省东部农业区为春小麦最适宜种植区、次适宜种植区、可种植区和不可种植区面积分别为 1.016×10^6 hm^2，2.059×10^6 hm^2，3.675×10^6 hm^2 和 2.403×10^7 hm^2，占东部农业区面积的 3.3%，6.7%，11.9%和 78.1%。

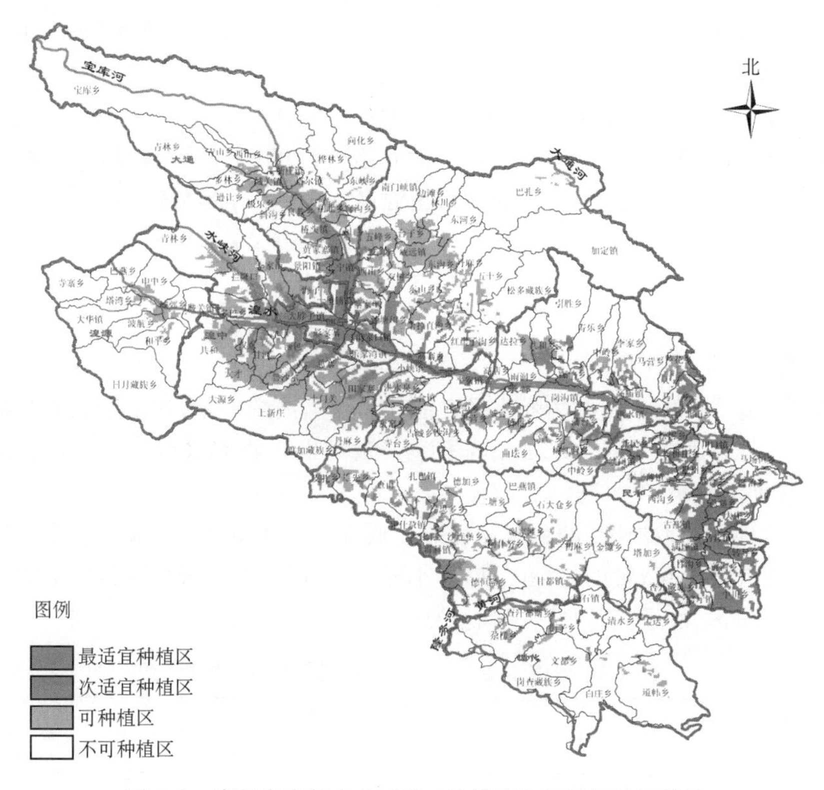

图 5.1　青海省东部农业区春小麦适宜种植区气候区划图

第二节　冬小麦种植气候区划

一、冬小麦种植农业气象指标

1. 热量条件

小麦属于禾本科小麦属，在小麦属内又可划分为若干种，冬小麦属冬性型。冬小麦有早熟、高产、优质的特点，在越冬期可忍耐日最低气温－24～－22℃，在海拔高度较高，春小麦能正常成熟的地区，其气候适应性鉴别标准主要看能否安全越冬。而研究表明，冬小麦从播种到停止生长期间需积温380～420℃·d左右方可正常越冬，并且分蘖数可达3个。

积雪和极端最低气温是决定冬小麦越冬状况的两个主要因素，而在青海省冬麦区冬季无稳定的积雪层，冬小麦是否发生冻害，则取决于冬季的极端最低气温。凡极端最低气温高于－24℃的年份，种植抗旱性较强的冬麦品种一般可以安全越冬；如果极端最低气温低于－24℃，容易发生冻害；当极端最低气温低于－26℃时，冬小麦会产生严重冻害，不能越冬。

冬小麦秋季播种后需要≥0℃积温250～400℃·d，全生育期所需积温1900～2300℃·d（250～280天）；春季日平均气温稳定通过0℃以上冬小麦开始返青，日平均气温稳定通过3℃以后，冬小麦开始起身、分蘖，4～6℃为返青期适宜生长温度，6～8℃起身，冬小麦拔节期最适温度为12～16℃，最低温度为10℃，抽穗期最适温度为15～20℃，最低温度为9～11℃。冬小麦早、中、晚熟种需要≥0℃积温分别为1700～2000℃·d，2000～2200℃·d，2200～2400℃·d。青海省冬小麦以早、中熟种为主，冬小麦抽穗期在5月中下旬。

2. 水分条件

据研究，冬小麦350 mm左右的耗水量已能获得相当高的产量，拔节期和灌浆期为需水关键期，拔节—孕穗期作物需水量132.3 mm，抽穗—乳熟期作物需水量118 mm，拔节—乳熟期需水量占全生育期需水量的70%。

因此，热量条件中选取≥0℃的积温和极端最低气温为主导指标，水分条件中选取年降水量指标，并结合青海省循化、贵的、民和三站冬小麦观测资料，将东部农业区划分为四个种植气候区，即最适宜种植区、次适宜种植区、可种植区和不可种植区。

表5.2　青海省冬小麦适宜种植区气候分区指标

气象要素 / 分区指标	≥0℃积温(℃·d)	极端低温(℃)(冬小麦越冬期)	年降水量(mm)
最适宜种植区	≥2100	≥－21	≥350
次适宜种植区	≥2100	－23～－21	300～350
可种植区	≥2100	－26～－23	250～300
不可种植区	<2100	<－26	<250

二、冬小麦种植气候区划结果

由图5.2可知，民和县、循化县、化隆县和乐都区河湟谷地，以及民和县南部热量条件好，适合种植冬小麦。通过计算得知青海省东部农业区冬小麦最适宜种植区、次适宜种植区、可种植区和不可种植区面积分别为2.8×10^{5} hm^{2}，4.288×10^{5} hm^{2}，1.376×10^{6} hm^{2}和2.87×10^{7} hm^{2}，占东部农业区面积的0.9%，1.4%，4.5%和93.2%。

图5.2　青海省东部农业区冬小麦适宜种植区气候区划图

第三节　青稞种植气候区划

一、青稞种植农业气象指标

青稞是禾本科大麦属的一种禾谷类作物，因其内外颖壳分离，籽粒裸露，故又称裸大麦、元麦、米大麦。主要产自中国西藏、青海、四川、云南等地，是藏族人民的主要粮食。青稞在青藏高原上的种植约有400万年的历史，从物质文化延伸到精神文化领域，在青藏高原上形成了内涵丰富、极富民族特色的青稞文化，有着广泛的药用以及营养价值，已推出了青稞挂面、青稞馒头、青稞营养粉等青稞产品。

1. 热量条件

青稞全生育期所需≥0℃积温不能低于940℃·d,以1100℃·d以上为宜。青稞从播种到出苗所需的最低气温在0℃以上,在日平均气温稳定通过3～5℃期间播种,千粒重最高;出苗到拔节期的温度应在3～5℃以上,苗期可抵抗－10℃左右的低温;拔节到抽穗期的温度应在5～6℃以上,拔节前后可抵抗－7℃左右的低温,抽穗期前后可抵抗－4℃的低温;抽穗到成熟期日平均气温为14～15℃较为适宜,低于12℃,千粒重显著下降,导致低产。

2. 水分条件

青稞生育期短,抗旱力强,青稞全生育期需水量为378 mm,分蘖至抽穗和灌浆期,是青稞需水的关键时期,在温暖半干旱农区,拔节—孕穗期作物需水量48 mm,抽穗—乳熟期作物需水量91 mm。

因此,热量条件中选取≥0℃的积温和7,8月青稞抽穗—乳熟期平均气温为主导指标,水分条件中选6—8月青稞拔节—乳熟期累计降水量作为主要指标,并结合青海青稞观测资料,将东部农业区划分为四个种植气候区,即最适宜种植区、次适宜种植区、可种植区和不可种植区。

表5.3 青海省青稞适宜种植区气候分区指标

分区指标 \ 气象要素	≥0℃积温(℃·d)	7、8月平均气温(℃)(抽穗至成熟期)	6—8月累计降水量(mm)(拔节—乳熟期)
最适宜种植区	≥1600	≥14	≥140
次适宜种植区	1300～1600	13～14	≥140
可种植区	1100～1300	12～13	70～140
不可种植区	<1100	<12	<70

二、青稞种植气候区划结果

由图5.3可知,河湟谷地及浅山地区适合种植青稞,部分脑山地区可以种植青稞。通过计算得知青海省东部农业区青稞最适宜种植区、次适宜种植区、可种植区和不可种植区面积分别为2.857×10^6 hm^2,1.644×10^6 hm^2,2.0×10^6 hm^{2}和2.428×10^7 hm^2,占东部农业区面积的9.3%,5.3%,6.5%和78.9%。

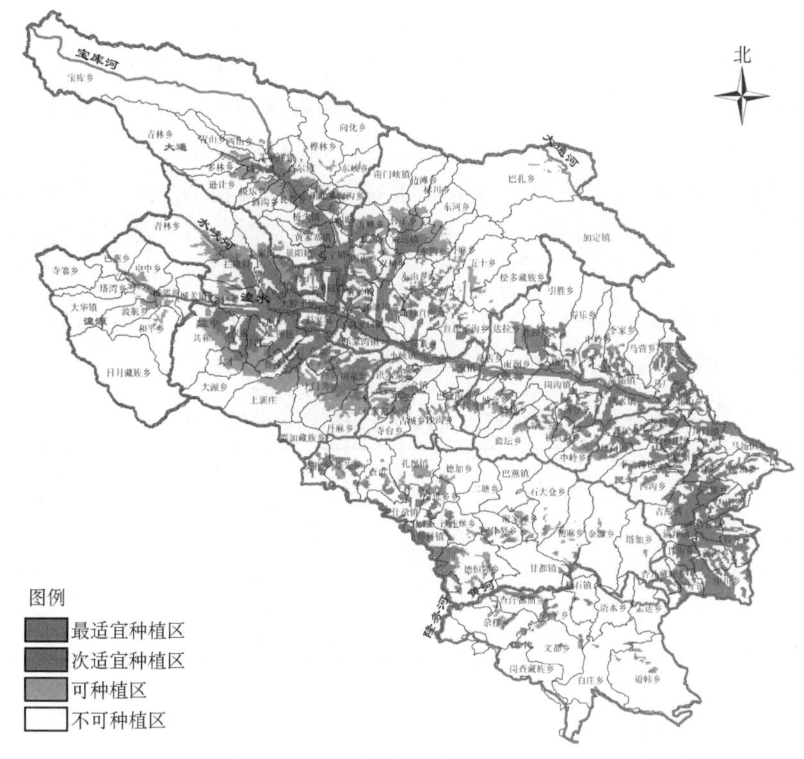

图 5.3　青海省东部农业区青稞适宜种植区气候区划图

第四节　油菜种植气候区划

一、油菜种植农业气象指标

油菜属于草本十字花科作物，是性喜冷凉或较温暖的气候，为我国主要油料作物和蜜源作物之一，其根系发达，耐旱性强，能在土壤肥力差、气候干旱的条件下栽培。

1. 热量条件

早、中、晚熟种油菜种植需要≥0℃积温分别为 2000～2200℃・d，2200～2400℃・d，2400～2600℃・d。春性油菜日平均气温稳定通过 3℃后，种子即萌发，出苗的适宜温度条件为 5～8℃；日平均气温超过 8℃时，出苗所需时间迅速减少；10～15℃的日平均气温，有利于油菜抽薹和发芽的进一步分化及养分积累；开花期和角果发育成熟期的适宜温度分别为 14～18℃和 18～20℃，气温低于 5℃或高于 25℃，一般都不利于油菜生育和籽粒产量，气温低于－1℃的低温条件，通常会导致油菜落花、落角，受冻减产；成熟期以平均气温为 15～20℃为宜，最低气温降至－2℃时出现霜冻。抗寒性强的小油菜，花期能耐－2℃低温，成熟期能耐－3℃的低温。

2. 水分条件

油菜营养体大，枝叶繁茂，一生需水较多。从播种到收获田间需水量一般为 300～500 mm。

白菜型和芥菜性油菜相对而言耐旱性强，耐渍性弱，在不同的生育阶段对水分条件的要求表现为营养生长期需水较多、生殖生长期需水相对较少的特点。其中，蕾薹期是油菜对水分最敏感的需水“临界期”，开花后油菜单株有效角果数和菜籽结籽率与空气湿度呈负相关，较为适宜的空气相对湿度为70%～85%。水分条件对油菜产量的制约作用显著。

油菜属于长日性作物，但对光照条件的要求并不严格，青海省光照完全满足油菜生长需要。青海地区油菜平均播种日期在四月上旬，至九月上旬成熟，因此，热量条件中选取≥0℃的积温和6月油菜抽薹期平均气温为主导指标，水分条件中选4—9月油菜全生育期降水量作为主要指标，并结合青海油菜观测资料，将东部农业区划分为四个种植气候区，即最适宜种植区、次适宜种植区、可种植区和不可种植区。

表5.4　青海省油菜适宜种植区气候分区指标

气象要素 / 分区指标	≥0℃积温(℃·d)	6月平均气温(℃)(抽薹期)	4—9月累计降水量(mm)
最适宜种植区	≥2000	≥15	≥300
次适宜种植区	1400～2000	13～15	250～300
可种植区	1100～1400	10～13	200～250
不可种植区	<1100	<10	<200

二、油菜种植气候区划结果

由图5.4可知，油菜适合种植区域分布较广。通过计算得知青海省东部农业区最适宜种

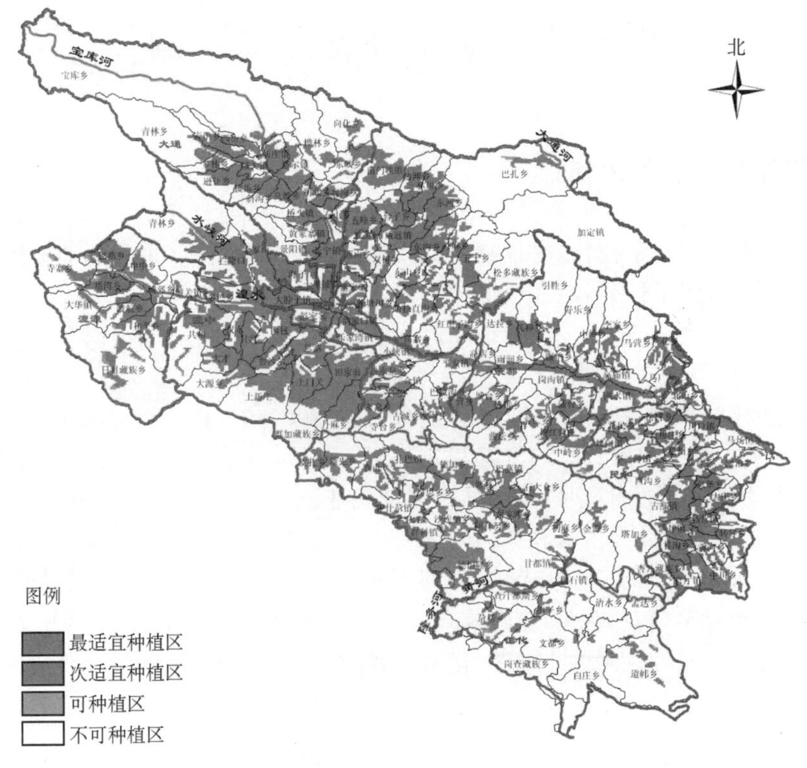

图5.4　青海省东部农业区油菜适宜种植区气候区划图

植区、次适宜种植区、可种植区和不可种植区面积分别为 7.232×10^6 hm²，2.253×10^6 hm²，1.042×10^5 hm² 和 2.12×10^7 hm²，占东部农业区面积的 23.5%，7.3%，0.3%和 68.9%。

第五节　玉米种植气候区划

一、玉米种植农业气象指标

1. 热量条件

玉米全生育期均要求较高的温度，但各生长发育期有所不同。玉米生育期的下限温度为 10℃，玉米种子在 6～7℃时开始发芽，但发芽极慢，且易感染病害而发生霉烂。在气温 10～12℃的条件下发芽正常、整齐，日平均气温为 15～18℃对出苗最适宜。玉米在整个生育期间，要有一定的温度强度，营养生长和生殖生长才能顺利进行，一般玉米出苗至抽穗，平均气温在 15～18℃最为适宜，抽雄和开花最适宜气温为 20～22℃，抽雄至乳熟期日平均气温低于 15℃，则影响淀粉酶的活动，结实不饱满，后期日最低气温低于 0℃，玉米会受到不同程度的冻害。

早、中、晚熟种需要≥10℃积温分别为 2000～2200℃・d(80～100 天)，2200～2600℃・d(100～120 天)，2600～3000℃・d(120～150 天)；6—8 月份平均气温在 15℃左右，最热月平均气温在 15℃以上，≥10℃积温在 2200℃・d 以上，种植早熟玉米可以成熟。

2. 水分条件

玉米是高杆作物，生长处于高温期，故需水较多，一般后期需水比前期多，需水量早、中、晚熟种需水量分别为 250～300 mm，300～350 mm，350～400 mm。玉米生育期间一般要求有 300～500 mm 的降水量，特别是抽穗前后 1 个月左右时间对水分要求十分严格，要求有 150 mm 的降水量比较适宜。

玉米属于短日性作物，青海光照完全满足玉米生长需要。因此，热量条件中选取≥10℃的积温和夏季平均气温为主导指标，水分条件中选 4—9 月玉米全生育期降水量作为主要指标，并结合青海省玉米观测资料，将东部农业区划分为四个种植气候区，即最适宜种植区、次适宜种植区、可种植区和不可种植区。

表 5.5　青海省玉米适宜种植区气候分区指标

分区指标＼气象要素	≥10℃积温(℃・d)	6—8 月平均气温(℃)	4—9 月累计降水量(mm)
最适宜种植区	≥2500	≥18	≥350
次适宜种植区	≥2500	16～18	300～350
可种植区	2400～2500	16～18	250～300
不可种植区	<2400	<16	<250

二、玉米种植气候区划结果

由图5.5可知，由于玉米对热量条件要求较高，因此东部农业区玉米适生种植面积较小，主要分布在民和县、乐都区、化隆县和循化县等热量条件最好的河湟谷地以及民和县中部和南部，其余地区热量条件不足而不能种植。通过计算得知青海省东部农业区玉米最适宜种植区、次适宜种植区、可种植区和不可种植区面积分别为8.51×10^4 hm^2，4.37×10^5 hm^2，1.012×10^5 hm^2和3.016×10^7 hm^2，占东部农业区面积的0.3%，1.4%，0.3%和98.0%。

图5.5 青海省东部农业区玉米适宜种植区气候区划图

第六节 马铃薯种植气候区划

一、马铃薯种植农业气象指标

1. 热量条件

一般5 cm地温稳定通过7℃（日平均气温稳定通过5℃）时，马铃薯便可开耕下种，日平均气温 4℃左右时开始萌动，8～10℃时正常发芽生长，10～12℃为出苗最佳温度。马铃薯从出苗到茎叶生长期以旬平均气温 15～25℃，特别是 18～21℃最为适宜，在此温度范围内，温度越高，生长越繁茂。块茎形成及膨大期最适宜旬平均气温为 16～18℃，温度达到 20℃时块茎生长缓慢，温度超过 25℃时块茎的膨大基本停止。块茎成熟期温度在 12～15℃之间为适宜范围。全生育期≥10℃积温早熟品种 1400～1600℃・d，中熟品种 2000～2300℃・d，晚熟品种 2300～2500℃・d。

2. 水分条件

马铃薯对水分的要求并不严格，全生育期需水量一般为 300～450 mm，其中以块茎形成和膨大期，要求水分最多。由于 6 月上旬至 7 月上旬正是马铃薯营养生长盛期和生殖生长初期，需要较多的水分供应才能满足生育的需要，但往往此阶段干旱较多，导致生长不良，产量降低。7 月中下旬至 8 月份是马铃薯块茎膨大的关键时期，在此期间，降水一般较多，能满足马铃薯的需求，如果降水过多，造成山区热量和光照不足，影响块茎生长，同时，也易引起湿腐病，造成减产。

块茎形成期（现蕾至开花）是马铃薯营养生长与生殖生长并进阶段，同时，也是决定结薯多少与产量高低的关键期，要求温度适宜，水分充足，块茎膨大期（开花盛期至茎叶衰老）是块茎体积膨大和重量增长，以及淀粉积累和品质优劣的关键期。因此热量条件中选取≥10℃的积温和 7，8 月马铃薯块茎膨大期平均气温为主导指标，水分条件中选 4—9 月马铃薯全生育期降水量作为主要指标，并结合青海省马铃薯观测资料，将东部农业区划分为四个种植气候区，即最适宜种植区、次适宜种植区、可种植区和不可种植区。

表 5.6　青海省马铃薯适宜种植区气候分区指标

分区指标	≥10℃积温(℃・d)	7、8 月平均气温(℃)(块茎膨大期)	4—9 月累计降水量(mm)
最适宜种植区	≥1600	≥15	≥350
次适宜种植区	1400～1600	13～15	280～350
可种植区	1200～1400	12～13	230～280
不可种植区	<1200	<12	<230

二、马铃薯种植气候区划结果

由图 5.6 可知，马铃薯适合种植区域分布较广。通过计算得知青海省东部农业区马铃薯最适宜种植区、次适宜种植区、可种植区和不可种植区面积分别为 5.043×10^6 hm^2，1.723×10^6 hm^2，1.324×10^6 hm^2 和 2.269×10^7 hm^2，占东部农业区面积的 16.4％，5.6％，43.％和 73.7％。

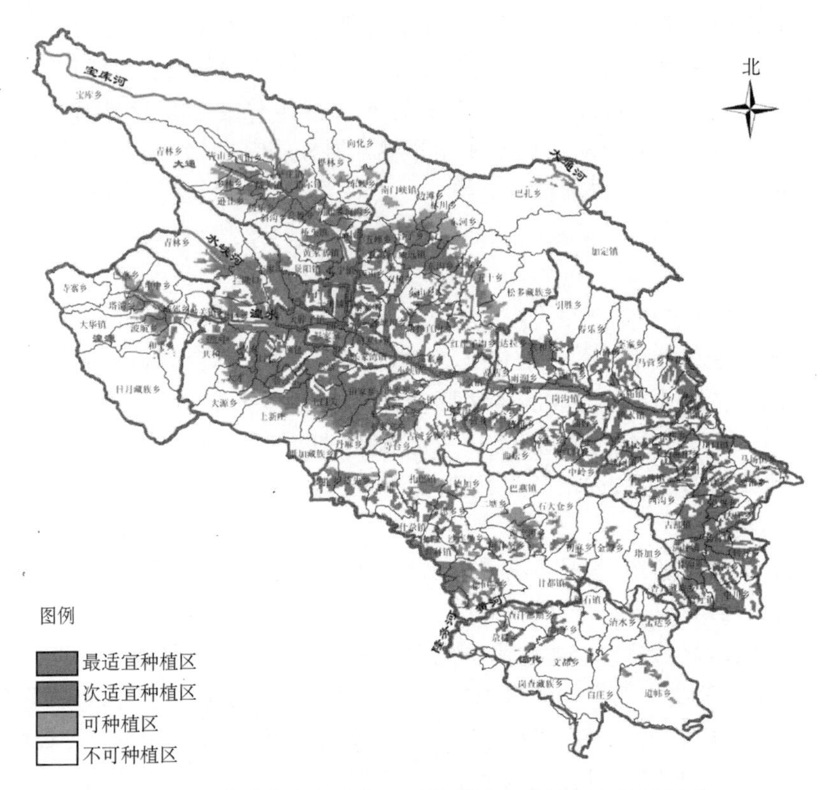

图 5.6　青海省东部农业区马铃薯适宜种植区气候区划图

第六章　青海省东部农业区主要特色作物气候区划

第一节　蚕豆种植气候区划

一、蚕豆种植农业气象指标

1. 热量条件

蚕豆是耐寒性较强的作物，对温度反应敏感。据分期播种试验资料分析，气温稳定通过0℃为适播指标，一般在3月中旬播种，8月中下旬成熟，全生育期为150天左右，要求≥0℃积温为2000℃·d左右。发芽最低温度为2～4℃，发芽至出苗能耐－8℃左右低温。分枝期适宜温度7～9℃，有效分枝数直接影响产量高低，温度过高，则主茎生长快，有效分枝数减少。开花期适宜温度为12～18℃，蚕豆是无限花序，适宜的温度有利于延长开花结荚时间，增加结荚数。结荚期适宜温度为15～18℃，乳熟成熟期适宜温度为16～20℃。

2. 水分条件

蚕豆全生育期需水量400 mm。其中播种—出苗为52 mm，出苗—开花为86 mm，开花—结荚为77 mm，结荚—成熟为185 mm。开花—结荚期需水量较大，供需矛盾突出，属需水关键期。

蚕豆是长日照作物，开花结荚期要求“干花湿荚”，即开花期需要较多日照，结荚鼓荚期则要求湿润。结荚后期灌浆至成熟期需充足的光照，如果阴雨天气多，蚕豆贪青徒长，易倒伏，百粒重下降。

因此热量条件中选取≥0℃的积温和6月蚕豆开花期平均气温为主导指标，水分条件中选4—9月生育期降水量作为主要指标，并结合青海省蚕豆观测资料，将东部农业区划分为四个种植气候区，即最适宜种植区、次适宜种植区、可种植区和不可种植区。

表6.1　青海省蚕豆适宜种植区气候分区指标

分区指标＼气象要素	≥0℃积温(℃·d)	6月平均气温(℃)(开花期)	4—9月累计降水量(mm)
最适宜种植区	≥2000	≥15	≥400
次适宜种植区	1800～2000	13～15	300～400
可种植区	1700～1800	12～13	250～300
不可种植区	<1700	<12	<250

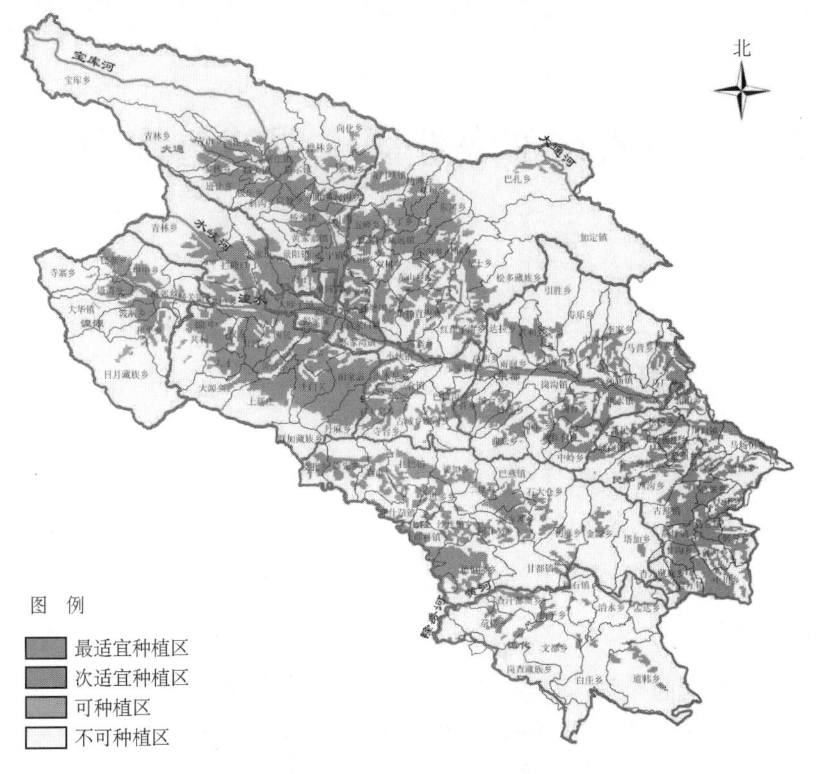

图 6.1 青海省东部农业区蚕豆适宜种植区气候区划图

二、蚕豆种植气候区划结果

由图 6.1 可知，蚕豆适合种植区域分布较广。通过计算得知青海省东部农业区蚕豆最适宜种植区、次适宜种植区、可种植区和不可种植区面积分别为 7.232×10^{6} hm^{2}，1.312×10^{6} hm^{2}，3.741×10^{5} hm^{2} 和 2.187×10^{6} hm^{2}，占东部农业区面积的 23.5%，4.3%，1.2%和 71.0%。

第二节 线椒种植气候区划

一、线椒种植农业气象指标

线椒颜色鲜艳，色红发亮，辣性强、油质大、果肉厚、大小均匀，带有蛋白质、脂肪、矿物质等。线椒主要用以佐食调味，果实小如线，晒干后果皮发皱。

1. 热量条件

辣椒性属喜温类型，但其适温范围较广。辣椒在不同生长发育时期，对温度的要求是不同的。种子发芽的最适温度为 20～30℃，低于 20℃则吸水速度随温度的降低而减慢，超过 30℃

反而无益。幼苗在日温为20～24℃，夜温为16～18℃时，出叶最快、发叶最多，地上部鲜重大，花蕾出现早而多，可获得最好的田间果实生长量，而在27℃以上茎叶生长就有减少的趋势，低于17℃生长就受到抑制，低于12℃时完全停止生长，开花座果期是辣椒生长发育和产量形成的关键时期，该期持续时间较长，对温度变化比较敏感，为生长发育的"临界期"，白天适宜温度为21～27℃，夜间为16～21℃，低于15℃或高于35℃都不利于花器官的正常发育，果实膨大期最适温度为23～25℃，高于35℃易造成果实灼伤，低于18℃时，膨大速度受到抑制。果实达到充分膨大后，果色由绿转为深绿再转为紫褐色而后转为红色，在这个转色过程中，加速转色的最适温度是20～25℃，较低的温度将使辣椒红素形成缓慢，生物学成熟期延长。辣椒全生育期需≥10℃的积温为2320～3480℃·d。

光照条件：线椒属光中性反应，但幼苗时对短日照具有良好的反应，营养生长期后表现光中性，到盛果期，长日照（16小时）也不表现抑制作用，线椒全生育期需日照时数1200 h以上。

2. 水分条件

线椒根系较弱，入土较浅，横面伸展范围有限，形成了即怕旱又怕涝的生物特性，致使对水分的反应比较敏感。从播种到收获，整个生育期的总需水量为600～900 mm。种子发芽需要在很短的时间内吸收大量水分，保持14%～16%的土壤含水量，可获得最好的发芽效果，苗期根少叶小，线椒本身需水量不大，约为生育期总需水量的8%～10%，从出苗到移栽，保持土壤最大持水量60%的水准，对培育壮苗是有益的。线椒移栽时，为缩短缓苗时间，加速生长发育，需要充足的水分供给。开花结果期是营养生长和生殖生长同步进行的生育旺盛时期，是干物质形成积累最多的时期，致使田间耗水强度明显增大，约为生育期总需水量的47%～68%，这一时期田间持水量保持70%～80%时，采摘果实的产量可达到最高水平。果实红熟期已入秋季，发育相对稳定，需水量减少，为60～100 mm，占总需水量的10%左右。

线椒气候适生种植区划：由于线椒种植区一般都能灌溉，降水量这个因子作为分区指标意义不大；青海省东部农业区年日照时数都在2400 h以上，能够满足线椒生长对日照的要求，因此在线椒气候分区指标中未考虑日照因素。青海东部农业区线椒能否生产和夺取高产，主要取决于热量条件的多寡。≥10℃的积温的多少，在很大程度上决定了该地种植线椒能否正常成熟。因此，热量指标中选取≥10℃的积温和开花座果期6—8月平均气温为主导指标，并结合青海省线椒主要种植地区循化县线椒的多年平均观测发育期等资料，将东部农业区划分为四个种植气候区，即最适宜种植区、次适宜种植区、可种植区和不可种植区。

表6.2　青海省线椒适宜种植区气候分区指标

分区指标	≥10℃积温（℃·d）	6—8月平均气温（℃）（开花座果期）
最适宜种植区	≥2600	≥18
次适宜种植区	2500～2600	≥18
可种植区	2500～2600	17～18
不可种植区	<2500	<17

二、线椒种植气候区划结果

由图6.2可知，民和县东部以及南部最适合种植线椒，乐都区、循化县、化隆县和平安县的小部分地区可以种植线椒，其余地区热量条件不足均不适宜种植。通过计算得知青海省东部农业区线椒最适宜种植区、次适宜种植区、可种植区和不可种植区面积分别为 8.51×10^4 hm^2，3.197×10^5 hm^2，3.197×10^5 hm^2 和 3.016×10^7 hm^2，占东部农业区面积的 0.3%，1.0%，0.7%和 98.0%。

图 6.2　青海省东部农业区线椒适宜种植区气候区划图

第三节　花椒种植气候区划

一、花椒种植农业气象指标

青海省大红袍花椒在青海省农业区栽培历史悠久，尤以黄河沿岸的贵德、循化两县所产甚佳。果实颗大粒饱，呈红色或紫红色，含有大量的麻味素和芳香挥发油，香味浓郁，麻中透辣，含油量高。可作调味品，亦可入药。青海大红袍花椒以色、香、味具佳列为上品。

1. 热量条件

花椒喜温、喜光、耐旱和较耐寒，适宜年平均气温为 8～16℃，但以 10～14℃地区栽培较多。春季气温对花椒当年产量影响最大，温度高有利于增产。生长发育期间需要较高温度，但不可过高，否则会抑制花椒生长和影响品质。

温度变化对花椒生产的影响主要是越冬期及春季萌芽开花期。越冬期冻害主要是由低温冻害和暖冬树体抗寒锻炼不够引起的低温冻害。年极端最低气温不低于－20～－18℃能保证花椒树正常越冬，但在高海拔地区，极端最低气温可达－21.1～－18.7℃，遇极端低温发生越冬冻害的风险仍较大。受暖冬气候影响，致使花椒处于浅休眠状态，抗寒锻炼不足，抗冻能力减弱，越冬期缩短，遇较强寒潮降温天气，即可出现明显冻害。

花椒树春季冻害主要发生在萌芽开花期，花椒树花芽、叶芽同时出现，开花后树体抗御低温能力显著降低，开花期遇到低温冻害会使花芽、幼叶受冻，造成花芽、幼叶萎蔫、变青褐色，甚至干枯死亡，严重影响花椒产量和品质。

2. 水分条件

花椒抗旱性强，适宜栽培在降水量400～700 mm范围的平原地区或丘陵山地。严重干旱花椒叶也会萎蔫，虽然其对水分需求不大，但是要求水分相对集中在生育期内，特别是生长的前期和中期，此时降水集中程度会对花椒产量、品质造成影响。花椒在营养生长转为生殖生长阶段，对水分要求十分敏感，需水量较多，在一定范围内，降水增多和产量增加呈正相关，但水分过多，易发病虫害，且因湿度过大造成热量减少不利于花椒生长与果实的膨大成熟。花椒怕涝、忌风，短期积水就会死亡。山顶风口处极易受冻害枯梢。

3. 光照条件

花椒为强阳性树种，光照条件直接影响树体的生长和果实的产量与品质。光照充足时果实产量高，着色良好，品质提高。花椒生长一般要求年日照时数不得少于1800 h，生长期日照时数不少于1200 h，若在遮荫条件下生长则会枝条细弱、分枝少、不开张，果穗和籽粒小、产量低、色泽暗淡，品质下降，以至有时产生霉变。所以在生产中要做好合理密植及枝条修剪工作，以改善光照，有利于产量和品质的提高。花椒开花期要求光照条件良好，如遇阴雨、低温天气则易引起大量落花落果现象。在光照充足的阳坡，结果繁茂，虽然在日照很短的峡谷坡上仍能生长，但结果较少。

花椒气候适生种植区划：由于花椒种植区一般都能灌溉，降水量这个因子作为分区指标意义不大；青海省东部农业区年日照时数都在2400 h以上，能够满足花椒生长对日照的要求，因此在花椒气候分区指标中未考虑日照因素。青海东部农业区花椒能否生产和夺取高产，主要取决于热量条件的多寡。因此，热量指标中选取年平均气温和极端最低气温为主导指标，并结合青海省花椒主要种植地区循化县的多年平均观测发育期等资料，将东部农业区划分为四个种植气候区，即最适宜种植区、次适宜种植区、可种植区和不可种植区。

表6.3　青海省花椒适宜种植区气候分区指标

分区指标＼气象要素	年平均气温(℃)	极端最低气温(℃)(越冬期)
最适宜种植区	＞10	＞－18
次适宜种植区	7～10	＞－18
可种植区	7～10	－22～－18
不可种植区	＜7	－22～－18

二、花椒种植气候区划结果

由图 6.3 可知，民和县、循化县、乐都区和化隆县花椒种植区沿着河湟谷地分布，另外民和县南部海拔高度低，也可以种植花椒，其余地区热量条件不足或者极端低温太低均不适宜种植。通过计算得知青海省东部农业区花椒可种植区面积为 3.058×10^{5} hm^{2}，占东部农业区面积的 1.0%。

图 6.3　青海省东部农业区花椒适宜种植区气候区划图

第七章　青海省草地早熟禾种植气候区划

第一节　试验研究方法

一、实地产量资料

针对不同区域土壤类型和海拔高度条件，在果洛州玛沁县（大武镇）和玛多县（玛查里镇）、海南州同德县（巴滩乡）、海北州祁连县（默勒镇）、海晏县（西海镇）、玉树州玉树市（巴塘乡）和称多县（珍秦乡）、果洛州达日县（打贮草站）内设立试验区（见表 7.1），选取有代表性的地段，采用完全随机区组设计，4 次重复，试验小区面积为 15 m^2（3 m×5 m），播种方式为条播，条播间距为 20 cm，小区间间距为 50 cm，区组间距为 1 m，播深 0.5～1 cm，于第 1 年 5 月中旬种植，分别施磷酸二铵 225 kg/hm^2 和尿素 112.5 kg/hm^2 作底肥，盛花期测产获取青海草地早熟禾在不同区域的生长特性、产量性状、适应性、品质特性等参数。

表 7.1　不同试验区概况

地点	经度	纬度	海拔高度（m）	≥0℃积温（℃）	降水量（mm）	年平均气温（℃）	极端最高气温（℃）	极端最低气温（℃）
玛沁大武镇	100°15′	34°36′	3736	1170	514	−0.1	26.6	−35.0
玛多玛查里镇	98°13′	34°55′	4272	683	322	−3.9	22.4	−38.8
同德巴滩	100°39′	35°09′	3290	1463	426	1.6	30.7	−37.0
祁连默勒镇	100°13′	37°56′	3600	964	405	−1.8	25.2	−35.0
海晏西海镇	100°51′	36°57′	3150	1529	387	0.5	30.5	−33.8
玉树巴塘	97°06′	32°50′	3884	1755	486	3.8	29.6	−28.0
称多珍秦乡	97°08′	33°48′	4415	488	508	−4.8	22.3	−42.9
达日打贮草站	99°39′	33°45′	4000	976	545	−0.5	24.6	−35.0

二、种植区划气候资料

考虑到草地早熟禾推广种植的实际可能性和项目目标，未将西宁市所辖 4 个气象站点和海东市所辖 6 个气象站点纳入指标模拟，区划时也不考虑上述两个区域。根据省内其余 6 州 1 市共计 40 个气象站点日平均气温、降水量、相对湿度等观测资料，以及相应站点经度、纬度、海拔高度等建立气象要素的插值模型，并利用模型对积温和湿润系数进行栅格化处理。

三、青海省草地早熟禾产量及适应性结果

青海省草地早熟禾原种发现于达日县境内，该地区气候寒冷，水分条件较好，属于高寒湿润自然带，由此可以判定青海草地早熟禾对温度条件适应性较强，生长发育对热量条件要求不高，但水分条件是其生长发育的一个关键因子。从青海省草地早熟禾种植试验区生长发育情况来看，均能完成整个生育期，但各试验点地上生物量有所差异（表 7.2）。

表 7.2　青海草地早熟禾生育期状况

地点	返青（月．日）	种子成熟（月．日）	生育期(d)	干重(kg/hm^2)
玛沁县大武镇	4.22	8.23	124	6265
玛多县玛查里镇	6.10	10.5	118	935
同德县巴滩乡	4.20	8.17	120	6076
祁连县默勒镇	5.16	9.20	128	4531
海晏县西海镇	4.15	8.15	122	5600
玉树市巴塘乡	4.16	8.06	113	6300
称多县珍秦乡	5.20	9.30	134	4926
达日县打贮草站	4.23	9.19	150	5639

四、气象区划指标及理论分区

1. 积温

积温是指某一时段内逐日平均气温累积之和，常分为活动积温和有效积温两种。活动积温是植物在某时段内活动温度的总和，有效积温是植物在某时段内有效温度的总和。积温能较好地表征某一区域的热量条件，是划分热量带的重要指标。本书选取>0℃积温作为区划一级指标。

积温计算式为：

$$A_a = \sum_{i=1}^{n} T_i (T_i > 0; 当\ T_i \leqslant 0\ 时, T_i\ 以\ 0\ 计) \tag{7.1}$$

(7.1)式中，A_a 为活动积温，单位为℃·d；n 为界限温度的持续天数；T_i 为日平均气温。

根据计算结果，结合青海省气候条件实际情况并参考相关研究成果，对青海高寒牧区热量资源状况做如下分级，见表 7.3。

表 7.3　区划一级指标——积温分级

级别	≥0℃积温(℃·d)	对应热量带
1	$A_a \geqslant 2500$	温暖
2	$1800 \leqslant A_a < 2500$	凉温
3	$1000 \leqslant A_a < 1800$	冷凉
4	$A_a < 1000$	寒冷

2. 湿润系数

湿润系数是综合性气候指标之一，用以表示一地气候的湿润程度。本书应用苏联学者H. H. 伊万诺夫公式求算各站点湿润系数。其表达式为：

$$K = r/E_0 \tag{7.2}$$

上式中，K 为湿润系数，r 为月降水量，$E_0 = 0.0018(25+T)^2(100-f)$，$T$ 为月平均温度(℃)，f 为月平均相对湿度(%)。

(7.2)式直接计算结果为月湿润系数，实际计算中利用相关要素年值求取中间结果，再除以12得到各站点 K 值。

根据计算结果，参考相关湿润等级划分方法，并结合研究区域地貌植被特征，拟定二级区划指标分级，见表7.4。

表7.4　区划二级指标——湿润系数分级

级别	湿润系数	对应湿润程度
1	$K \geq 0.9$	湿润
2	$0.6 \leq K < 0.9$	半湿润
3	$0.3 \leq K < 0.6$	半干旱
4	$0.1 \leq K < 0.3$	干旱
5	$K < 0.1$	极干旱

3. 理论分区

综合一级积温指标和二级湿润系数指标，可形成20个分区，但在青海省大部分地区是雨热不同区，因此实际上某些分区并不存在，具体划分结果见表7.5。

表7.5　种植区划理论分区及命名

	湿润	半湿润	半干旱	干旱	极干旱
温暖			温暖半干旱 可种植亚区 ⅢC	温暖干旱 不宜种植亚区 ⅣA	温暖极干旱 不能种植区 ⅤA
凉温	凉温湿润 适宜种植亚区 ⅡB	凉温半湿润 适宜种植亚区 ⅡC	凉温半干旱 可种植亚区 ⅢB	凉温干旱 不宜种植亚区 ⅣB	凉温极干旱 不能种植区 ⅤB
冷凉	冷凉湿润 最适种植区 Ⅰ	冷凉半湿润 适宜种植亚区 ⅡA	冷凉半干旱 可种植亚区 ⅢA		
寒冷	寒冷湿润 可种植区 ⅢD	寒冷半湿润 不能种植区 ⅤC			

4. 各区含义及代表站点

(并非指向整个地域):

(Ⅰ)冷凉湿润最适种植区—温度适宜,水分条件满足程度高,适合进行草种生产。主要包括:班玛、久治、达日、甘德、玛沁、河南、泽库、兴海、玉树、门源、野牛沟。

(Ⅱ)适宜种植区—水热条件匹配较好,适合建植人工草地。包括3个亚区:

ⅡA:冷凉半湿润适宜种植亚区—刚察、海晏、同德、曲麻莱、囊谦;

ⅡB:凉温湿润适宜种植亚区—班玛东南部、共和部分地区;

ⅡC:凉温半湿润适宜种植亚区—贵南。

(Ⅲ)可种植区—包括两种气候区,一种为热量条件不是限制因子,但水分条件较差;另一种为热量条件较差,但水分条件较好,雨热同季,可进行退化草地补播。包括4个亚区:

ⅢA:冷凉半干旱可种植亚区—托勒、天峻;

ⅢB:凉温半干旱可种植亚区—共和、祁连;

ⅢC:温暖半干旱可种植亚区—同仁;

ⅢD:寒冷湿润可种植区—玛多、杂多、治多西部。

(Ⅳ)不宜种植区—水分缺乏,需要灌溉,种植成本大,效益不高。包括2个亚区:

ⅣA:温暖干旱不宜种植亚区—德令哈、贵德、尖扎;

ⅣB:凉温干旱不宜种植亚区—乌兰、都兰、茶卡。

(Ⅴ)不能种植区—或因极度缺水,或因热量严重不足。包括3个亚区:

ⅤA:温暖极干旱不能种植区—茫崖、小灶火、格尔木、诺木洪;

ⅤB:凉温极干旱不能种植区—冷湖、大柴旦;

ⅤC:寒冷半湿润不能种植区—五道梁、沱沱河。

第二节　种植气候区划及分区概述

一、区划指标的空间插值模型

青海省地形条件复杂,为了使空间插值结果更符合实际情况,采用两种方法分别对≥0℃积温和湿润系数进行插值:①根据40个气象台站≥0℃积温和湿润系数以及相应台站的经度、纬度、海拔高度,采用线性回归方法建立积温和湿润系数的估算模型(见表7.6),根据估算模型在ArcGIS系统下,依据数字高程(DEM)计算各格点积温和湿润系数值;②利用普通克里金插值法将40个气象站点≥0℃积温和湿润系数进行插值,将两种插值结果重采样后再插值到相同的网格点上(0.5°×0.5°),并进行平均,平均值作为各格点≥0℃积温和湿润系数的空间数值。

表 7.6　积温、湿润系数插值模型

模拟值	模型	F
积温	$Y=10229.07-119.66\times X_1-1.23\times X_3$	85.89
湿润系数	$Y=-9.45-0.0083\times X_1+0.086\times X_2+0.00056\times X_3$	43.42

注：Y 代表模拟值，X_1 代表纬度，X_2 代表经度，X_3 代表海拔高度

二、种植气候区划

利用上述方法对青海各地≥0℃积温和湿润系数进行插值，≥0℃积温插值结果如图 7.1a 所示，从图中可以看出柴达木盆地、贵德县、同仁县、共和县、门源县一带属于温暖带，除囊谦县、玉树市、班玛县、久治县、甘德县、河南县、泽库县等地属冷凉带外，三江源大部分地区属于寒冷带。与≥0℃积温分布趋势基本相似，湿润系数在柴达木盆地为最小值，属于极干旱地带，而三江源大部分地区、祁连山一带属于湿润地区（图 7.1b）。

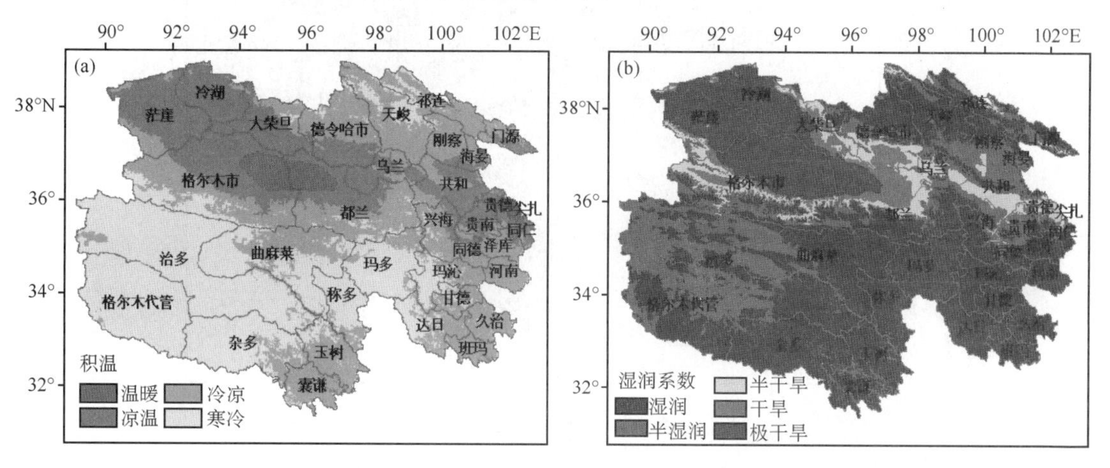

图 7.1　青海省≥0℃积温(a)、湿润系数(b)分布图（见彩图）

三、分区概述

根据≥0℃积温和湿润系数区划结果，对青海省各地青海草地早熟禾种植适宜度进行区划，具体结果见图 7.2。分区进行评述如下：

1. 最适种植区—Ⅰ区

最适种植区主要分布在冷凉湿润区，包括班玛县、久治县、甘德县、玛沁县、河南县、泽库县、玉树市、达日县、兴海县、祁连县、天峻县的部分地区，这些地区年平均≥0℃积温在 1000℃ · d 以上，湿润系数在 0.9 以上。

2. 适宜种植区—Ⅱ区

适宜种植区主要分布在冷凉半湿润区、凉温湿润区、凉温半湿润区，3 个适宜种植区分别

包括以下地区：

冷凉半湿润适宜种植区：冷凉半湿润区主要包括环青海湖区的刚察县、海晏县，以及祁连县、门源县、天峻县、同德县、曲麻莱县、囊谦县、杂多县的部分地区。冷凉半湿润区年平均≥0℃积温在1000～1800℃·d，湿润系数在0.6～0.9。

凉温湿润适宜种植区：凉温湿润区主要分布在同仁县和班玛县的部分地区，该区域年平均≥0℃积温在1800～2500℃·d，湿润系数在0.9以上。

凉温半湿润适宜种植区：凉温半湿润区主要包括共和县、贵南县、以及囊谦县的部分地区，该区域年平均≥0℃积温在1800～2500℃·d，湿润系数在0.6～0.9。

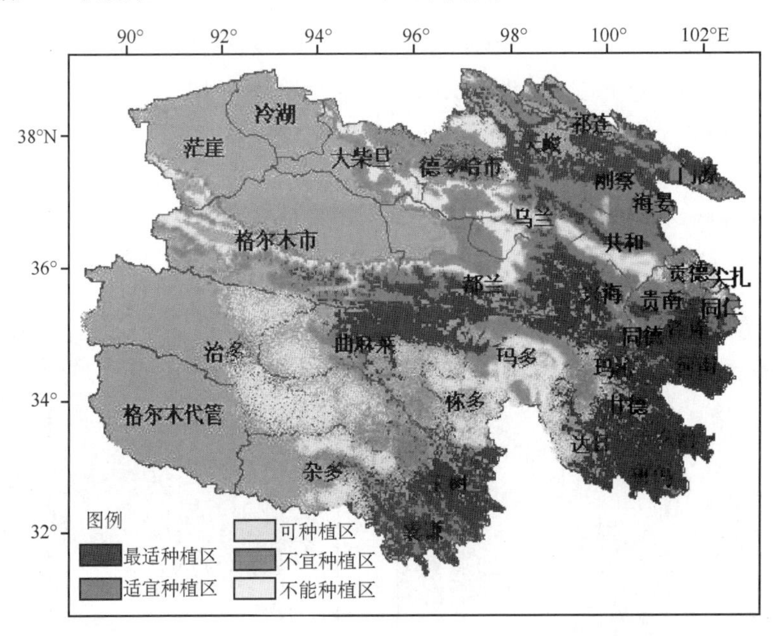

图7.2　青海草地早熟禾种植区划图(见彩图)

3．可种植区—Ⅲ区

冷凉半干旱可种植区：主要分布在柴达木盆地西南边缘，此地区年平均≥0℃积温在1000～1800℃·d，湿润系数在0.3～0.6。

凉温半干旱可种植区：主要分布在共和县、乌兰县、德令哈市部分地区，此地区年平均≥0℃积温在1800～2500℃·d，湿润系数在0.3～0.6。

温暖半干旱可种植区：主要分布在同仁县、门源县东南部地区，此地区年平均≥0℃积温在2500℃·d以上，湿润系数在0.3～0.6。

寒冷湿润可种植区：主要分布在玛多县、杂多县、治多县西部等地，这些地区年平均≥0℃积温在1000℃·d以下，但湿润系数较高在0.9以上。

4．不宜种植区—Ⅳ区

温暖干旱不宜种植区：主要分布在德令哈市、贵德县，该地区年平均≥0℃积温在2500℃·d以上，湿润系数在0.1～0.3。

凉温干旱不宜种植区：主要分布在乌兰县、都兰县、大柴旦镇一带，这些地区年平均≥0℃

积温在 1800～2500℃ · d，湿润系数在 0.1～0.3。

5. 不能种植区—Ⅴ区

温暖极干旱不能种植区：主要分布在格尔木市、茫崖镇，以及都兰县的部分地区，这些地区年平均≥0℃积温在 2500℃ · d 以上，湿润系数小于 0.1。

凉温极干旱不能种植区：主要分布在冷湖镇、大柴旦镇以及格尔木市的部分地区，这些地区年平均≥0℃积温在 1800～2500℃ · d，湿润系数小于 0.1。

寒冷半湿润不能种植区：主要分布在五道梁镇、沱沱河以及玛多县等地，这些地区年平均≥0℃积温在 1000℃ · d 以下，湿润系数在 0.6～0.9。

通过以上分析可以得出以下结论：

(1)青海草地早熟禾适应性较强，对热量条件要求不高，在海拔高度 4300 m 的地区亦能生长，但其生长发育需要满足一定的水分条件。

(2)通过区划结果可以看出，作为乡土草种的青海草地早熟禾在青海省的大部分草原区均可种植，其中班玛县、久治县、甘德县、玛沁县、河南县、泽库县、玉树市、达日县、兴海县、祁连县、天峻县和祁连山一带是最适种植区；而五道梁镇、沱沱河、柴达木盆地等地区受热量条件极差或者气候极为干旱限制不适合进行人工种植。

第八章　青海省精细化农业气候资源业务平台

第一节　系统运行环境

一、开发环境

本系统开发过程中使用的开发语言为 C＃，Python，集成开发工具为 Visual Studio 2008，开发环境为 Windows，. Net Framework3. 5 和 Windows XP，ArcGIS Engine SDK 9. 3，GDAL。. NET 平台是一种功能完备，稳定可靠，安全快速的企业级计算平台，通过 . NET 平台，可以快速地构建分布式，可扩展、可移植，是安全可靠的展示平台。该平台提高应用开发的有效性，保障业务逻辑和组件的重用性；提高应用的性能，如高运行性能和响应时间、可伸缩性、可靠性等。

ArcGIS 是美国 ESRI（Environmental Systems Research Institute，Inc. 美国环境系统研究所公司）推出的一条为不同需求层次用户提供的全面的、可伸缩的 GIS 产品线和解决方案。ArcGIS Engine 是由一组核心 ArcObjects 包组成，其对象与平台无关，能够在各种编程接口中调用，开发人员能够通过它提供的强大的工具构建定制的 GIS 和制图应用。

二、运行环境

1. 软件环境

本系统可运行于 Windows XP，Windows 7 32 位或 Windows 操作系统下；数据库采用 SQL Server2005 关系数据库；数据通信中间件采用 AD 0 接口；GIS 显示分析组件 ArcEngine 组件。

2. 硬件环境

由于系统用到 1∶5 万比例尺 DEM 数据，以及详细地理信息、土地利用数据，加之青海省范围较大，系统运行硬件环境需要满足一定要求：内存不少于 1 GB，CPU 主频 3. 2 GHz 以上，硬盘容量不少于 50 GB。

三、性能要求

精细化农业气候资源业务平台系统是一个人机交互系统，主要包括以下几个方面的内容：具备可提供空间、时间查询，简单统计、计算功能的软件平台，包括农业气候资源单要素、种植适宜度、综合农业区划、专题农业区划及农业气象灾害风险区划等模块，实现各种作物区划计算以及空间分布、面积计算等，在气候变化背景下，根据气候指标结合地理信息实时获取各种作物空间分布范围。

1．稳定性要求

系统要有应急备份方案，保证在访问达到峰值或数据遭到破坏时，通过调整、调节和方便的扩展、数据恢复等手段，使系统平稳运行。可靠性方面要有合理的冗余处理机制，以及要有关键服务器集群和数据备份等技术手段。

2．安全性要求

按照信息安全等级，在不同的信息安全域实施相应的安全等级保护；对不同安全等级的信息，通过身份认证和访问控制，实现授权访问，同时整个系统具备数据备份、恢复和应急响应等功能。

3．使用性要求

精细化农业气候资源业务平台不仅提供用户所需要的功能，而且保证用户操作方便，符合用户的业务习惯，具体主要体现在用户操作界面以人为本的设计等方面，能够满足用户方便、高效、安全地使用信息的要求。

4．可扩展性要求

为适应未来精细化农业气候资源业务的发展，采用基于组件的体系结构，具有开放性和可扩展性。

5．复用性要求

为了统一系统服务器和客户端的数据解析算法、数据统计及气象专用算法，并减少编码人员的工作量，系统所用的算法需要在客户端及服务器复用。

第二节　系统技术线路

根据项目任务书的需求，数据库管理和展示平台的建设采用 Visual Studio. NET 2008 的 C#语言进行开发，SQL Server 2005 作为数据库的存储和管理平台，GIS 平台选用 ArcGIS Engine SDK 9.3 进行数据插值和空间数据的展示。

一、总体框架

系统框架设计主要遵循可扩展性、适用性、安全性等决策方案，完成系统总体框架、功能等设计(图 8.1)。

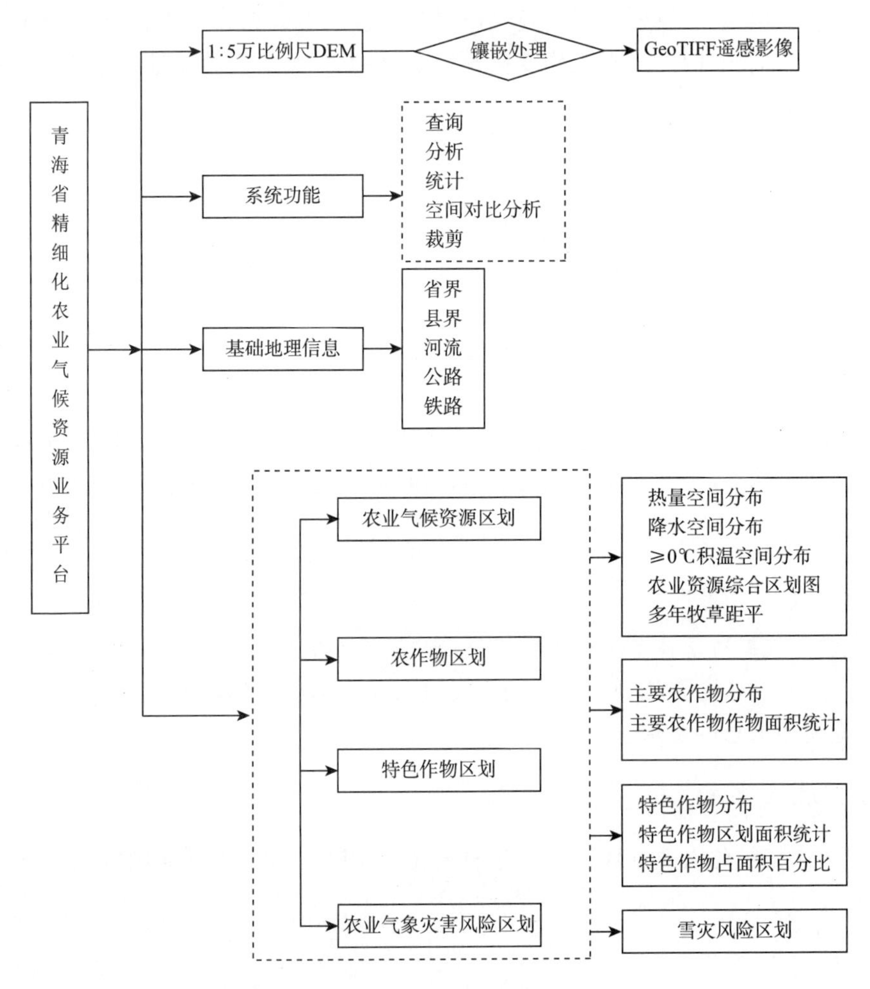

图 8.1　系统总体框架

技术路线设计：

收集 30 年整编资料，利用 SPSS(统计产品与服务解决方案)软件建立气温、降水、积温与敏感因子经度、纬度、高程的多元回归模型；

利用回归模型计算热量、水分、7 月份气温，运算农业区划分布图；

结合农业区划图与主要作物发育期指标，生成各种作物区划图；

利用平台查询统计分析区划面积、空间分布等(见图 8.2)。

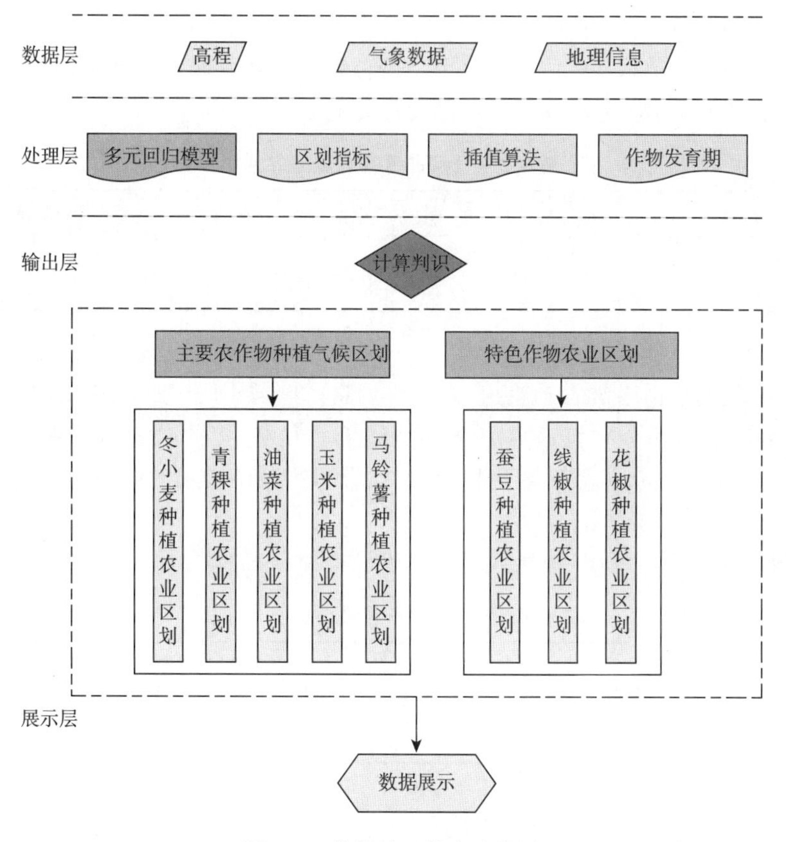

图 8.2　数据处理技术路线图

二、基础数据

资料的存储主要以 SQL Server 为数据库存储平台，其中包括地面观测的气温、降水量和7月份平均温度、积温等信息，降水量分布图、气温分布图、积温分布图、高程数据栅格文件以文件形式存储在文件夹中。

地面观测的气象资料数据库字段设计如表 8.1：

表 8.1　地面观测资料数据库格式

字段名称	数据类型	字段显示名称
Qstation	字符型	站号
Qstation_name	字符型	站名
Month_7_temperature	浮点型	7 月份平均气温
year_rain	短整型	年降水量
≥0cumulative temperature	浮点型	≥0℃积温
Month_N_temperature	浮点型	N 取 1～12
Month_N_rain	整型	N 取 1～12

其中：

Qstation 字段表示站号，该字段唯一表示一个站，作为主键。

Month_N_temperature 字段中 N 值取 1～12，共 12 个字段分别表示各月平均温度。Month_N_rain 字段 N 值取 1～12，共 12 个字段分别表示各月降水量数据。

气候资源区划信息库，信息数据库字段设计如见表 8.2：

表 8.2 气候资源区划数据库格式

字段名称	数据类型	字段显示名称
VALUE	整型	代码
filename	字符型	文件名称

其中：

filename 字段的值由系统自动生成，它由区划具体区域，如还别州、海南州、共和县等占四个字符，州名和县名为两个字符；VALUE 字段值为三位数，第一位表示一级区划指标阈值及农业意义，第二位表示二级气候区划指标及自然景观，第三位表示三级气候区划指标和主要农作物。

主要作物气候资源信息库，信息数据库字段设计如见表 8.3：

表 8.3 主要作物气候资源数据库格式

字段名称	数据类型	字段显示名称
VALUE	整型	代码
filename	字符型	文件名称

其中：

filename 字段的值由系统自动生成，它由区划具体区域，如还别州、海南州、共和县等占四个字符，州名和县名为两个字符；VALUE 字段值为一位数，1 表示适宜，0 表示不适宜。

面积计算算法：

空间参考：PROJCS["Krasovsky_1940_Albers",GEOGCS["GCS_Krasovsky_1940",DATUM["D_Krasovsky_1940",SPHEROID["Krasovsky_1940",6378245.0,298.3]],PRIMEM["Greenwich",0.0],UNIT["Degree",0.0174532925199433]],PROJECTION["Albers"],PARAMETER["False_Easting",0.0],PARAMETER["False_Northing",0.0],PARAMETER["Central_Meridian",96.0],PARAMETER["Standard_Parallel_1",25.0],PARAMETER["Standard_Parallel_2",47.0],PARAMETER["Latitude_Of_Origin",36.0],UNIT["Meter",1.0]。

地图投影是把地球表面投影到某个投影面上，使之在一个平面上表示出来。为了对不同时间接收的图像进行比较，比如对火灾、干旱、植被的监测等，必须把图像投影到和基础地理信息相同的坐标系中，即进行投影变换(见图 8.3)，系统主要采用等积圆锥投影。

等积圆锥投影：将椭球面上的经纬线投影于圆锥面上，再将圆锥沿圆锥母线切开，展成平面后而成。变换公式如下：

$$\begin{cases} x = p_s - \rho\cos\theta \\ y = \rho_s \sin\theta \end{cases}$$

式中 p_s 为坐标原点移至投影区域中最低纬度和中央经线焦点处的距离，θ 为母线与中央经线的夹角。

$$S = N \times pixel\_size \times pixel\_size;$$

式中，S 表示面积，N 表示像元个数，pixel_size 表示像元尺寸。

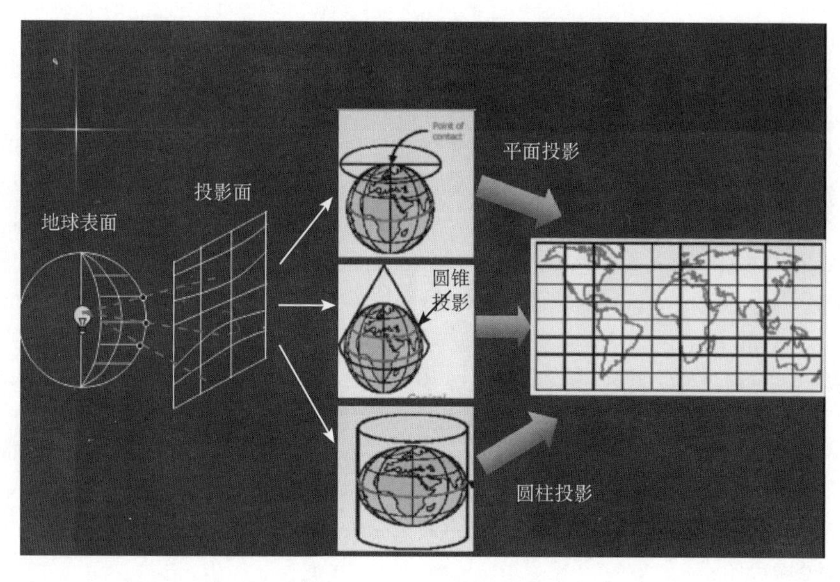

图 8.3　地图投影方法

1. 图像快速读取算法：

本系统采用 1∶5 万比例尺数据计算，由于数据量庞大，采用分块读取算法实现数据快速读取计算：

```
private void ReadData(string filename,string t_out_filename)
{
OSGeo.GDAL.Gdal.AllRegister();
Dataset ds=Gdal.Open(filename,Access.GA_ReadOnly);
        int XSize=ds.RasterXSize;// 获取栅格数据的长和宽
        int YSize=ds.RasterYSize;
        int count=ds.RasterCount;// 获取栅格数据的点的数量
        Band demband=ds.GetRasterBand(1);// 获取第一个 band
        double[]gt=new double[6];
        ds.GetGeoTransform(gt);
        double nodatavalue;
        int hasval;
        demband.GetNoDataValue(out nodatavalue,out hasval);// 获取没有数据的点的值
        Int16[]databuf=new Int16[XSize];
        UInt16 out_tif_width=(UInt16)ds.RasterXSize;
        UInt16 out_tif_height=(UInt16)ds.RasterYSize;
        UInt16 out_tif_bandcount=(UInt16)ds.RasterCount;
        string[]out_option={ "INTERLEAVE=PIXEL" };
        OSGeo.GDAL.Driver driverT=Gdal.GetDriverByName("GTiff");
        OSGeo.GDAL.Dataset tif_ds = driverT.Create(t_out_filename,out_tif_width,out_tif_
height,out_tif_bandcount,DataType.GDT_Int16,out_option);
        tif_ds.SetGeoTransform(gt );
```

```
Band tif_band=tif_ds.GetRasterBand(1);
Int16[]tif_buffer=new Int16[out_tif_width];
string inputprj="PROJCS[\"dd\",GEOGCS[\"GCS_WGS_1984\",DATUM[\"WGS_1984\",SPHEROID[\"WGS_1984\",6378137.0,298.2572235630016]],PRIMEM[\"Greenwich\",0.0],UNIT[\"Degree\",0.0174532925199433]],PROJECTION[\"Albers_Conic_Equal_Area\"],PARAMETER[\"False_Easting\",0.0],PARAMETER[\"False_Northing\",0.0],PARAMETER[\"longitude_of_center\",96.0],PARAMETER[\"Standard_Parallel_1\",25.0],PARAMETER[\"Standard_Parallel_2\",47.0],PARAMETER[\"latitude_of_center\",36.0],UNIT[\"Meter\",1.0]]";
string outprj="GEOGCS[\"GCS_WGS_1984\",DATUM[\"D_WGS_1984\",SPHEROID[\"WGS_1984\",6378137,298.257223563]],PRIMEM[\"Greenwich\",0],UNIT[\"Degree\",0.017453292519943295]]";
OSGeo.OSR.SpatialReference sourceSR=new OSGeo.OSR.SpatialReference(inputprj);
OSGeo.OSR.SpatialReference targetSR=new OSGeo.OSR.SpatialReference(outprj);
OSGeo.OSR.CoordinateTransformation coordTrans = new OSGeo.OSR.CoordinateTransformation(sourceSR,targetSR);
  short tempdata=0;
double[]testpara=new double[3];
for(int yi=0;yi < YSize;yi++)
{
    demband.ReadRaster(0,yi,ds.RasterXSize,1,databuf,XSize,1,0,0);
    for(int xi=0;xi < XSize;xi++)
    {
        double pointx=gt[0]+ xi * gt[1]+ yi * gt[2];
        double pointy=gt[3]+ xi * gt[4]+ yi * gt[5];
        //Transcoordinate(out testpara,pointx,pointy);//获取坐标
        coordTrans.TransformPoint(testpara,pointx,pointy,0);
        if(databuf[xi]! = 32767)
        {
            tempdata= System.Convert.ToInt16(90.761 - 0.006 * databuf[xi] - 1.678 * testpara[1]- 0.229 * testpara[0]);//X1=海拔高度、X2=纬度、X3=经度
        }
        else
        {
            tempdata=0;
        }
        tif_buffer.SetValue(tempdata,xi);
        Application.DoEvents();
    }
tif_band.WriteRaster(0,yi,out_tif_width,1,tif_buffer,out_tif_width,1,0,0);
Application.DoEvents();
}
MessageBox.Show("数据处理完毕");
tif_ds.Dispose();
```

```
        tif_band.Dispose();
        tif_buffer=null;
        ds.Dispose();
        demband.Dispose();
        databuf=null;
        driverT.Dispose();
        MessageBox.Show("数据处理完毕");
}
```

2. 分县面积快速统计算法：

本算法首先快速读取每个行列数的像元数据，判断是否在大的区域范围内，如果不在，继续下一个行列数据，如果在判断在那个行政区域内，然后统计每个区域内每个等级的像元数，最后以 EXCEL 表形式快速显示给用户。

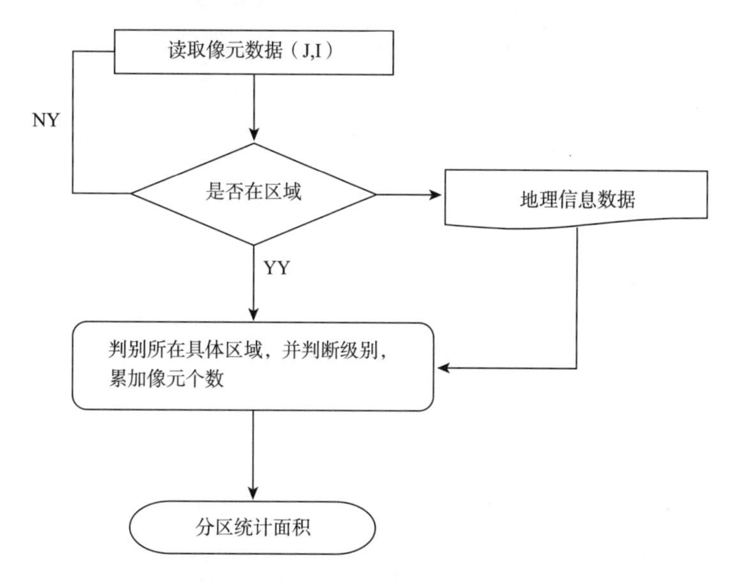

图 8.4　分县面积快速统计算法

```
public void FgetCalculaData(Int1 6[]datavalue,int height,int width,double resolution,int pneedcalcutry,
ProgressBar pprogressbar)
    {
        System.IO.StreamWriter strmOutpal;
        System.IO.StreamReader strminput;

        int groupcount;
        strmOutpal=new System.IO.StreamWriter(savedatafilename,false);
        //===============================调色板数组=============
        string strLine="";

        int[,]datarecord=new int[pneedcalcutry,groupcount];//设置进度条
        pprogressbar.Minimum=0;
```

```
pprogressbar. Maximum=height;
pprogressbar. Step=1;
pprogressbar. Value=0;
for(int j=0;j < height;j++)
{
    for(int i=0;i < width;i++)
    {
        int ita=j * width + i;
        if((datavalue[ita]< lowvalue[0])||(datavalue[ita]>=1000))
        {
            continue;
        }
        else
        {
            for(int count=0;count < pneedcalcutry;count++)
            {
                if(PtInRegion(m_rgn[count],i,j))
                {
                    int dengji = FgetDengji ( datavalue [ ita ], lowvalue, highvalue, group-
count);
                    if(dengji > -1)
                    {
                        datarecord[count,dengji]=datarecord[count,dengji]+ 1;
                        sumproduct[count]=sumproduct[count]+
                    }
                }
            }
        }

    }
    pprogressbar. Value=pprogressbar. Value + 1;
    Application. DoEvents();
}
for(int count=0;count < pneedcalcutry;count++)
{
    string outtemp=acoutryname[count];
    meanproduct[count]=sumproduct[count] * 1000/ sumArea[count];
    for(int jiebie=0;jiebie < groupcount;jiebie++)
    {
        outtemp=outtemp +(datarecord[count,jiebie] * resolution * resolution/1000/1000)
. ToString()+ "";

    }
```

```
        outtemp="";
        }
        strmOutpal.Close();
    }
```

三、数据库资料的追加和导入

数据库中追加和导入资料的途径较多，可以在数据库管理界面进行追加。

1. 地面观测的资料入库

地面观测的资料入库一种方式为将文本文件中保存的资料批量导入数据库，文本文件中一行资料代表一条记录资料，年资料每行记录的格式为台站号，批量操作在数据库管理界面中也可以实现。如果需要输入资料的单条记录，则可以通过数据库管理界面添加。

2. 栅格产品资料入库

在产品计算和展示界面中输出产品时，栅格文件在产品生成后直接保存到数据库文件夹中，同时产品信息会自动保存到产品信息库中。用 ArcGIS 等其它软件制作的气候资源区划图、主要农作物区划图产品入库时，需要填写相应的产品信息，才能保存到数据库中，这种追加资料的方式在数据库管理界面中可以实现，产品图像在展示界面显示时也可以追加。

3. 插值算法

数据插值时一般采用克里金插值方法，这时就需要 AE 的空间分析中的克里金插值功能，其可调整的参数有半变异模型、像元大小、搜索半径及点个数，其中的搜索半径内点个数如果为 0，会采用默认值 12；如果搜索半径为 0 则采用默认值 40000；插值的范围默认采用青海省边界最小矩形范围，最后还需要利用青海省边界矢量数据剪裁出青海省范围内的数据。插值后生成的数据为 TIFF 格式，栅格文件保存到文件夹中，产品的相关信息保存到数据库中的产品信息数据库中。

克里金插值的实现代码如下：

```
public Boolean krige (double cellsize,IEnvelope pextent,string fieldname,int radiustypeflag,int pointnum,
double distance,esriGeoAnalysisSemiVariogramEnum Variogram)
    {
        //设置栅格插值分析环境
        IInterpolationOp3 pinterpolationop=new RasterInterpolationOpClass();
        IRasterAnalysisEnvironment penv=pinterpolationop as IRasterAnalysisEnvironment;
        //输出像元大小
        object o_cellsize=(object)cellsize;
        penv.SetCellSize(esriRasterEnvSettingEnum.esriRasterEnvValue,ref o_cellsize);
        //设置输出范围
        object object_extent=pextent;
```

```
object snaprasterdata=Type.Missing;
penv.SetExtent(esriRasterEnvSettingEnum.esriRasterEnvValue, ref object_extent, ref snaprasterdata);
//设置插值点数据要素
string pointshpfile=p_path + "datasource\dlxx\rzbfl_zhd_al.shp";
if(!(File.Exists(pointshpfile)))
{
    MessageBox.Show("插值矢量数据不存在!");
    return false;
}
IWorkspaceFactory shpwsf=new ShapefileWorkspaceFactoryClass();
IFeatureWorkspace shpws=(IFeatureWorkspace)shpwsf.OpenFromFile(p_path + "datasource\dlxx\",0);
IFeatureClass pfeatureclass=shpws.OpenFeatureClass("rzbfl_zhd_al.shp");
IFeatureClassDescriptor pfeaturedescriptor=new FeatureClassDescriptorClass();
//插值字段
pfeaturedescriptor.Create(pfeatureclass,null,fieldname);
//输入点要素
IGeoDataset inputgeodataset=pfeaturedescriptor as IGeoDataset;
//设置插值点半径和个数
IRasterRadius prasterradius=new RasterRadiusClass();
if(radiustypeflag == 0)
{
    int numofpoint;
    object maxdistance;
    //搜索半径内的点个数
    if(pointnum == 0)
        numofpoint=12;
    else
        numofpoint=pointnum;
    //搜索的最大半径
    if(distance < 0.0001)
        maxdistance=Type.Missing;
    else
        maxdistance=(object)distance;
    prasterradius.SetVariable(numofpoint,ref maxdistance);
}
else if(radiustypeflag == 1)
{
    object minpoint;
    double r_distance;
    //搜索半径内的最少点数
    if(pointnum == 0)
```

```
                minpoint=Type.Missing;
            else
                minpoint=(object)pointnum;
            //搜索半径
            if(distance < 0.0001)
                r_distance=400000;
            else
                r_distance=distance;
            prasterradius.SetFixed(r_distance,ref minpoint);
        }
        //插值
        object o_linebarrier=Type.Missing;
        IGeoDataset outdataset = pinterpolationop.Krige(inputgeodataset, Variogram, prasterradius,
false,ref o_linebarrier);
        //输出
        if(outdataset == null)
            return false;
        //裁剪
        IGeometry5 pgeometry;
        IFeatureClass pclipshp=shpws.OpenFeatureClass("qh_shengjie.shp");
        int fcount=pclipshp.FeatureCount(null);
        IFeature pfeature=pclipshp.GetFeature(0);
        pgeometry=(IGeometry5)pfeature.Shape;
        IPolygon ppolygen=pgeometry as IPolygon;
        IExtractionOp pextractionop=new RasterExtractionOpClass();
        bool in_or=true;
        IGeoDataset clipdataset=pextractionop.Polygon(outdataset,ppolygen,true);
        IWorkspaceFactory savewsf=new RasterWorkspaceFactory();
        IWorkspace savews=savewsf.OpenFromFile(p_path + "\datasource\rzbfl\",0);
        IRaster praster=(IRaster)clipdataset;
        ISaveAs saveas=(ISaveAs)praster;
        saveas.SaveAs(outfile,savews,"TIFF");
        return true;
    }
```

四、属性数据库的设计和实现

1. 数据库设计

数据库是一个信息系统的核心，其数据组织结构、数据质量的好坏直接影响到系统的正常运行和系统的整体性能。本系统采用 SQL Server 2005 共同存取系统建模和评估用到的数据。按数据的类型划分，本系统的数据主要包括属性数据，他们都存放在 SQL Server 数据库中，借助于 SQL Server 数据库的高性能，系统能够快速地访问到所需的所有数据。属性数据库主要存放气象站台资料、历史资料。

属性数据可能来源于某些本地文件，某些也位于局域网内其他机器上。属性数据主要包括历史和实时气象资料，即各个气象监测站点气温、辐射量、降水量观测值等监测资料。

除了以上主要属性数据外还包括：用户权限表、站台信息表、用户操作记录表和其他统计数据表。在设计表时，要为每个字段选择合适的字段类型，为每个表建立一个主键和相应的索引。在设计好数据库结构后，往数据库中录入或导入数据。

2. 概念结构设计

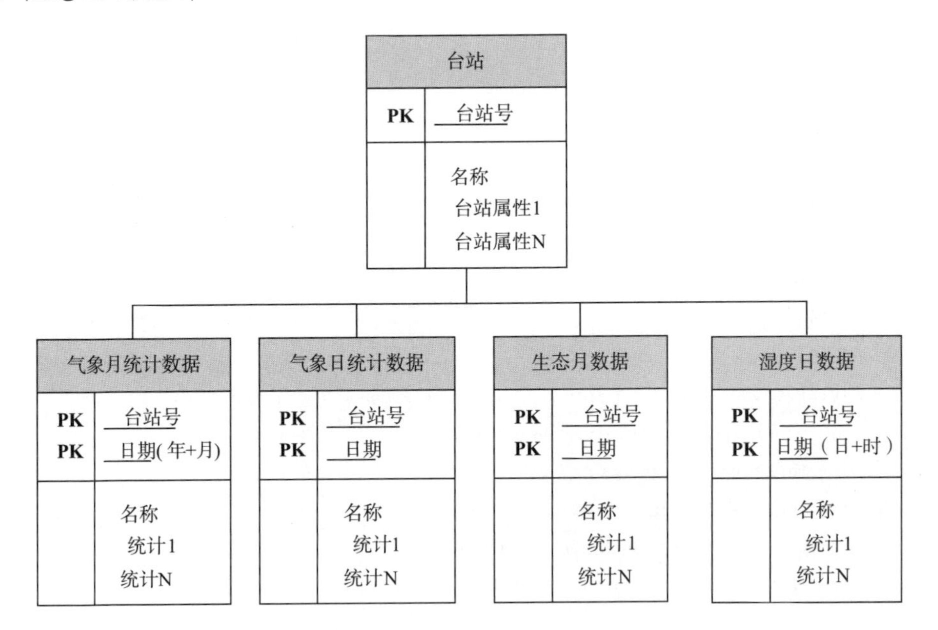

图 8.5　概念结构图

3. 表的设计

表中数据均以整数形式存放，如果原有数据为带小数的数值，均扩大成整数写入数据库，详细内容可参见各表说明栏中的内容，表中 ObservTime 为资料的观测时间。

当表中含有 StationID 和 ObservTime 两个字段时，以 StationID 和 ObservTime 建立聚集索引，其中 ObservTime 为降序排列，同时分别在 StationID 和 ObservTime 上建立索引，其中 ObservTime 为降序排列；如果表中只有 StationID 一个字段，则只建立以 StationID 为主键的索引。

(1)台站参数表(Station)

台站参数表存放了台站的相关静态参数，如站台名、站台号、区域、经纬度信息等(见表 8.4)。

表 8.4　台站参数表

序号	字段名	字段名称	数据类型	说明
1	StationID	台站号	Char(5)	
2	Name	名称	Varchar(30)	
3	Area	区域	char(10)	
4	Longitude	经度	char(10)	小数或字符串存入
5	Latitude	纬度	char(10)	
6	ObservElevation	观测场拔海高度	char(10)	扩大 10 倍
7	Pressureelevation	气压表拔海高度	char(10)	扩大 10 倍
8	Backup1	备份字段 1	Varchar(20)	
9	Backup2	备份字段 2	Varchar(20)	

(2)气象年资料表(year_Weather)

用于存放从远程历史资料数据库中统计得出的常规观测要素的年统计记录，包括气温、辐射量、降水量观测值等(见表 8.5)。

表 8.5　年资料字段名

序号	字段名	字段名称	数据类型	说明
1	StationNum	区站号	char(5)	
2	ObservTimes_year	观测年份	char(10)	
18	Rain_year	年降水量	int	
19	Temperature_year	年均气温	float	
20	Radiation_year	年辐射量	float	

(3)气象月资料表(month_Weather)

以月为单位统计常规观测要素的记录，包括月平均气温、月降水量、月小型蒸发量、月大型蒸发量、月平均相对湿度、月最大冻土深度、月平均风速、月平均气压、月平均地表温度、月日照时数的各个观测值(见表 8.6)。

表 8.6　月资料字段名

序号	字段名	字段名称	数据类型	说明
1	StationNum	站号	char(5)	
2	ObservTimes_year	记录年份	char(10)	
3	ObservTimes_month	记录月份	char(4)	
4	Rain_month	月降水量	int	
5	Temprature_month	月平均气温	float	
6	Radiation_month	月辐射量	float	Radiation_month
15	BackUp1	备份字段 1	Varchar(5)	
16	BackUp2	备份字段 2	Varchar(5)	
17	BackUp3	备份字段 3	Varchar(5)	

(4)操作员权限表(User)

存放用户的登录信息和权限信息(见表 8.7)。

表 8.7　操作员权限表

序号	字段名	字段名称	数据类型	说明
1	name	用户名	char(10)	
2	pass	密码	nchar(50)	对称加密保存
3	identy	权限	int	1:管理员(特定操作:可以添加修改台站、增删用户); 2:业务员(查询分析统计资料);
4	Backup1	备份字段 1	Varchar(20)	

(5)日志表(Log)

用来存放各用户的使用操作记录和系统的运行情况(见表 8.8)。

表 8.8　日志表

序号	字段名	字段名称	数据类型
1	时间	日志记录时间	datetime
2	用户	操作台姓名	char(10)
3	事件	日志内容	char(100)
4	Backup1	备份字段 1	nchar(10)

4. 存储过程设计

系统中对于简单的 SQL 语句执行，通过直接调用数据库操作类中方法来实现数据查询更新等操作。但是对于执行批量的 T-SQL 语句，无论是在效率上还是在安全性上都不及执行存储过程。而且对于许多传入参数的 SQL 语句，用户会经常重新设置，这样在可维护性和更改、测试、重新部署程序所需的时间和精力上都远远不如存储过程方便。本系统中主要设计了以下存储过程：

(1)存储过程 HistQuery

在资料处理子系统中需要查询历史资料数据库中各要素的值，此时需要传入查询的目的表、起始时间、结束时间和台站号等参数。在数据库中设计了存储过程 HistQuery 实现查询指定台站指定时间结果集。

名称：HistQuery

参数：@dateStart CHAR(10)，@dataEnd CHAR(10)，@tableName CHAR(10)，@stationid CHAR(20)

主体代码：

```
BEGIN
 SET NOCOUNT ON;
     if(@stationid='全部')
      begin
          if(@tableName='台站信息表')
                select * from month_weather where  年份+'-'+right(cast(power(10,2)as varchar)+月份,2)between substring(@dateStart,1,7)and substring(@dataEnd,1,7)
      else if(@tableName='气象年表')
                select stationid,month_Grass. * from month_Grass,station where cast(日期 as datetime)be-
```

```
tween @dateStart  and @dataEnd and Name=站名
        else if(@tableName='气象月表')
              select * from day_Humidity where fbday between @dateStart  and @dataEnd
        end
    else
        begin
          if(@tableName='台站信息表')
              select * from month_weather where  年份+'-'+right(cast(power(10,2)as varchar)+月
份,2)between substring(@dateStart,1,7)and substring(@dataEnd,1,7)  and 站号=@stationid
        else if(@tableName='气象年表')
              select stationid,month_Grass. * from month_Grass,station where cast(日期 as datetime)be-
tween @dateStart  and @dataEnd and  stationid=@stationid and station. name=month_grass. 站名
        else if(@tableName='气象月表')
              select * from day_Humidity where fbday between @dateStart  and @dataEnd and nsta=@
stationid
        end
   END
```

(2)入库存储过程

将牧草统计记录、土壤湿度统计记录和气象月统计记录入，分别设计三个存储过程管理每一种要素的自动和手动入库操作。

名称：Dr_Grass，Dr_Humidity，Dr_Weather

参数：各记录表的字段信息

Dr_Weather 主体代码：

```
if not exists(select * from month_Weather where 站号=@num and 年份=@year and 月份=@month)
insert into month_Weather(站号,站名,年份,月份,月平均气温,月降水量,月小型蒸发量,月大型蒸发
量,月平均相对湿度,月最大冻土深度,月平均风速,月平均气压,月平均地表温度,月日照时数)values(@
num,@nam,@year,@month,@rain,@temp,@sevap,@levap,@hum,@froz,@wind,@pres,@earth,@
shine)
```

(3) 质量控制存储过程

在将牧草统计记录、土壤湿度统计记录和气象月统计记录进行质量控制，分别设计三个存储过程管理每一种要素的自动和手动入库质量控制操作。

名称：Grass，Humidity，Weather

参数：各记录表的字段信息

Grass 主体代码：

```
update month_Grass set[牧草高度 1(cm)]=(select avg(cast([牧草高度 1(cm)]as int))from month_
Grass where cast([牧草高度 1(cm)]as int)between 0 and @height)where cast([牧草高度 1(cm)]as int)not
between 0 and @height or[牧草高度 1(cm)]=''
update month_Grass set[牧草覆盖度 1(%)]=(select avg(cast([牧草覆盖度 1(%)]as int))from month_
Grass where cast([牧草覆盖度 1(%)]as int)between 0 and @cover)where cast([牧草覆盖度 1(%)]as int)
not between 0 and @cover or[牧草覆盖度 1(%)]=''
update month_Grass set[牧草产量 1(kg)]=(select avg(cast(cast([牧草产量 1(kg)]as float)as int))from
month_Grass where cast(cast([牧草产量 1(kg)]as float)as int)between 0 and @produce)where cast(cast([牧
```

草产量 1(kg)]as float)as int)not between 0 and @produce or[牧草产量 1(kg)]=''

update month_Grass set[牧草高度 2(cm)]=(select avg(cast([牧草高度 2(cm)]as int))from month_Grass where cast([牧草高度 2(cm)]as int)between 0 and @height)where cast([牧草高度 2(cm)]as int)not between 0 and @height or[牧草高度 2(cm)]=''

update month_Grass set[牧草覆盖度 2(%)]=(select avg(cast([牧草覆盖度 2(%)]as int))from month_Grass where cast([牧草覆盖度 2(%)]as int)between 0 and @cover)where cast([牧草覆盖度 2(%)]as int) not between 0 and @cover or[牧草覆盖度 2(%)]=''

update month_Grass set[牧草产量 2(kg)]=(select avg(cast(cast([牧草产量 2(kg)]as float)as int))from month_Grass where cast(cast([牧草产量 2(kg)]as float)as int)between 0 and @produce)where cast(cast([牧草产量 2(kg)]as float)as int)not between 0 and @produce or[牧草产量 2(kg)]=''

update month_Grass set 日期=replace(日期,'/','-0')

if not exists(select * from sysobjects where[name]='culcu_Grass' and xtype='U')

select[牧草高度 1(cm)],[牧草覆盖度 1(%)],[牧草产量 1(kg)],[牧草高度 2(cm)],[牧草覆盖度 2(%)],[牧草产量 2(kg)]into culcu_Grass from month_Grass where 1=0

5. 安全性设计

(1)表的安全性

对于每一个数据库的访问权限都有一定的限制,使用不同的用户名登陆系统时,系统会根据不同的用户名提供不同的权限,用户无法越权进行自己权限范围外的操作。

用户首先通过统一的用户名登陆权限管理库,在输入正确的用户名和密码后,程序会判断并分配当前用户所拥有的权限。具体用户对于的权限可见表 8.9:

表 8.9 表的安全性

序号	用户类型	权限说明
1	管理员	对所有表的添加、修改、删除和查询权限;用户管理;包括业务员权限
2	业务员	对数据资料库中的表有查询、统计分析的权限

(2)硬件故障、操作失误等情况下数据库恢复

系统可以进行数据库备份和恢复操作,并拥有日志记录功能。当软件检测到数据库异常时,可先将数据存放在本地硬盘,等数据库恢复后重新将数据写入数据库。

第三节 系统功能

一、资料查询与处理

1. 历史资料查询和统计

历史资料查询功能是根据三江源周边地区历史资料的站点分布、年代、时次和数据类型,

为青海省人工增雨提供基础性和历史统计数据支持，包括模糊查询和组合查询功能。

支持从气象月纪录、生态牧草月纪录和土壤湿度日纪录中查询资料。查询时选择查询数据表并设定查询条件，结果输出供省、州、地(市)人工影响天气办公室分析。资料处理系统如图 8.6 所示：

资料处理系统

历史资料查询　数据统计分析

记录源：气象月记录　起始日期 2008年 4月　结束日期 2011年 4月　站点名称 全部　查询

站号	站名	年份	月份	月平均气温	月降水量	月小型蒸发量	月大型蒸发量	月平均相对湿度	
52908	伍道梁	2008	1	-14.7	1.8	55.3	99999	43	0
52908	伍道梁	2008	10	-6	14.2	66.2	99999	69	0
52908	伍道梁	2008	11	-12.8	4.2	49	99999	58	0
52908	伍道梁	2008	12	-12.8	0	71.8	99999	37	0
52908	伍道梁	2008	2	-16	0.8	54.3	99999	42	0
52908	伍道梁	2008	3	-10.3	1.9	90.6	99999	39	0
52908	伍道梁	2008	4	-4.9	4.6	117.6	99999	43	0
52908	伍道梁	2008	5	1.1	25.8	160.1	99999	50	0
52908	伍道梁	2008	6	3.2	62.1	130	99999	65	0
52908	伍道梁	2008	7	5.6	155.3	128.1	99999	71	0
52908	伍道梁	2008	8	4.3	82.3	118.4	99999	67	0
52908	伍道梁	2008	9	2	54.5	89.6	99999	75	0
52943	兴海	2008	1	-10.3	5.7	59.7	99999	45	1
52943	兴海	2008	10	2.6	14.6	100.1	99999	60	7
52943	兴海	2008	11	-4.5	5.9	71.2	99999	50	3
52943	兴海	2008	12	-8.8	0	76.4	99999	31	7

图 8.6　资料处理系统

2. 资料图形化显示

数据输出的另一种方式曲线图显示。该功能可以将历史数据按要素、站台、时间等条件连续展示，形象地反映出变化趋势。资料图形显示功能支持单要素和两个要素的某个时间段内数值的变化输出。除了可以进行曲线显示外，还可以按直方图显示，效果如图 8.7 所示：

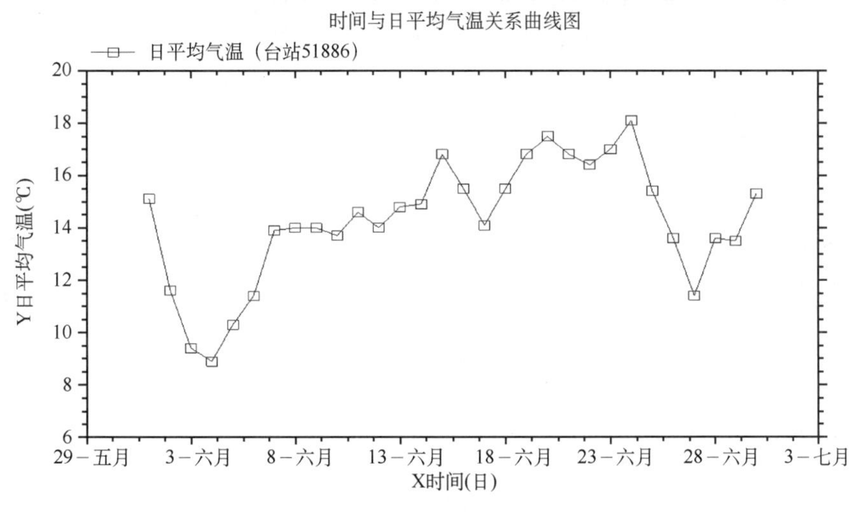

图 8.7　曲线图形显示

3. 数据入库

系统不但要求具有查询统计历史资料的功能，同时还需具备将历史数据和实时数据入库的功能。该功能实现从省级历史(或实时)资料数据库中提取相关人工增雨效果业务数据，按照业务类型分别整理，并对实时资料进行质量检查，以便为统计分析模块提供输入数据。

实时数据和历史数据包括：CASA 结果格点数据(NPP 影像文件、HI 影像文件、NDVI 影像文件、Apar 影像文件、Radiate 影像文件、Rain 影像文件、SWC 影像文件和 Temp 影像文件)、TXT 格点数据和实时气象数据。

数据入库的方式包括自动入库和手动入库两种。手工入库在系统运行后用户手工设置运行参数信息实现数据的导入功能，自动入库是在系统启动的时候实现以上数据的自动入库。其中 CASA 数据入库功能界面如图 8.8 所示，其他数据入库界面与 CASA 数据入库界面类似。

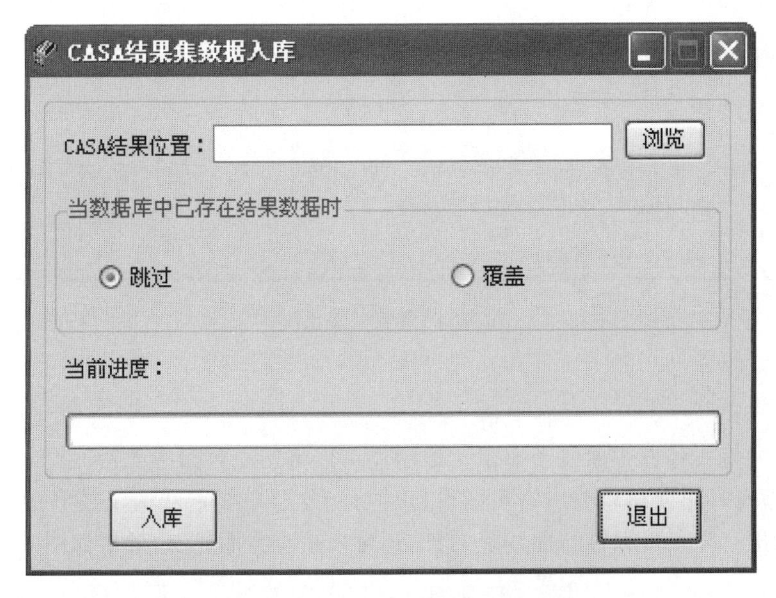

图 8.8　CASA 结果数据入库界面

二、地图数据处理

1. 基本 GIS 功能

基本 GIS 功能包括 GIS 系统常用的地图放大、地图缩小、平移、全图、选择元素、撤销选择、保存图片、添加图层、移除图层、标注图层等功能。

在制版模式下还实现了地图的文章添加、删除、选择、比例尺、指北针等功能，并实现了地图控件和图层列表的绑定功能。基本 GIS 功能界面如图 8.9 所示。

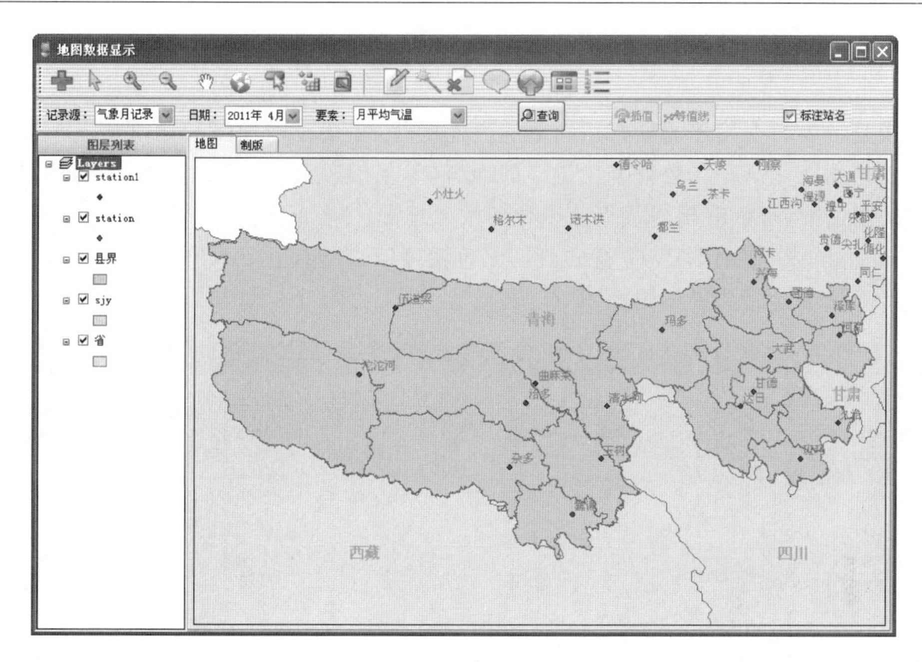

图 8.9　基本 GIS 功能

2. 栅格插值

站点采集到的数据都是以离散点的形式存在的，只有在这些采样点上才有较为准确的数值，而其它未采样点上都没有数值。然而，在系统中需要用到某些未采样点的值，需要通过已采样点的数值来推算未采样点数值。插值结果将生成一个连续的表面，在这个连续表面上可以得到每一点的值。通过栅格插值能够得出整个青海省各要素的分布情况，栅格插值结果如图 8.10 所示。

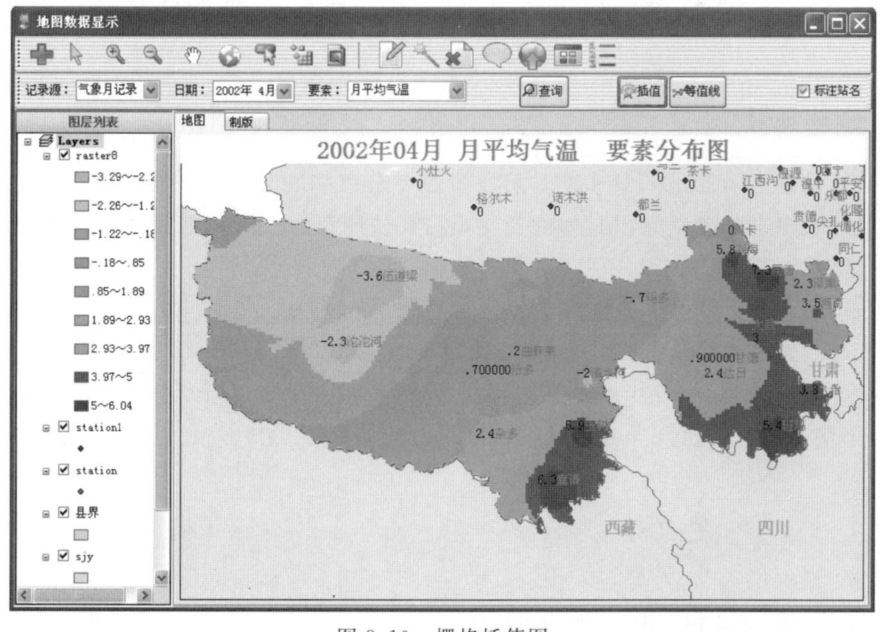

图 8.10　栅格插值图

3. 等值线绘制

等值线是将表面上相邻的具有相同值的点连接起来的线。等值线分布的疏密一定程度上表明了表面值的变化情况。数值变化越小的地方，等值线就越疏，反之越密。因此，通过研究等值线的疏密情况，可以获得对表面值变化的大致情况。

在 ArcEngine 中使用 IDW 进行插值输出后就可以直接使用 ArcEngine 来实现等值线的自动生成。等值线绘制结果如图 8.11 所示：

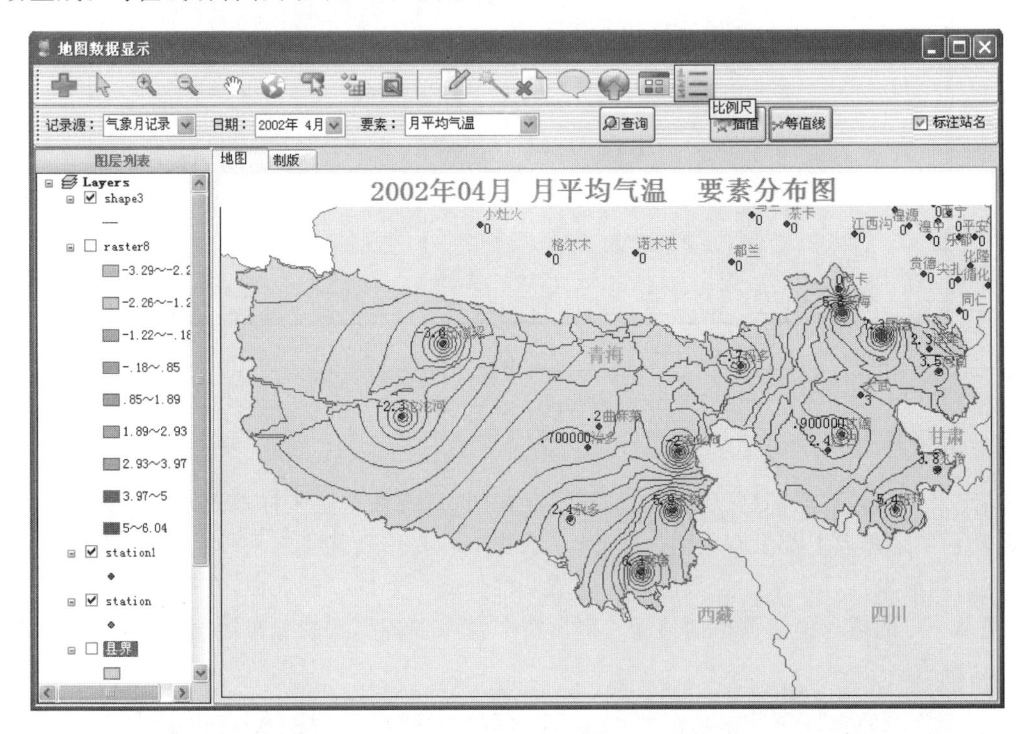

图 8.11 等值线输出

4. 影像数据对比

影像数据动画展示的是一段连续时间内某种要素在空间分布上的变化趋势，却不能将变化的具体量反映出来。要反映出具体的变化量需要使用 ArcEngine 的栅格计算功能和栅格统计功能将栅格数据作对比。

影像数据对比就是用某一个时间的空间分布情况减去另一个时间的空间分布情况并将结果按县区统计。栅格运算后的结果如图 8.12 所示：

图 8.12 中，左边是 2006 年 4 月份的降水分布与 2005 年 4 月份降水分布的插值结果显示，右边表格输出的是按三江源县区统计的降水变化情况。

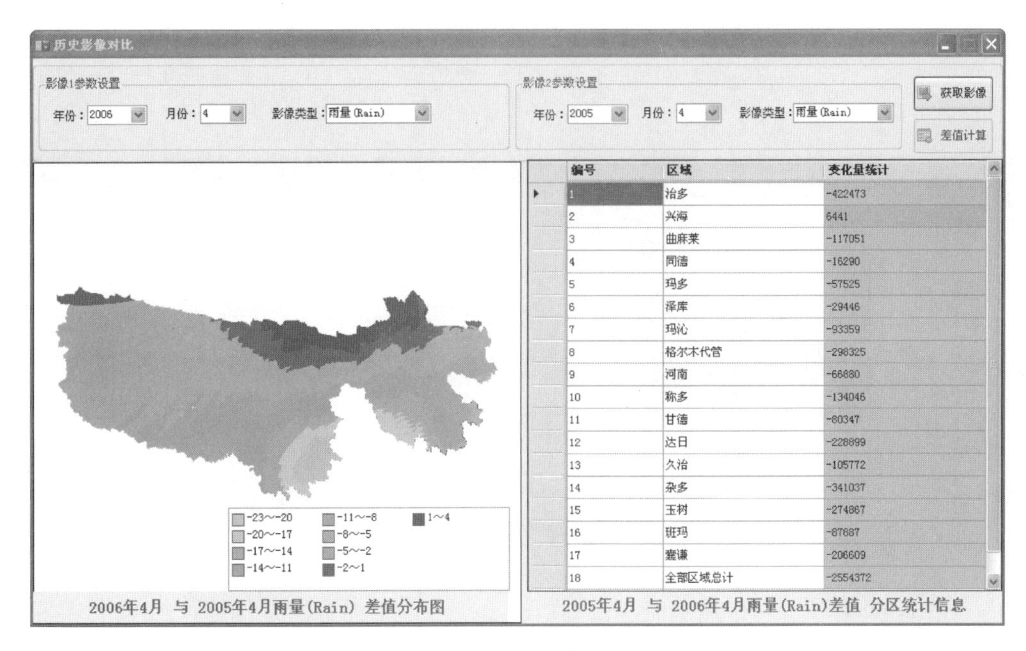

编号	区域	变化量统计
1	治多	-422473
2	兴海	6441
3	曲麻莱	-117051
4	同德	-16290
5	玛多	-57525
6	泽库	-29446
7	玛沁	-93359
8	格尔木代管	-298325
9	河南	-66880
10	称多	-134046
11	甘德	-80347
12	达日	-228899
13	久治	-105772
14	杂多	-341037
15	玉树	-274867
16	班玛	-87887
17	囊谦	-206609
18	全部区域总计	-2554372

图 8.12 历史影像对比功能图

三、系统界面

青海省精细化农业资源区划平台 V1.0

图 8.13 程序启动界面

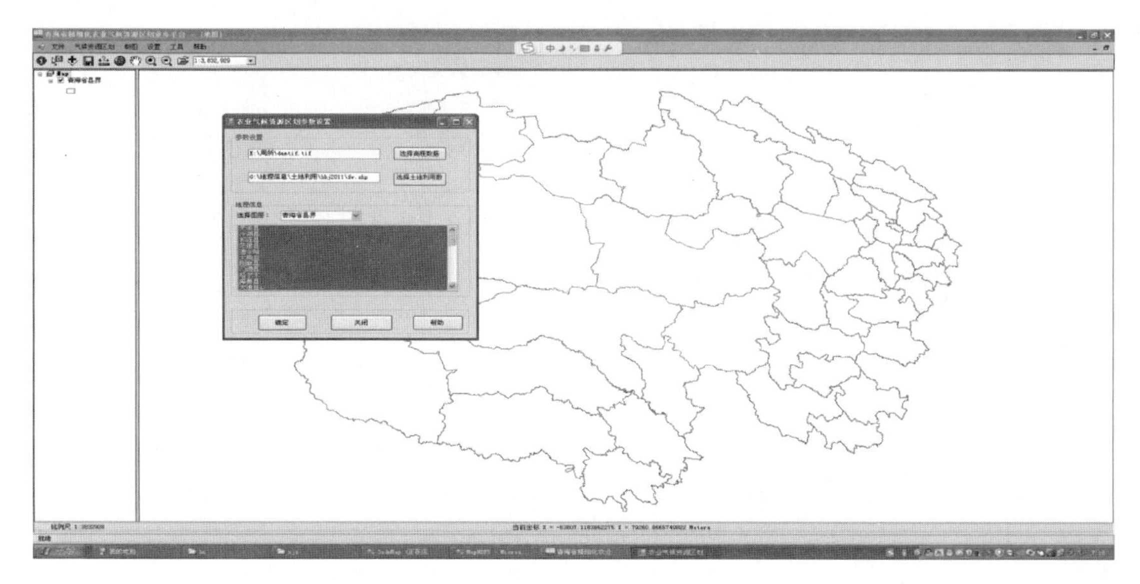

图 8.14　系统主界面

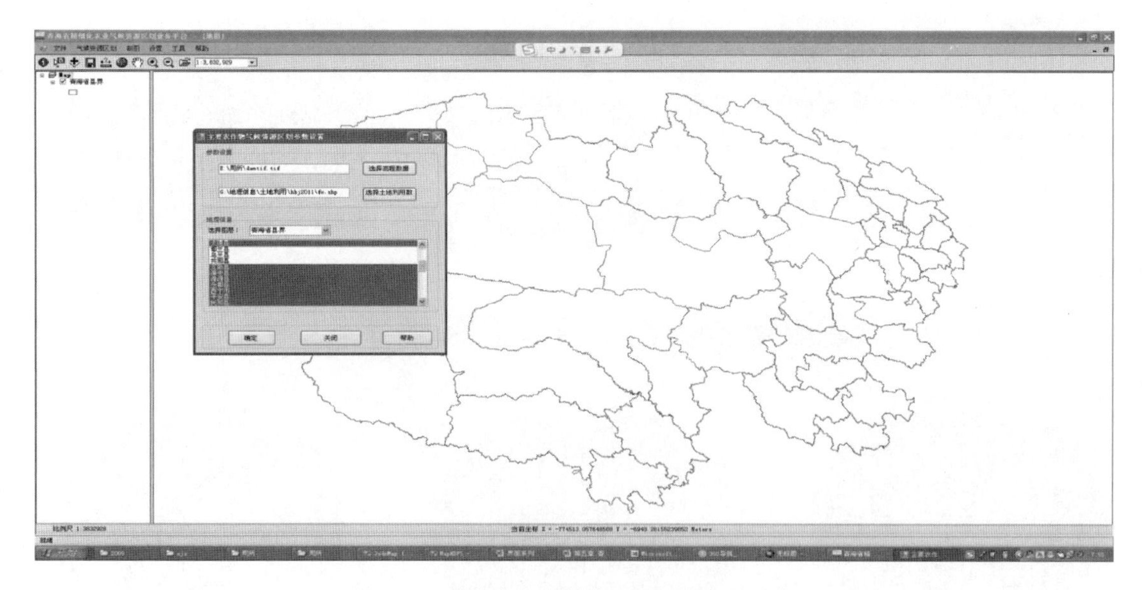

图 8.15　计算农业气候资源区划分布图功能

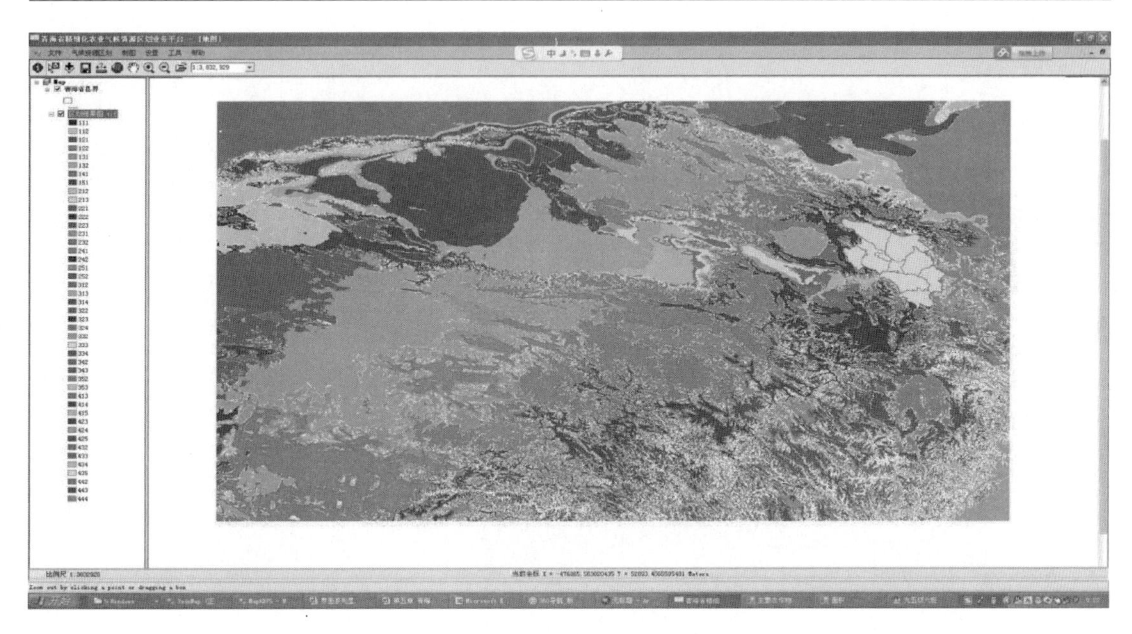

图 8.16　农业气候资源区划结果

分区面积统计

K:\data\2009

浏览栅格文件

海东西宁春小麦区划图.tif

G:\地理信息\基础地理信息\县界.shp

浏览SHP

正在转换第1个文件

执行

关闭

图 8.17　农业气候资源区划面积统计

参考文献

白永平，温军. 2000. 青海省农业气候资源系统分析[J]. 干旱区地理，**23**(2)：22-23.

包云轩，王莹，高苹，等. 2012. 江苏省冬小麦春霜冻害发生规律及其气候风险区划[J]. 中国农业气象，**33**(1)：134-141.

曹建廷，秦大河，罗勇，等. 2007. 长江源区 1956—2000 年径流量变化分析[J]. 水科学进展，**18**(1)：29-33.

曹雯，申双和，段春锋. 2012. 中国西北潜在蒸散时空演变特征及其定量化成因[J]. 生态学报，(11)：3394-403.

陈芳，马英芳，李维强. 2005. 青海高原太阳辐射时空分布特征. 气象科技，**33**(6)：231-233.

陈芳，汪青春，殷万秀. 2009. 青海高原主要农业区 50 年初・终霜冻日变化特征及分布规律分析[J]. 气象科技，**37**(1)：35-41.

陈芳，汪青春，殷万秀. 2009. 青海省近 45 年霜冻变化特征及其对主要作物的影响[J]. 气象科技，**37**(1)：35-41.

陈洪武，马禹，王旭，等. 2003. 新疆冰雹天气的气候特征分析[J]. 气象. **29**(11)：25-28.

陈同英. 2002. "星座"聚类法在县级气候区划中的应用研究[J]. 农业技术经济，(1)：15-17.

戴升. 2012. 青海夏季干旱特征及其预测模型研究[J]. 冰川冻土，**34**(6)：1433-1440.

董文杰，韦志刚，范丽军. 2001. 青藏高原东部牧区雪灾的气候特征分析[J]. 高原气象，**20**(4)：402-406.

冯晓云，王建源. 2005. 基于 GIS 的山东农业气候资源及区划研究[J]. 中国农业资源与区划，**26**(2)：60-62.

伏洋，李凤霞，张国胜. 2003. 德令哈地区霜冻灾害气候指标的对比分析[J]. 中国农业气象，**24**(4)：8-11.

伏洋，肖建设，校瑞香，等. 2010. 基于 GIS 的青海省雪灾风险评估模型[J]. 农业工程学报，**26**(增刊 1)：197-205.

高歌，陈德亮，任国玉，等. 2006. 1956～2000 年中国潜在蒸散量变化趋势[J]. 地理研究，**25**(3)：378-87.

宫清华，黄光庆，郭敏，等. 2009. 基于 GIS 技术的广东省洪涝灾害风险区划[J]. 自然灾害学报，**2**(1)：58-63.

顾万龙，姬兴杰，朱业玉. 2012. 河南省冬小麦晚霜冻害风险区划[J]. 灾害学，**27**(3)：39-44.

郭晓宁，李林，刘彩红，等. 2010. 青海高原 1961—2008 年雪灾时刻分布特征[J]. 气候变化与研究进展，**6**(5)：332-337.

国志兴，王宗明，宋开山，等. 2007. 1982—2003 年东北林区森林植被 NDVI 与水热条件的相关分析[J].

韩荣青. 2009. 2—5 月我国低温连阴雨和南方冷害时空特征[J]. 应用气象学报，**20**(3)：312-320.

郝璐，王静爱，满苏尔，等. 2002. 中国雪灾时空变化及畜牧业脆弱性分析[J]. 自然灾害学报，**11**(4)：43-48.

何永清，周秉荣，张海静，等. 2010. 青海高原雪灾风险度评价模型与风险区划探讨[J]. 草业科学，**27**(11)：37-42.

贺芳芳，邵步粉. 2011. 上海地区低温、雨雪、冰冻灾害的风险区划[J]. 气象科学，**31**(1)：33-39.

黄晓东，梁天刚. 2005. 牧区雪灾遥感监测方法的研究[J]. 草业科学，**22**(12)：10-16.

吉中礼. 1986. 对农业气候区划中水分指标的改进[J]. 干旱地区农业研究，**4**(1)：14-19.

江益. 2012. "雅安天漏"的变化特征分析[J]. S1 灾害天气研究与预报.

蒋新宇，范久波，张继权，等. 2009. 基于 GIS 的松花江干流暴雨洪涝灾害风险评估[J]. 灾害学，**9**(3)：51-56.

康海军，王朝华. 2000. 青南牧区雪灾危害程度的小区域划分[J]. 青海农林科技，**01**：22-23.

李红梅，李林，高歌，等. 2013. 青海高原雪灾风险区划及对策建议[J]. 冰川冻土，**35**(3)：656-661.

李晶. 2012. 自然灾害灾情评估模型与方法体系[M]. 北京：科学出版社.

李硕，冯学智，左伟. 2001. 西藏那曲牧区雪灾区域危险度的模糊综合评价研究[J]. 自然灾害学报，**2**(1)：86-918.

李晓文，李维亮，周秀骥. 1998. 中国近 30 年太阳辐射状况研究[J]. 应用气象学报，**9**(1)：24-31.

梁天刚，刘兴元，郭正刚. 2006. 基于 3 S 技术的牧区雪灾评价方法[J]. 草业学报，**15**(4)：122-128.

刘彩红. 王黎俊. 王振宇. 2012. 基于灾损评估的青海高原冰雹灾害风险区划[J]. 冰川冻土，**34**(6)：1409-1415.

刘德祥，邓振镛. 2000. 甘肃省农业与农业气候资源综合开发利用区划[J]. 中国农业资源与区划，**21**(5)：35-38.

刘峰贵，张海峰，周强，等. 2013. 三江源地区冰雹灾害分布特征及其成因[J]. 干旱区地理. **36**(2)：238-244.

刘晶淼. 2012. 农业气候资源与灾害评估及其区划研究[M]. 北京：气象出版社.

刘全根,汤懋仓. 1966. 中国降雹的气候特征[J]. 地理学报. **32**(1):48-65.
刘兴元,梁天刚,郭正刚,等. 2003. 阿勒泰地区草地畜牧业雪灾的遥感监测与评价[J]. 草业学报,**12**(6):115-120.
刘义花,李林,苏建军. 2012. 青海省春小麦干旱灾害风险评估与区划[J]. 灾害学,**27**(3):39-44.
刘义花,李林,颜亮东. 2013. 基于灾损评估的青海省牧草干旱风险区划研究[J]. 冰川冻土,**35**(3):681-686.
刘玉连,邹立尧. 2002. 运用地理信息系统技术实现农业气候区划[J]. 黑龙江气象,**18**(3):37-38.
刘钰. 1997. 参照腾发量的新定义及计算方法对比[J]. 水利学报,(6):27-33.
龙慧灵,李晓兵,王宏,等. 2010. 内蒙古草原区植被净初级生产力及其与气候的关系[J]. 生态学报,(5):1367-78.
芦海涛,李召霞. 2013. 青海省青稞生产现状及发展前景的调查研究[J]. 青海农牧业. **115**(3):7-9.
鲁安新,冯学智,曾群柱,等. 1997. 西藏那曲牧区雪灾因子主成分分析[J]. 冰川冻土,**19**(2):180-185.
罗培,张天儒,杜军. 2007. 基于 GIS 和模糊评价法的重庆洪涝灾害风险区划[J]. 西北师范大学学报,**28**(2):165-171.
罗生洲,汪青春,戴升,等. 2012. 基于灾损评估的青海高原冰雹灾害风险区划[J]. 冰川冻土,**34**(6):1409-1015.
马晓群,王效瑞,徐敏,等. 2003. GIS 在农业气候区划中的应用[J]. 安徽农业大学学报,**30**(1):105-108.
马占良. 2008. 青海省秋季连阴雨天气特征分析[J]. 青海科技,**15**(2):31-33.
囊谦县农牧业气候资源分析和区划. 玉树州区划大队气象组.
强小林,冯继林. 2008. 青藏高原区域青稞生产与发展现状[J]. 西藏科技,**18**(3):11-17.
青海省大通县农牧业气候资源分析和区划. 大通县农业区划办公室气候组.
青海省地面气候资料三十年整编(1971—2000 年). 青海省气候资料中心.
海北州农牧业区划大队气象组. 青海省门源回族自治县农牧业资源调查和区划报告集. 门源回族自治县人民政府.
青海省气象局农牧业气候区划办公室. 1985. 青海省农牧业气候资源分析及区划. 青海省气象科学研究所.
权维俊,赵新平,郭文利,等. 2007. 专家分类器在京白梨气候区划中的应用[J]. 气象科技,**35**(6):849-853.
任传友,于贵瑞,刘新安,等. 2003. 东北地区热量资源栅格化信息系统的建立和应用[J]. 资源科学,**25**(1):66-71.
山义昌,王善芳. 2004. 近 40 年潍坊地区雷暴日的气候特征[J]. 气象科技. (3):191-194.
申彦波. 2009. 近 50 年来鄂尔多斯地面太阳辐射的变化与相关气象要素的联系[J]. 高原气象,**28**(4):786-794.
沈鸿,孙雪萍,林晓梅. 2011. 黄淮地区冬小麦霜冻灾害风险评估[J]. 防灾科技学院学报,**13**(3):71-77.
史津梅. 2009. PDSI 和 Z 指数在西北干旱监测应用中差异性分析[J]. 干旱地区农业研究,**27**(5):6-11.
唐川,朱静. 2005. 基于 GIS 的山洪灾害风险区划[J]. 地理学报,**1**(1):87-94.
汪青春,胡玲,刘宝康. 2012. 青海高原主要农业区 50 年初终霜冻日变化特征及分布规律分析[J]. 安徽农业科学,**40**(33):16265-16269.
王国华. 2012. 杭州市气象灾害风险区划[M]. 北京:气象出版社.
王海燕,杨方廷,刘鲁. 2006. 标准化系数与偏相关系数的比较与应用[J]. 数量经济技术经济研究,(9):5.
王静爱,史培军,刘颖慧,等. 1999. 中国 1990—1996 年冰雹灾害及其时空动态分析[J]. 自然灾害学报,**8**(3):45-53.
王晾晾,杨晓强,李帅,等. 2012. 东北地区水稻霜冻灾害风险评估与区划[J]. 气象与环境学报,**28**(5):40-45.
王绍武,罗勇,赵宗慈. 2010. 关于非政府间国际气候变化专门委员会(NIPCC)报告[J]. 气候变化研究进展,(6):89-94.
王素萍. 2009. 近 40 a 江河源区潜在蒸散量变化特征及影响因子分析[J]. 中国沙漠,(05):960-5.
王瑛,王静爱,吴文斌,等. 2002. 中国农业雹灾灾情及其季节分区[J]. 自然灾害学报. **11**(4):30-36.
王勇,刘峰贵,卢超,等. 2006. 青南高原近 30 a 雪灾的时空分布特征[J]. 干旱区资源与环境,**20**(2):94-99.
吴昆仑,迟德钊. 2011. 青海青稞产业发展及技术需求[J]. 西藏农业科技. **33**(1):4-9.

吴宜进,熊安元,扬荆安,等. 1999. 湖北的农业气候生产力与农业持续发展研究[J]. 长江流域资源与环境,**8**(4):405-410.

项瑛. 2012. 江苏省连阴雨过程时空分布特征分析[J]. 气象科学,**31**(z1):36-39.

谢应齐,杨子生. 1995. 云南省农业自然灾害区划指标之探讨[J]. 自然灾害学报,**4**(3):52-59.

星球地图出版社. 2013. 青海省地图册[M]. 北京:星球地图出版社.

严丽坤. 2003. 相关系数与偏相关系数在相关分析中的应用[J]. 云南财贸学院学报,**19**(3):

杨芳. 2006. 青海东部气候资源的利用[J]. 青海草业,**15**(1):35-38.

姚俊英,于宏敏,朱红蕊,等. 2012. 黑龙江省气候黑龙江省玉米初霜冻致灾临界气象条件风险区划[J]. 中国农学通报,**28**(1):312-316.

叶殿秀,张勇. 2008. 1961—2007 年我国霜冻变化特征[J]. 应用气象学报,**19**(6):661-665.

尹云鹤,吴绍洪,戴尔阜. 2010. 1971—2008 年我国潜在蒸散时空演变的归因[J]. 科学通报,(22):2226-34.

尹云鹤,吴绍洪,郑度,等. 2005. 近 30 年我国干湿状况变化的区域差异[J]. 科学通报,**50**(15):1636-42.

俞布. 2012. 杭州市暴雨洪涝灾害风险区划[J]. 长江流域资源与环境,2012(S2):163-168.

玉树县统计局. 2014. 玉树县 2013 年国民经济和社会事业统计统计资料. 玉树县统计局.

玉树州区划办公室. 1982. 玉树县农牧业区划[M]. 玉树州区划办公室.

玉树州区划办公室. 1993. 玉树藏族自治州农牧业资源与区划[M]. 玉树州区划办公室.

玉树州区划办公室. 1995. 玉树藏族自治州农牧业区域开发总体规划[M]. 玉树州区划办公室.

张国胜,伏洋,颜亮东,等. 2009. 三江源地区雪灾风险预警指标体系及风险管理研究[J]. 草业科学,**26**(5):144-150.

张继权,李宁. 2007. 主要气象灾害风险评价与管理的数量化方法及其应用[M]. 北京:北京师范大学出版社.

张继全,李宁. 2007. 主要气象灾害风险评价与管理的数量化方法及其应用[M]. 北京:北京师范大学出版社:3-39.

张连强,赵有中,欧阳宗继. 1996. 运用地理因子推算山区局地降水量的研究[J]. 中国农业气象,**17**(2):6-10.

张旭晖,高苹,霍金兰. 2004. 2002 年江苏主要农业气象灾害及其影响[J]. 气象科技. **32**(2):105-109.

张雪芹,彭莉莉,林朝晖. 2008. 未来不同排放情景下气候变化预估研究进展[J]. 地球科学进展,**23**(2):174-85.

张智. 2010. 宁夏连阴雨气候变化特征分析研究[J]. 灾害学,**25**(1):69-72.

赵璐. 2010. 青海省东部农业区农业气象干旱时空变化研究[D]. 西北农林科技大学.

赵强. 2001. 青海省连阴雨天气时空分布特征分析[J]. 青海气象,2001(3):7-8.

赵仕雄,李正贵. 1991. 青海高原冰雹的研究[M]. 北京. 气象出版社,84-112.

赵勇,王玉坤,多岩松. 2005. 作物腾发量计算中的一些问题的探讨[J]. 南水北调与水利科技,**3**(1):57-9.

钟秀丽,王道龙,赵鹏,等. 2008. 黄淮麦区小麦拔节后霜冻的农业气候区划[J]. 中国生态农业学报,**16**(1):11-15.

周秉荣,李凤霞,申双和,等. 2007. 青海高原雪灾预警模型与 GIS 空间分析技术应用[J]. 应用气象学报,**6**(3):373-379.

周秉荣,李凤霞,颜亮东,等. 2011. 青海省太阳总辐射估算模型研究[J]. 中国农业气象,**32**(4):495-9.

周秉荣,申双和,李凤霞. 2006. 青海高原牧区雪灾综合预警评估模型研究[J]. 气象,**9**(9):106-110.

周陆生,汪青春,李海红,等. 2001. 青藏高原东部牧区大—暴雪过程雪灾灾情适时预评估方法的研究[J]. 自然灾害学报,**10**(2):58-65.

左大康. 1990. 现代地理学辞典[M]. 商务印书馆.

左德鹏,徐宗学,程磊,等. 2011. 渭河流域潜在蒸散量时空变化及其突变特征[J]. 资源科学,05):975-82.

CHATTOPADHYAY N, HULME M. 1997. Evaporation and potential evapotranspiration in India under conditions of recent and future climate change[J]. Agricultural and Forest Meteorology, **87**(1):55-73.

IPCC. 2007. ClimateChange2007:SynthesisReport[R]. Cambridge:CambridgeUniversityPress.

PENMAN H L. 1948. Natural evaporation from open water, bare soil and grass[J]. Proceedings of the Royal Society of London Series A Mathematical and Physical Sciences, **193**(1032):120-45.

PETERSON T, GOLUBEV V, GROISMAN P Y. 1995. Evaporation losing its strength[J].

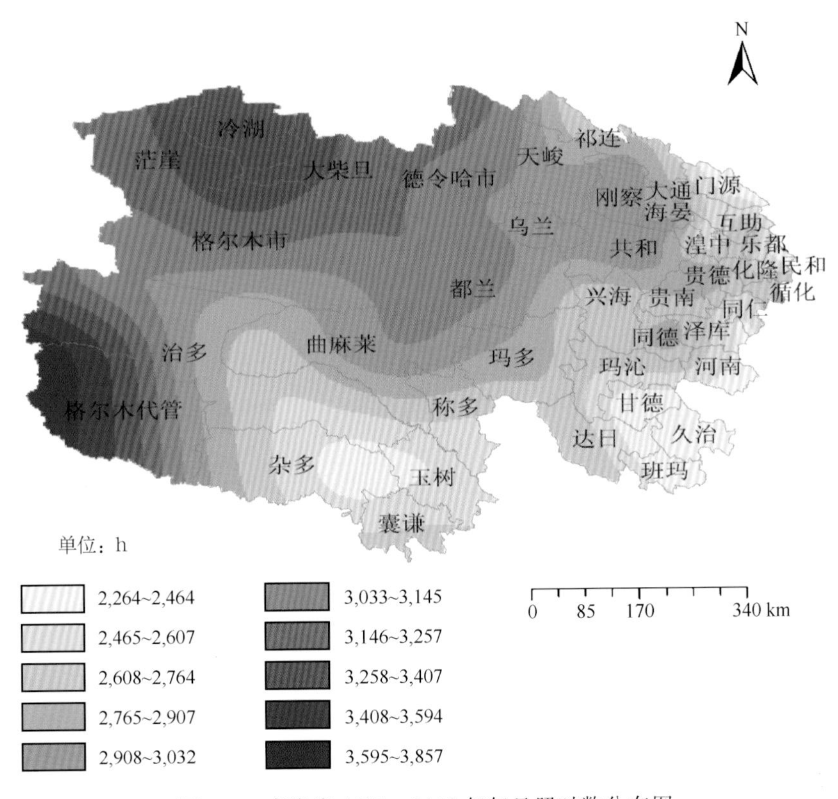

图 2.1　青海省 1971—2000 年年日照时数分布图

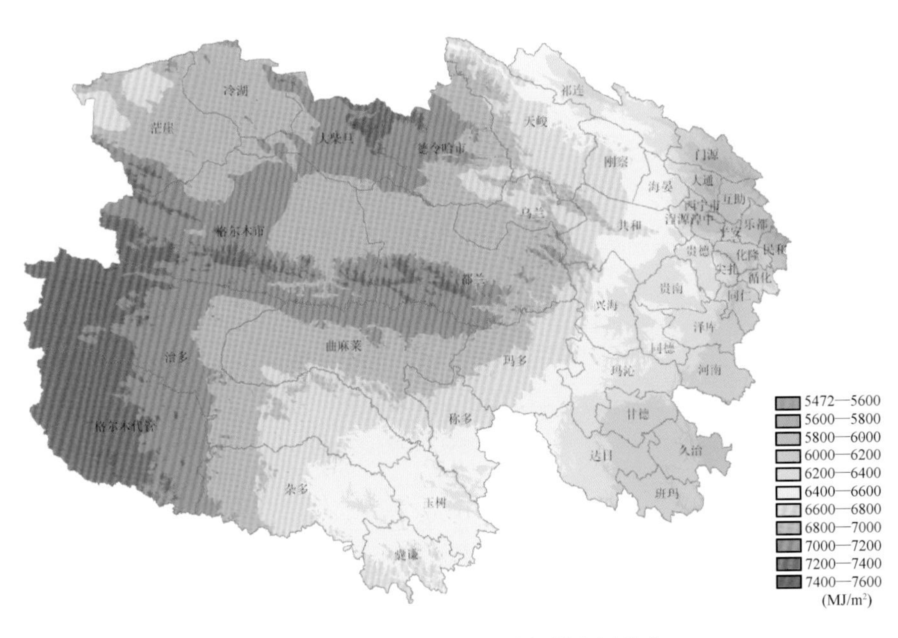

图 2.7　青海地区年太阳总辐射空间分布

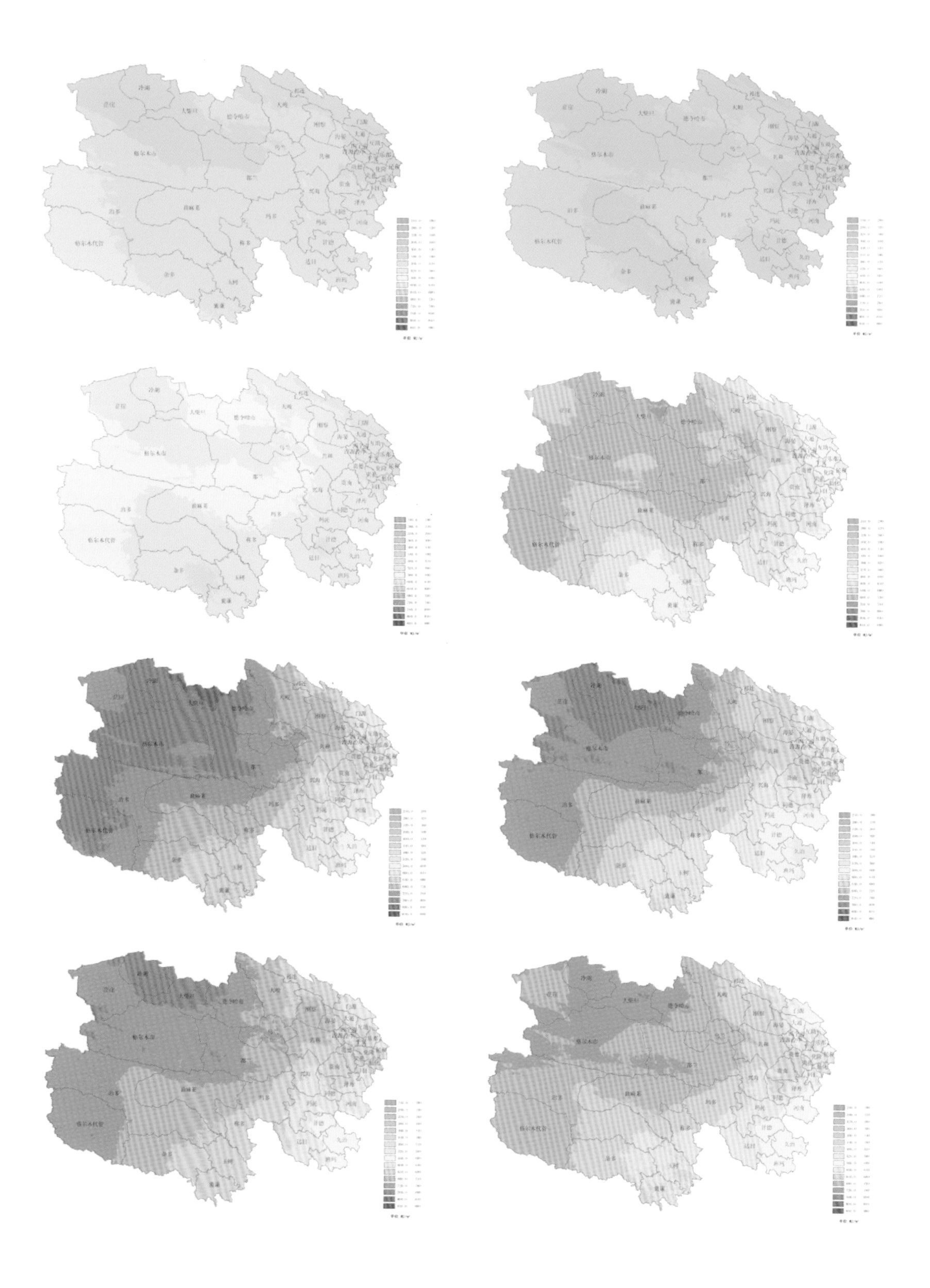

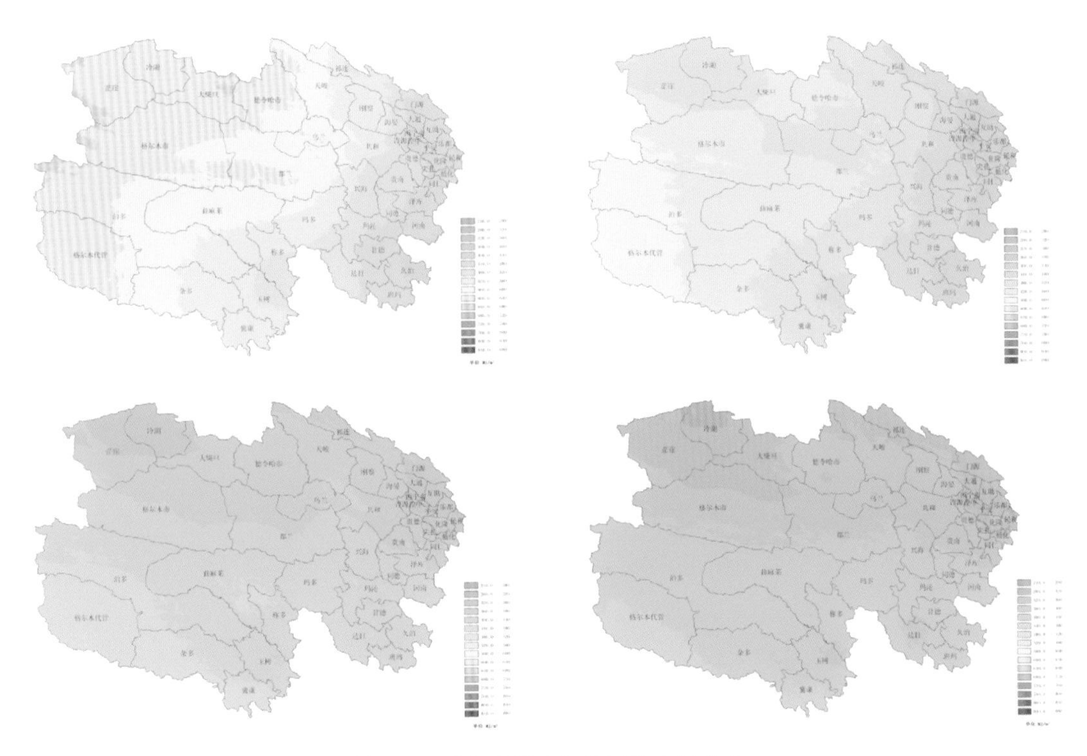

图 2.8　青海省月太阳总辐射空间分布

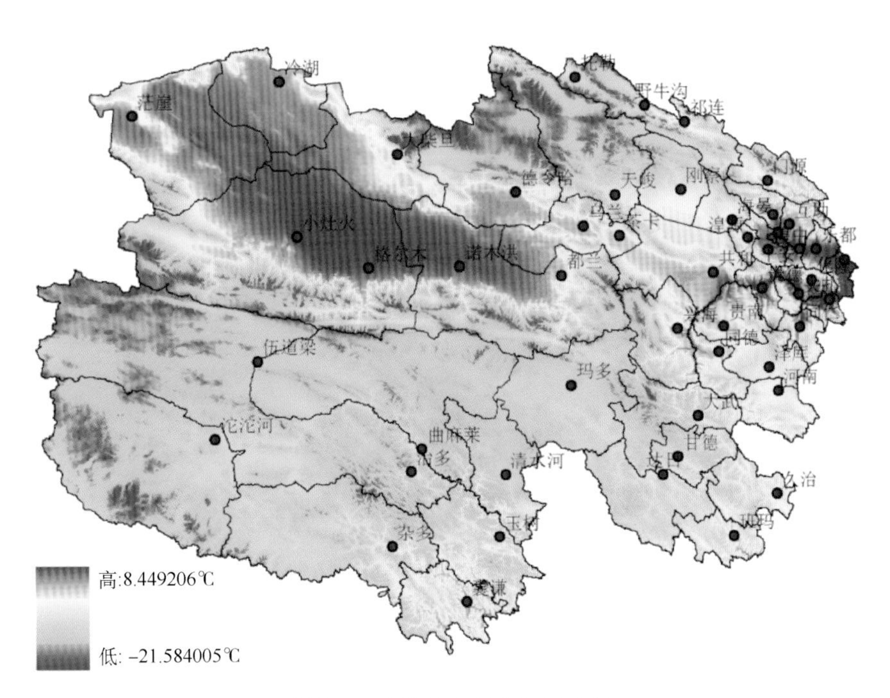

图 2.9　青海省年平均气温分布

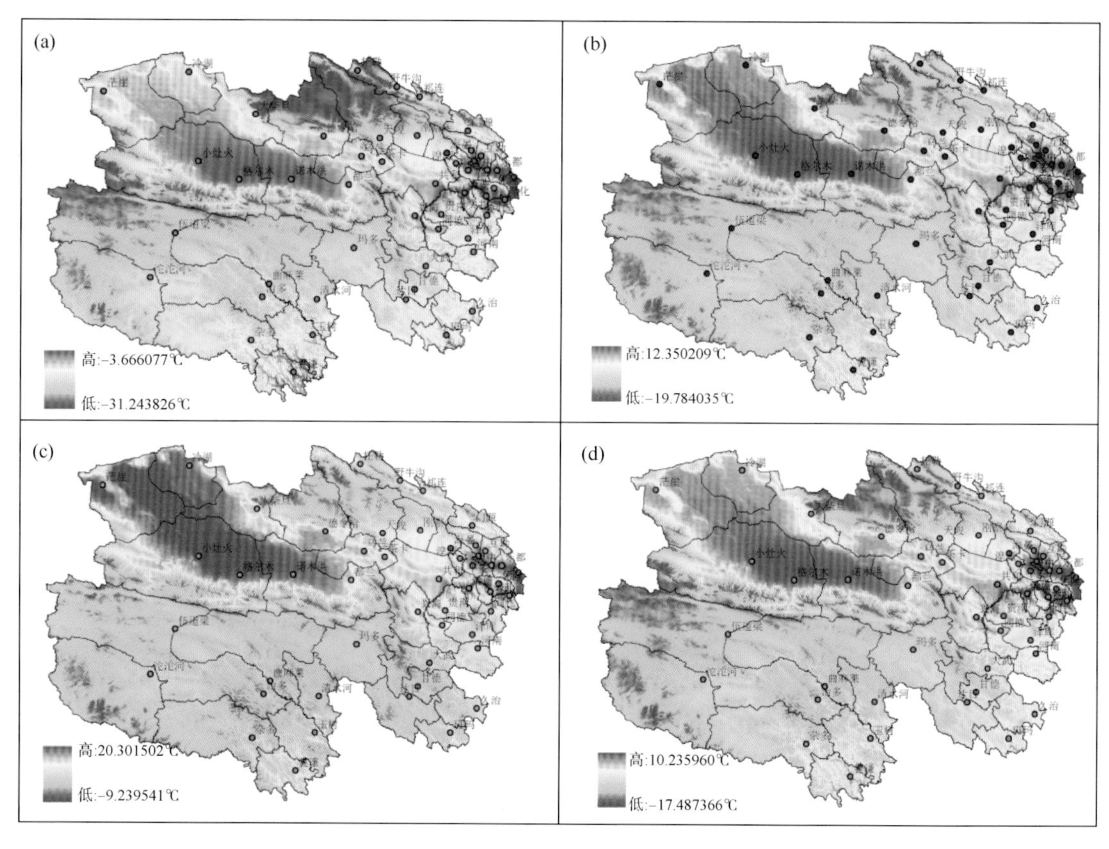

图 2.10　1,4,7,10 月(a,b,c,d)平均气温

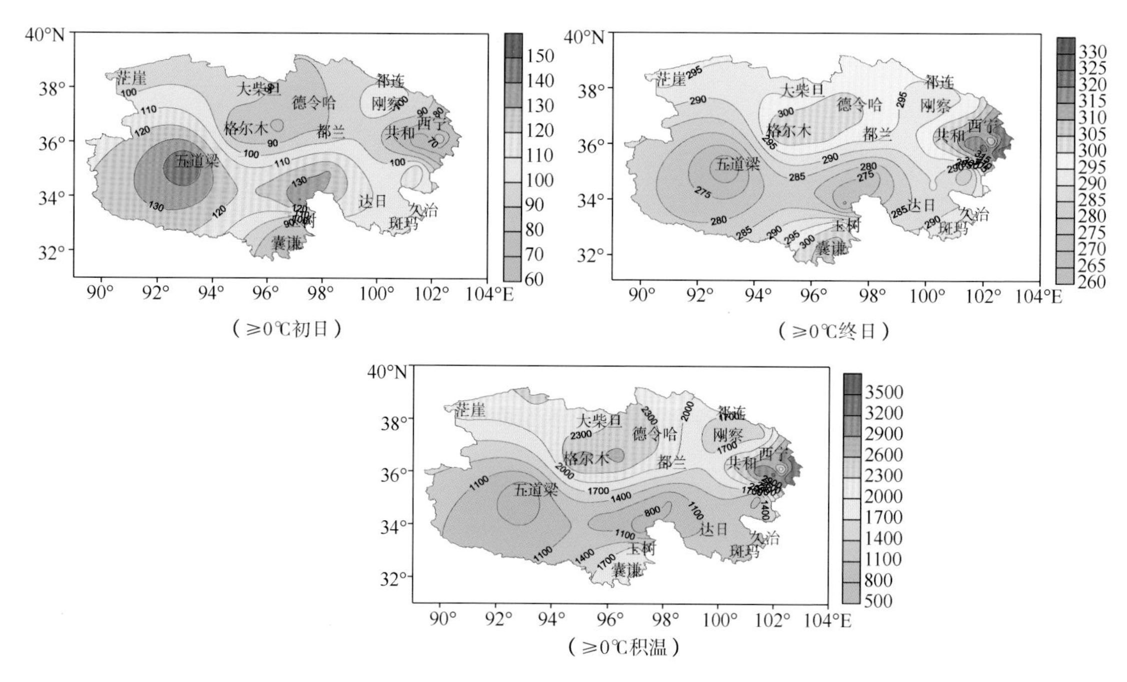

图 2.12　日平均气温通过 0℃初日、终日及积温(℃·d)的空间分布特征

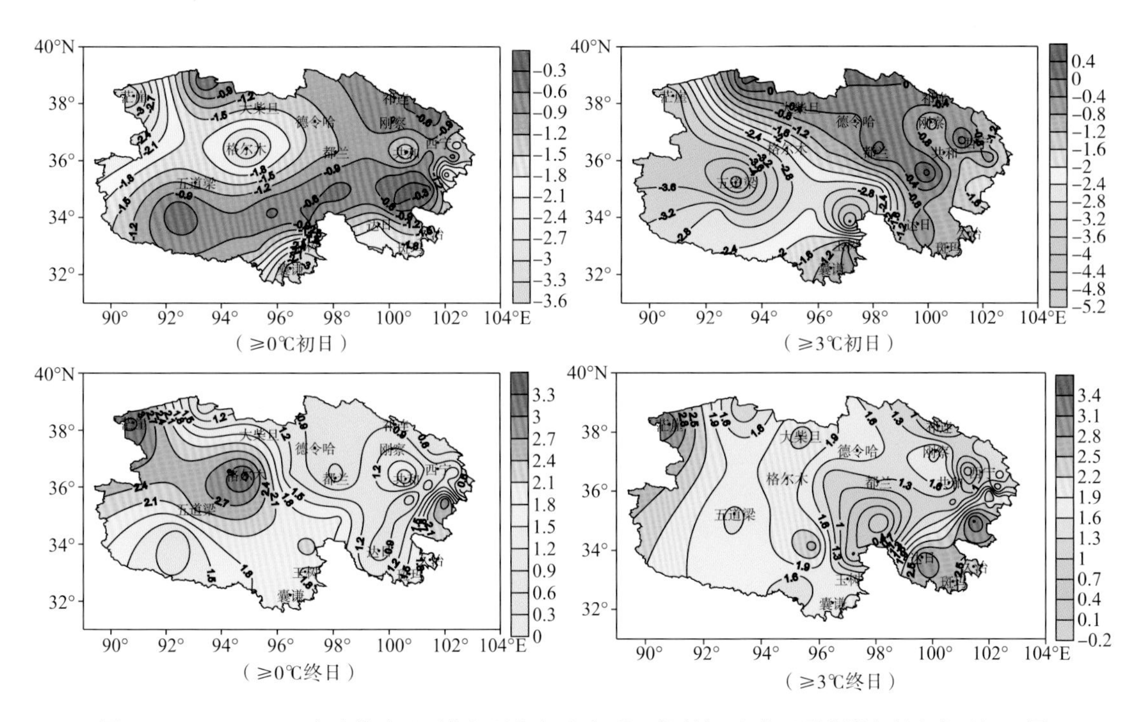

图 2.13　1961—2010 年青海省日平均气温稳定通过 0℃、3℃的初日、终日及积温空间变率(d/10a)图

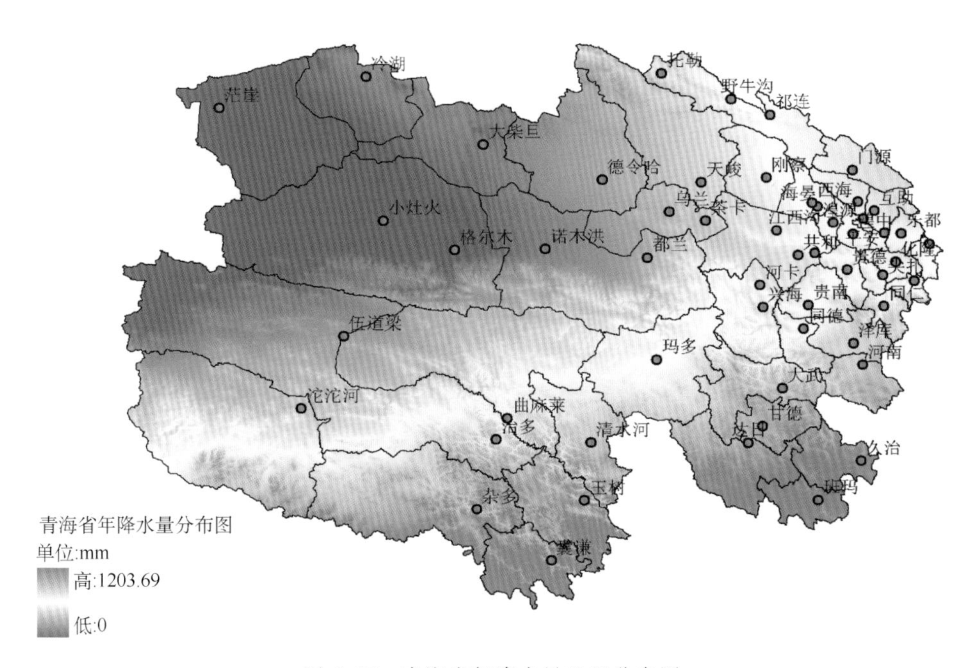

图 2.15　青海省年降水量地理分布图

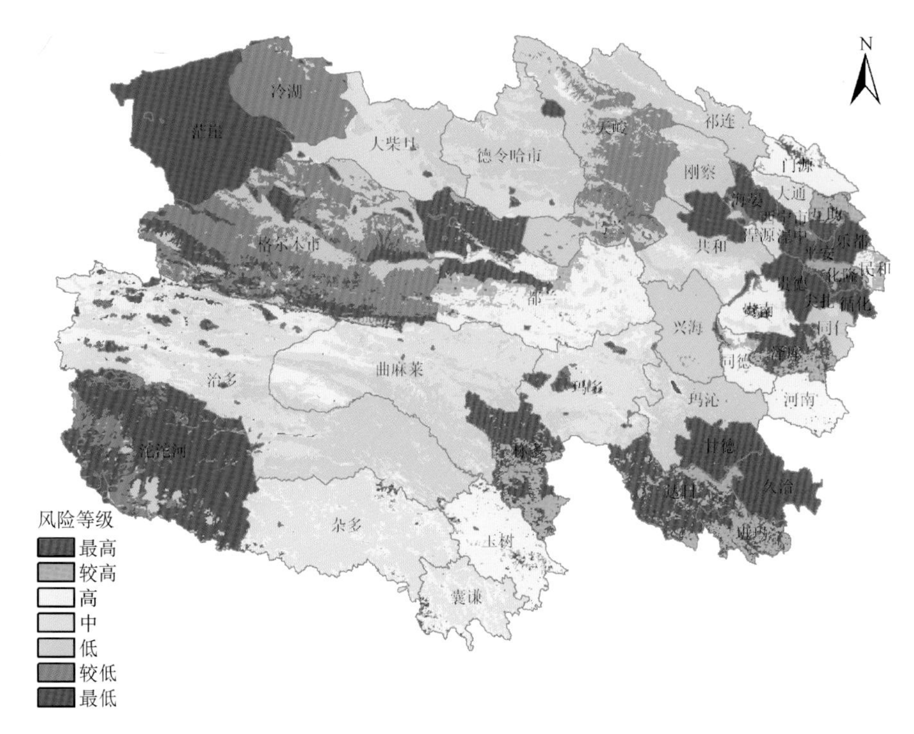

图 3.6　青海高原雪灾风险度分区

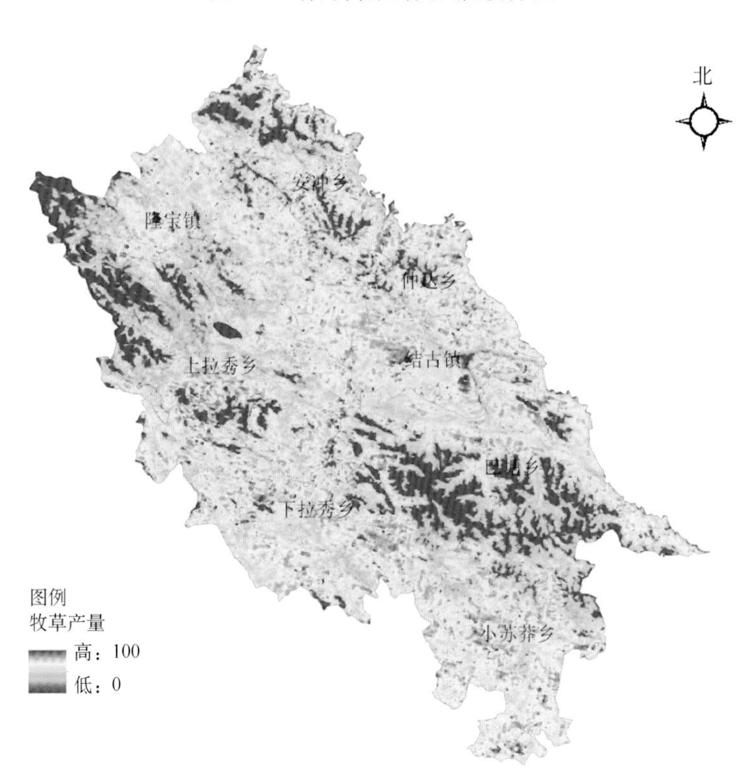

图 3.26　玉树市雪灾孕灾环境敏感性区划图

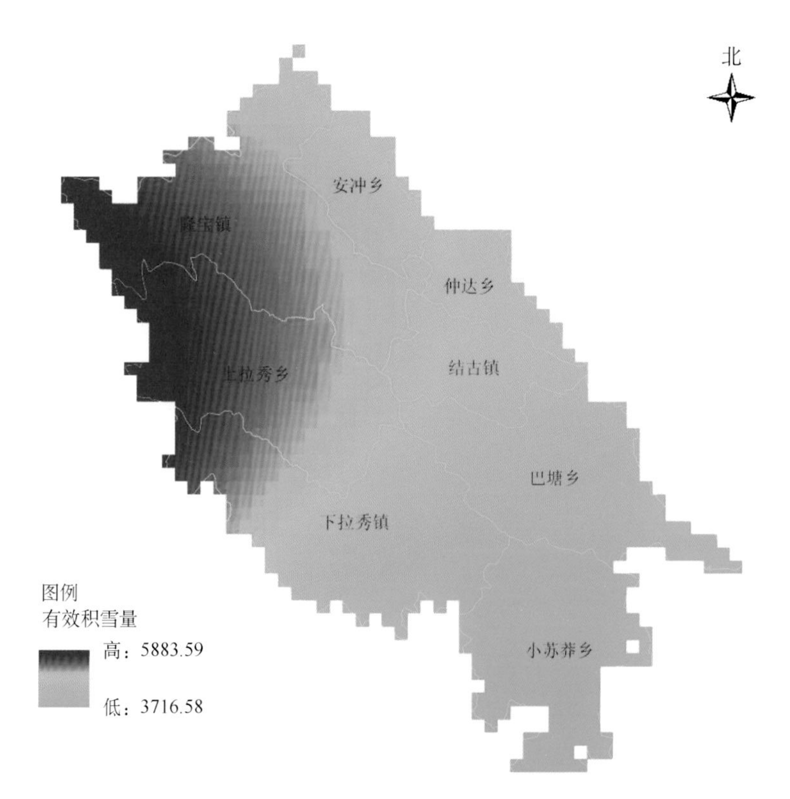

图 3.27 玉树市雪灾致灾因子危险性区划图

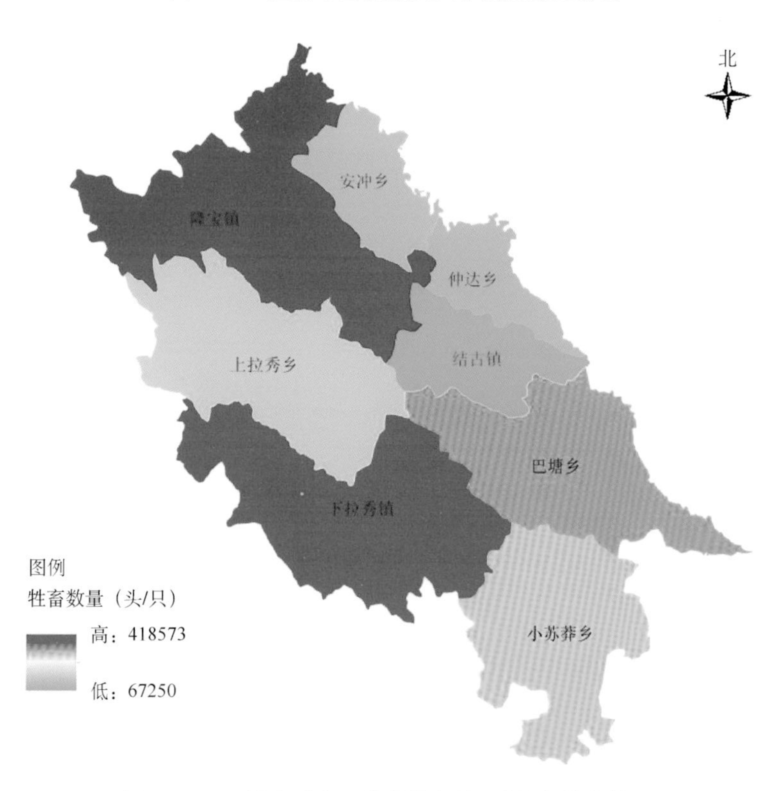

图 3.28 玉树市雪灾承载体易损性区划图(牲畜数量)

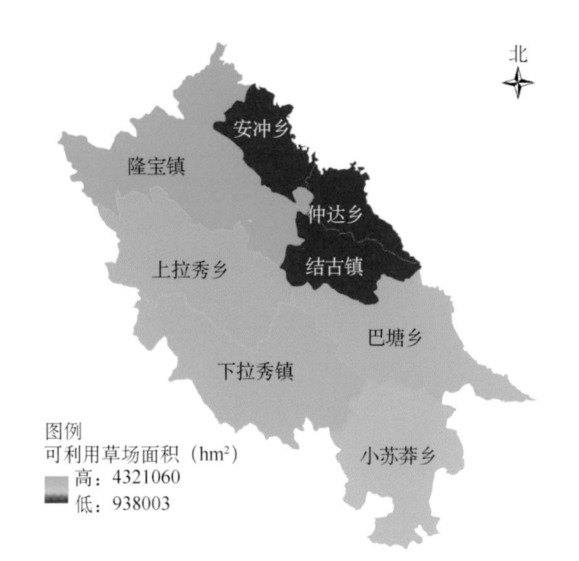

图 3.29　玉树市雪灾承载体易损性区划图(可利用草场面积)

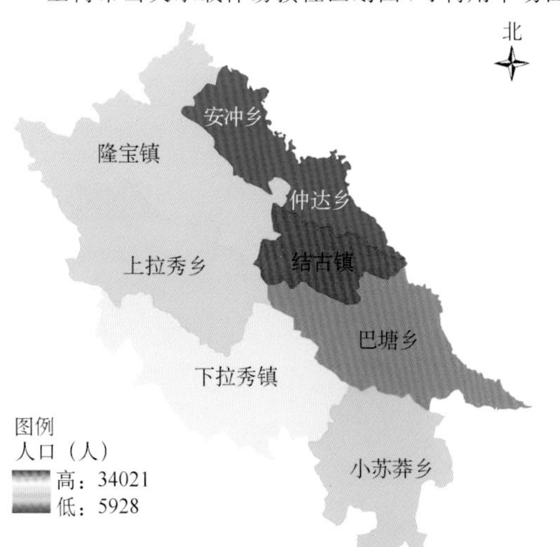

图 3.30　玉树市雪灾抗灾减灾能力区划图

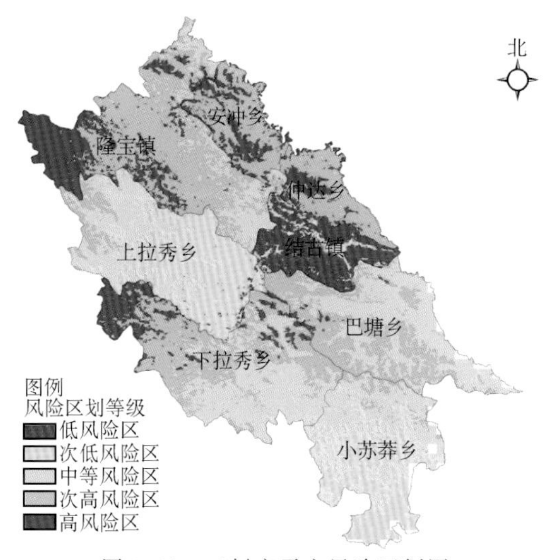

图 3.31　玉树市雪灾风险区划图

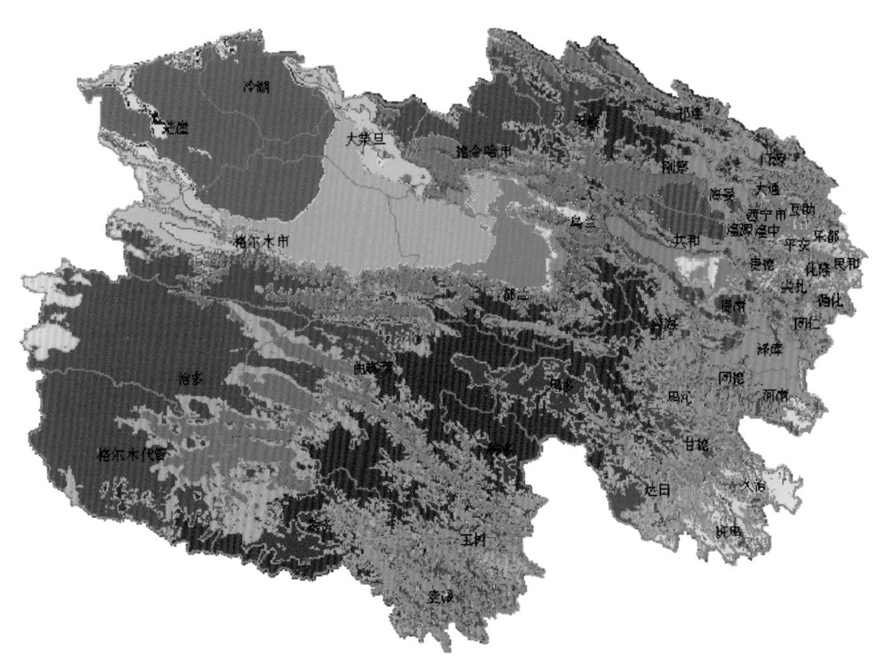

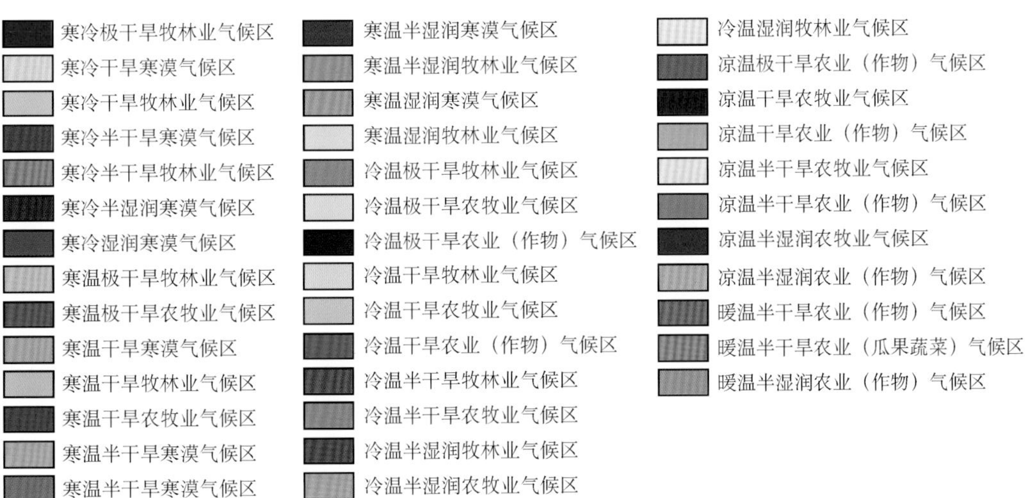

图 4.1　青海省综合农牧业区划图

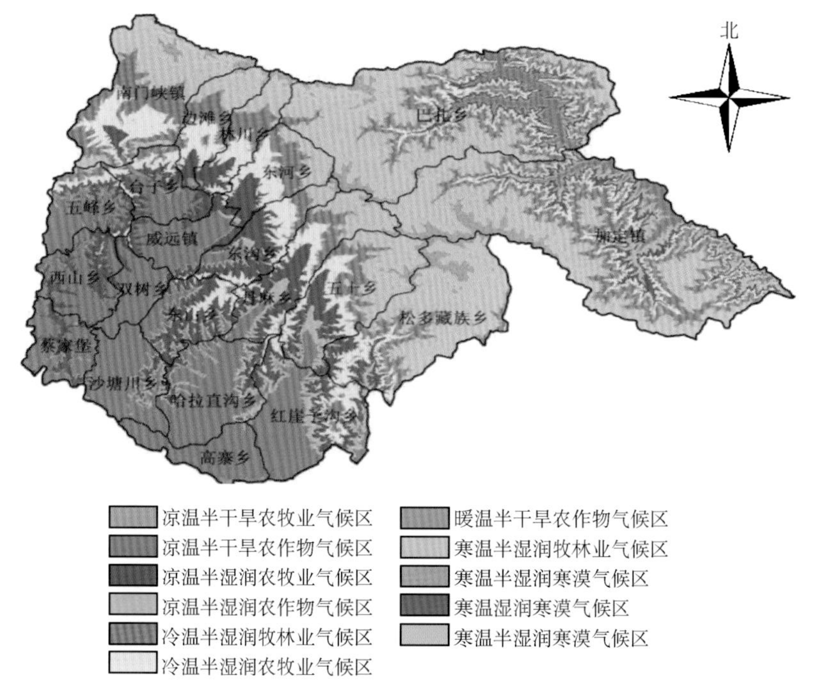

图 4.2　互助县农业气候区划图

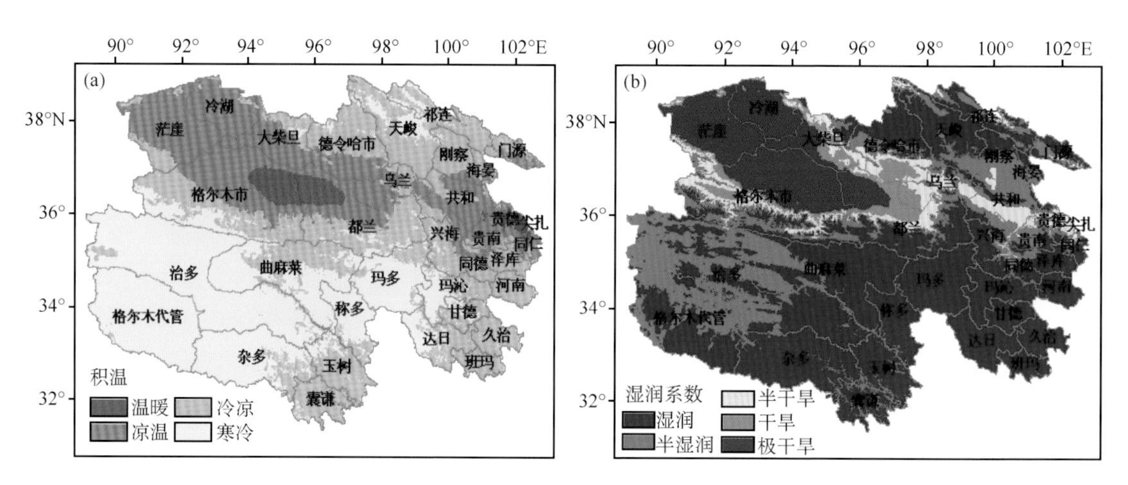

图 7.1　青海省≥0℃积温(a)、湿润系数(b)分布图

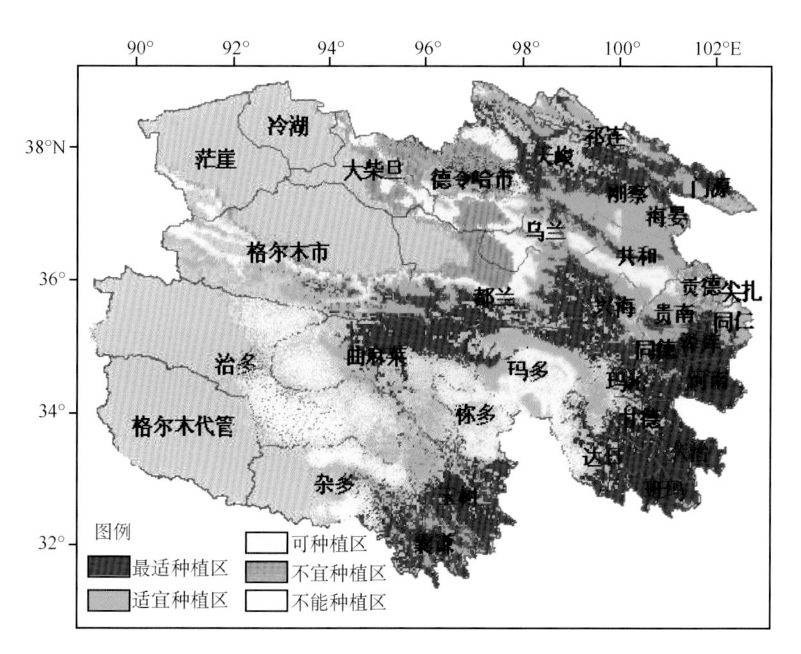

图 7.2　青海草地早熟禾种植区划图